H. Henne

Die Wasserräder und Turbinen - ihre Berechnung und Konstruktion

Elementares Lehrbuch für Techniker, Mühlenbauer, Fabrikanten und zum Gebrauch in Maschinenbau-Fachschulen

Auxo

H. Henne

Die Wasserräder und Turbinen - ihre Berechnung und Konstruktion

Elementares Lehrbuch für Techniker, Mühlenbauer, Fabrikanten und zum Gebrauch in Maschinenbau-Fachschulen

ISBN/EAN: 9783956221712

Auflage: 1

Erscheinungsjahr: 2014

Erscheinungsort: Worpswede, Deutschland

Die

Wasserräder u. Turbinen

ihre Berechnung und Konstruktion

Elementares Lehr- und Handbuch

für

Techniker, Mühlenbauer, Fabrikanten und zum Gebrauch in Maschinenbau-Fachschulen

Dritte verbesserte und erweiterte Auflage

von

Heinrich Henne
Ingenieur

Mit 65 Textabbildungen und einem Atlas von 18 Tafeln

Leipzig 1903
Verlag von Bernh. Friedr. Voigt

Vorwort

zur zweiten Auflage

Das vorliegende Buch sollte ursprünglich nur eine den Fortschritten der Technik entsprechend verbesserte Auflage des von Friedrich Neumann weiland Zivilingenieur in Halle a. d. S. verfassten Werkes „Die hydraulischen Motoren" sein, aber eine eingehende Prüfung der Sachlage zeigte, dass dem heutigen Stande der Technik nur durch eine völlig neue Arbeit zu genügen sei. Als solche darf denn auch dieses Buch gelten, indem es nur verschwindend wenig aus dem Neumannschen Werke unverändert übernommene Angaben enthält.

Während das Neumannsche Buch die Gesamtheit der hydraulischen Motoren umfasste, sind in vorliegendem nur die Wasserräder und Turbinen behandelt worden. Die Wassersäulenmaschinen blieben weg, einmal weil dieselben bei weitem nicht die gleiche Wichtigkeit wie die anderen Motoren haben und ferner, weil bei dem beschränkten Umfange des Buches der Platz besser zu einer gründlicheren Behandlung der Wasserräder und Turbinen verwendet wurde, zumal die Wassersäulenmaschinen ein für sich begrenztes Gebiet bilden.

Das Buch ist für weitere Kreise bestimmt und stellt sich deshalb hinsichtlich der erforderlichen Kenntnisse etwa auf den Standpunkt guter technischer Fachschulen, dabei hat der Verfasser aber immer danach gestrebt, die neueren Anschauungen und Rechnungsmethoden möglichst vollständig zu geben. Um das für Berechnungen erforderliche Formelmaterial thunlichst vollständig und einheitlich zu gestalten, wurde dem Buche eine kurze Uebersicht über die wichtigsten für Wasserkraft-Anlagen in Betracht kommenden Gesetze der Hydraulik als erster Teil eingefügt.

Die Litteratur über hydraulische Motoren ist ja jetzt ziemlich reichhaltig, aber wirklich gute Werke, auf welche sich ein Buch wie das vorliegende mit stützen durfte, sind keineswegs zahlreich. Der Verfasser hat die benutzten Qellen überall gebührend anzuführen gesucht, insbesondere sind die einschlägigen Arbeiten von Bach, Grashof, Herrmann u. a., sowie die „Zeitschrift des Vereins Deutscher Ingenieure" u. s. w. auch hier ausdrücklich zu nennen. Bei der Behandlung der Wasserräder musste das Bachsche Werk hauptsächlich herangezogen werden, weil es in Bezug auf Güte und Umfang des gebotenen einzig dasteht.

Die den Schluss des Werkes bildenden Beschreibungen und Darstellungen ausgeführter Wasserkraft-Anlagen u. s. w. konnten nur infolge des von einer Reihe angesehener Firmen bewiesenen Entgegenkommens geboten werden und es gebührt dafür den nachgenannten Maschinenfabriken auch an dieser Stelle der verbindlichste Dank des Verfassers. Zeichnungen ausgeführter Anlagen u. s. w. haben zur Benutzung überlassen: Maschinenfabrik Augsburg in Augsburg, Maschinenfabrik Esslingen in Esslingen, Maschinenfabrik Germania vorm. Schwalbe und Sohn, Chemnitz, Eisenwerk Karlshütte in Alfeld a. d. Leine, H. Queva & Komp., Erfurt, Aktiengesellschaft J. J. Rieter & Komp., Winterthur, J. Schrieder, Säckingen, N. T. Stumbeck, Rosenheim und J. M. Voith, Heidenheim a. d. Brenz.

Dass die Wasserräder mit Kulisseneinlauf gar nicht durch eine praktische Ausführung vertreten sind, war leider nicht zu vermeiden, es gelang nicht, Pläne eines solchen zu bekommen.

Die Verlagsbuchhandlung hat sich bemüht, in Bezug auf Ausstattung und Preis des Buches dem technischen Publikum möglichst entgegen zu kommen und so darf wohl auf eine freundliche Aufnahme des Buches, welches dem Wohlwollen der Herren Fachgenossen hiermit empfohlen sei, gehofft werden.

Heinrich Henne
Ingenieur

Vorwort

zur dritten Auflage

Nach kaum vierjährigem Zeitraum ist eine neue Auflage des vorliegenden Buches erforderlich geworden, bei welcher Gelegenheit nicht nur eine Reihe kleinerer Verbesserungen des bisherigen Inhaltes, die sich als erforderlich erwiesen hatten, bewirkt werden konnten, sondern auch Ergänzungen und Erweiterungen anzubringen waren.

Die Beschreibungen ausgeführter Konstruktionen insbesondere wurden bereichert durch Ausführungen der rühmlich bekannten Maschinenfabrik von Escher, Wyss & Komp. in Zürich, welche dem Verfasser Material in dankenswerter Weise zur Verfügung stellte.

Im übrigen gilt hinsichtlich Auffassung und Bestimmung des Werkes das in der Vorrede zur zweiten Auflage gesagte unverändert; dass der Verfasser dem Bedürfnis vieler entgegengekommen ist, darf aus dem raschen Absatz des Buches und der freundlichen Kritik, welche dasselbe erfahren hat, geschlossen werden, so dass zu hoffen ist, auch die neue Auflage werde eine gute Aufnahme finden.

Aachen, den 1. Februar 1903

Heinrich Henne
Ingenieur

Inhaltsverzeichnis

Seite

Erster Teil

Die wichtigsten Gesetze über den Ausfluss und die Bewegung des Wassers

Zweiter Teil

Allgemeines über Wasserkraftanlagen

Dritter Teil

Die Wasserräder

Vierter Teil

Die Turbinen

Fünfter Teil

Wahl des Motors

Seite

Sechster Teil

Regulatoren für Turbinen und Wasserräder

Siebenter Teil

Ausgeführte Wasserrad- und Turbinenanlagen

Erster Teil.

Die wichtigsten Gesetze über den Ausfluss und die Bewegung des Wassers.

Vorbemerkung: Alle Maſse u. s. w. sind, soweit nicht ausdrücklich anders angegeben ist, in Metern, Quadratmetern und Kubikmetern gedacht, Geschwindigkeiten in Metern pro Sekunde, Wassermengen in Kubikmetern pro Sekunde.

§ 1. Ausfluss des Wassers aus Gefässen u. s. w. bei unveränderlicher Druckhöhe.

a) Theoretische Ausflussgeschwindigkeit (Fig. 1).

Aus einer Oeffnung von f qm Fläche im Boden eines Behälters, welcher den Querschnitt F qm hat, fliesse Wasser mit einer Geschwindigkeit von c m pro Sekunde aus. Ist h der Abstand der Oeffnung unter dem Wasserspiegel, so würde, wenn von Nebenumständen abzusehen wäre und wenn f im Verhältnis zu F sehr klein ist, sein

Fig. 1.

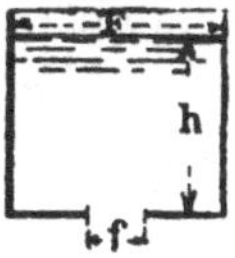

$$c = \sqrt{2gh} \quad \ldots \quad 1$$

worin g die Beschleunigung der Schwere ist (g = 9,81 m pro Sekunde). Diese Geschwindigkeit $c = \sqrt{2gh}$ ist die sogenannte „theoretische Ausflussgeschwindigkeit" des Wassers, und gleich der Geschwindigkeit, welche ein Körper erlangt, wenn er die Höhe h frei durchfällt.

Will man dem Wasser eine gewisse Ausflussgeschwindigkeit c erteilen, so ergibt sich aus 1 unter den gleichen Umständen die zugehörige Druckhöhe oder, wie man auch sagt, die betreffende „Geschwindigkeitshöhe" zu

$$h = \frac{c^2}{2g} \quad \ldots \quad 2.$$

Die Geschwindigkeitshöhe ist also diejenige Druckhöhe, welche zur Erzeugung der Geschwindigkeit eines in Bewegung begriffenen Wasserteilchens erforderlich war, abgesehen von allen Nebenumständen.

b) Theoretische Ausflussmenge.

Mit q werde die Wassermenge in cbm bezeichnet, welche in der Sekunde aus einem Gefäss fliesst, dann ist mit den vorigen Bezeichnungen

$$q = f \cdot \sqrt{2gh} \quad \ldots . \; 3$$

sofern keine Nebenumstände einwirken.

Wenn sich die Oeffnung nicht im horizontalen Boden des Gefässes, sondern in einer mehr oder minder vertikalen Wand befindet, so kann man die theoretische Ausflussmenge nach Gleichung 3 berechnen, wenn man unter h die Höhe des Wasserspiegels im Behälter über dem Schwerpunkt der Oeffnung versteht, und wenn die Weite der Oeffnung in senkrechter Richtung nicht zu gross h gegenüber ist.

Bezeichnet a die senkrechte Dimension der Oeffnung, so soll bei Anwendung der Gleichungen 1, 2 und 3 sein

$$h \geqq 2a \quad \ldots . \; 3a.$$

In allen anderen Fällen muss man beachten, dass die Geschwindigkeiten in verschieden hoch unter dem Wasserspiegel liegenden Punkten verschieden sind und sich verhalten wie die $\sqrt{h}$, also nicht ohne weiteres die im Schwerpunkt der Oeffnung herrschende Geschwindigkeit als mittlere angesehen werden darf.

Von besonderer Wichtigkeit in dieser Hinsicht ist der Ausfluss aus rechteckigen Oeffnungen in senkrechter Wand, weil diesem Fall der Ausfluss aus Schützenöffnungen, Wehren u. s. w. entspricht.

Fig. 2.

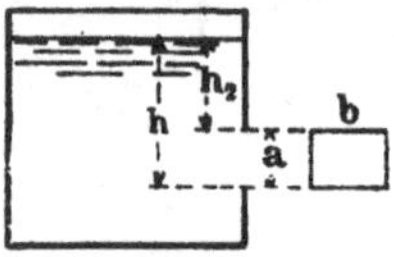

Fig. 2a.

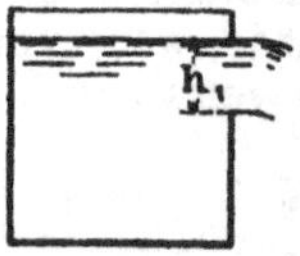

Es sei: a die Höhe, b die Breite einer rechteckigen Oeffnung in senkrechter Wand, die obere wagerecht liegende Kante liege in der Höhe h_2 unter dem Wasserspiegel, die untere in der Höhe h_1 (siehe Fig. 2), so ist die mittlere Ausflussgeschwindigkeit

$$c = \frac{2}{3} \sqrt{2g} \, \frac{\sqrt{h_1^3} - \sqrt{h_2^3}}{h_1 - h_2} \quad \ldots . \; 4$$

und die theoretische Ausflussmenge

$$q = a \cdot b \cdot \frac{2}{3} \sqrt{2g} \, \frac{\sqrt{h_1^3} - \sqrt{h_2^3}}{h_1 - h_2}$$

da $\quad a = h_1 - h_2$

$$q = b(h_1 - h_2) \frac{2}{3} \sqrt{2g} \, \frac{\sqrt{h_1^3} - \sqrt{h_2^3}}{h_1 - h_2}$$

$$q = \frac{2}{3}\sqrt{2g}\left(\sqrt{h^3_1} - \sqrt{h^3_2}\right) b \;.\;.\;.\;.\; 5.$$

Wird $h_2 = o$, fällt die obere Kante der Mündung mit dem Wasserspiegel zusammen, ist die rechteckige Oeffnung also ein durch 3 Seiten begrenzter Ausschnitt in der senkrechten Wand, ein „Ueberfall" (Fig. 2a), so erhält man aus 4 und 5

$$c = \frac{2}{3}\sqrt{2gh_1} \;.\;.\;.\;.\; 6$$

$$q = \frac{2}{3}\, b\, h_1 \sqrt{2gh_1} \;.\;.\;.\;.\; 7.$$

Liegt die Ausflussöffnung unter dem Wasserspiegel des Behälters, in welchen hinein der Ausfluss erfolgt (siehe Fig. 3) und ist h der Höhenunterschied der Wasserspiegel, so ist in diesem Falle

Fig. 3.

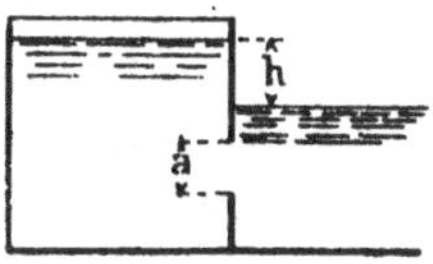

$$c = \sqrt{2gh} \;.\;.\;.\;.\; 4a$$

$$q = a \cdot b \sqrt{2gh} \;.\;.\;.\;.\; 5a.$$

c) Wirkliche Ausflussgeschwindigkeit.

Die wirkliche Ausflussgeschwindigkeit ist kleiner als die theoretische, weil ein Teil der Druckhöhe zur Ueberwindung von Reibungswiderständen u. s. w. beim Ausfluss verbraucht wird.

Unter Beibehaltung der früheren Bezeichnungen, nur mit der Aenderung, dass c die wirkliche Ausflussgeschwindigkeit sei, hat man

$$c = \varphi \sqrt{2gh} \;.\;.\;.\;.\; 8$$

worin $\varphi < 1$ der sogenannte Geschwindigkeitskoeffizient ist.

Wird mit y der zur Ueberwindung von Widerständen verbrauchte Druckhöhenbetrag bezeichnet, mit ζ der sogenannte Widerstandskoeffizient, so ist

$$y = \zeta \frac{c^2}{2g} \;.\;.\;.\;.\; 9 \qquad \zeta = \left(\frac{1}{\varphi^2} - 1\right) \;.\;.\;.\;.\; 10.$$

Fig. 4.

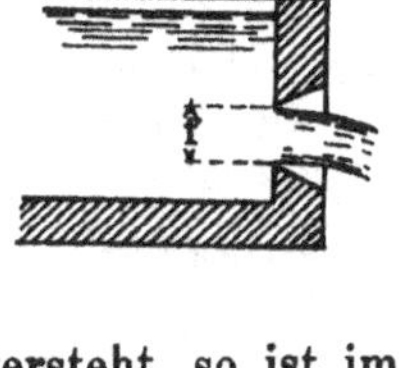

Fig. 5.

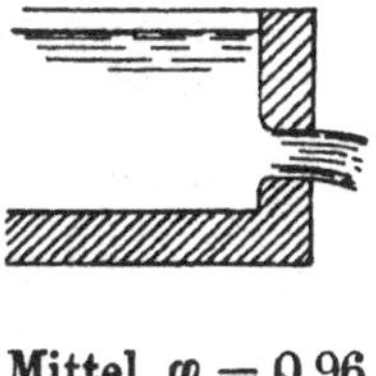

Die Koeffizienten sind verschieden je nach der Gestaltung der Ausflussöffnung, handelt es sich um eine Oeffnung in dünner Wand, worunter man auch ganz allgemein eine Oeffnung mit scharfen (z. B. durch Abschrägung nach aussen gebildeten) Kanten (siehe Fig. 4) versteht, so ist im Mittel $\varphi = 0{,}96$ und $\zeta = 0{,}085$.

Handelt es sich dagegen um eine Oeffnung mit sorgfältig nach innen abgerundeten Kanten (Fig. 5), so kann φ nahe 1 sein.

d) Wirkliche Ausflussmenge.

Die wirkliche Ausflussmenge ist nicht nur der wirklichen Ausflussgeschwindigkeit entsprechend kleiner als die theoretische, sondern auch deshalb, weil der Querschnitt des ausfliessenden Strahles kleiner ist als die Ausflussöffnung; der wirksame Ausflussquerschnitt ist αf, worin $\alpha < 1$, wenn nicht die Gestaltung der Mündung der Verkleinerung von f entgegenwirkt.

α ist der sogenannte Kontraktionskoeffizient. Die Kontraktion, Zusammenziehung, des Stahles rührt daher, dass die Wasserteilchen der Mündung nicht in zur Ausflussrichtung parallelen Bahnen, sondern dazu geneigter Richtung zufliessen.

Die wirkliche Ausflussmenge ist also

$$q = \alpha \cdot f \cdot \varphi \sqrt{2gh} \quad \ldots \quad 11.$$

Die Koeffizienten α und φ vereinigt man zu einem Koeffizienten, dieser Koeffizient, welcher mit $f\sqrt{2gh}$ resp. mit der sonst bestimmten theoretischen Ausflussmenge multipliziert, die wirkliche Ausflussmenge gibt, heisst Ausflusskoeffizient und werde mit μ bezeichnet, also gilt jetzt die Gleichung

$$q = \mu \cdot f \cdot \sqrt{2gh} \quad \ldots \quad 12.$$

Der Koeffizient α, und also auch μ, ist nun verschieden nach der Art und Grösse der Kontraktion.

Man unterscheidet vollkommene und unvollkommene Kontraktion, ferner vollständige und unvollständige Kontraktion, es kann also eine Kontraktion vollkommen und dabei vollständig oder unvollständig sein u. s. w. Die Kontraktion ist vollkommen, wenn der Ausflussquerschnitt genügend klein ist gegen den senkrecht zur Ausflussrichtung gemessenen Querschnitt des Wassers, wenn die Kanten der Ausflussöffnung scharf und von den Begrenzungswänden des Behälters weit genug entfernt sind, im Verhältnis zu den Dimensionen der Oeffnung. Das ist z. B. der Fall, wenn bei einer rechteckigen Oeffnung die horizontale untere Kante um das 2,7fache der Mündungshöhe vom Boden absteht, und jede senkrechte Kante um das 2,7fache der Breite von den Seitenwänden.

Der Koeffizient der unvollkommenen Kontraktion heisse μ_1; μ bezeichne den der vollkommenen Kontraktion, F sei der Querschnitt des Wassers im Behälter, gemessen senkrecht zur Bewegungsrichtung, f die Grösse der Oeffnung, so ist, wenn man $\frac{f}{F} = n$ setzt, nach Weissbach für rechteckige Oeffnungen

$$\mu_1 = \mu\,[1 + 0{,}076\,(9^n - 1)] \quad \ldots \quad 13.$$

Zur Erleichterung der Berechnung diene folgende Tabelle.

Tabelle 1.

n	$\frac{\mu_1}{\mu}$	n	$\frac{\mu_1}{\mu}$	n	$\frac{\mu_1}{\mu}$	n	$\frac{\mu_1}{\mu}$
0	1,000	0,25	1,056	0,5	1,152	0,75	1,319
0,05	1,009	0,30	1,071	0,55	1,178	0,80	1,365
0,1	1,019	0,35	1,088	0,60	1,208	0,85	1,416
0,15	1,030	0,40	1,107	0,65	1,241	0,90	1,473
0,20	1,042	0,45	1,128	0,70	1,278	0,95	1,537

Die Kontraktion ist vollständig, wenn sie auf den ganzen Umfang der Oeffnung erfolgt, sie ist also unvollständig, wenn ein Teil des Umfanges der Ausflussöffnung von den Seitenwänden selbst gebildet wird. Bezeichnet u die Länge des Umfanges, auf welcher keine Kontraktion stattfindet, p den ganzen Umfang der Oeffnung, so ist für rechteckige Oeffnungen nach Weissbach der Koeffizient der unvollständigen Kontraktion

$$\mu_1 = \mu\left(1 + 0{,}155\,\frac{u}{p}\right) \quad \ldots \quad 14$$

worin unter μ der Ausflusskoeffizient bei vollständiger Kontraktion verstanden ist.

Der Ausflusskoeffizient für vollkommene Kontraktion ist durch Versuche für verschiedene technische, wichtige Fälle bestimmt worden, nachstehend sollen einige derselben angegeben werden. Es ist zu beachten, dass die betreffenden Werte natürlich nur dann bei Berechnung von Aussflussmengen ganz zutreffende Resultate geben, wenn die Verhältnisse, auf welche die betreffenden Koeffizienten angewendet werden, wenigstens annähernd denjenigen gleichen, unter welchen die Versuche angestellt wurden.

Im Mittel kann man bei vollkommener und vollständiger Kontraktion setzen

$$\alpha = 0{,}64, \quad \varphi = 0{,}96, \quad \mu = 0{,}615, \quad \zeta = 0{,}085.$$

c) Ausflusskoeffizienten für den Ausfluss aus rechteckigen Oeffnungen in senkrechter Wand bei vollkommener Kontraktion. Nach Poncelet und Lebros.

(nach Grashof, theoretische Maschinen-Lehre Bd. I.)

Die Versuche von Poncelet und Lebros fanden statt bei vollkommener und vollständiger Kontraktion. Die Ausflusskoeffizienten sind so bestimmt, dass man die Wassermengen nach der einfachen Formel $q = \mu \cdot f\sqrt{2gh}$ berechnen kann, worin h den senkrechten Abstand des Schwerpunktes der Oeffnung vom ruhenden Wasserspiegel bedeutet (siehe Fig. 6), also gemessen in ca. 1 m Abstand von

Fig. 6.

der Mündung. h_2 ist die Höhe der oberen horizontalen Mündungskante ebenfalls gemessen in so grossem Abstande (ca. 1 m) von der Mündung, dass der Wasserspiegel an der betreffenden Stelle in Ruhe gedacht werden kann; a ist die Höhe, b die Breite der Mündung in m, also $h = h_2 + \frac{a}{2}$. Der Ausfluss erfolgte in freie Luft.

Tabelle 2.

h_2 in Meter	Mündungshöhen a in Metern							
	bei einer Mündungsbreite b = 0,2 Meter						b = 0,6 Meter	
	0,01	0,02	0,03	0,05	0,1	0,2	0,02	0,2
0,015	0,697	0,660	0,632	0,612	0,593		0,644	
0,02	0,694	0,659	0,634	0,615	0,596	0,572	0,643	
0,03	0,688	0,659	0,638	0,620	0,600	0,578	0,642	0,593
0,04	0,683	0,658	0,640	0,623	0,603	0,582	0,642	0,595
0,05	0,679	0,658	0,640	0,625	0,605	0,585	0,641	0,597
0,06	0,676	0,657	0,640	0,627	0,607	0,587	0,641	0,599
0,07	0,673	0,656	0,639	0,628	0,609	0,588	0,640	0,600
0,08	0,670	0,656	0,638	0,629	0,610	0,589	0,640	0,601
0,09	0,668	0,655	0,637	0,629	0,610	0,591	0,639	0,601
0,10	0,666	0,654	0,637	0,630	0,611	0,592	0,639	0,602
0,12	0,663	0,653	0,636	0,630	0,612	0,593	0,638	0,603
0,16	0,658	0,650	0,634	0,631	0,614	0,596	0,637	0,604
0,20	0,655	0,648	0,633	0,630	0,615	0,598	0,635	0,605
0,25	0,653	0,646	0,632	0,630	0,616	0,599	0,634	0,606
0,30	0,650	0,644	0,632	0,629	0,616	0,600	0,633	0,607
0,40	0,647	0,642	0,631	0,628	0,617	0,602	0,631	0,607
0.50	0,644	0,640	0,630	0,628	0,617	0,603	0,630	0,607
0,60	0,642	0,638	0,630	0,627	0,617	0,604	0,629	0,607
0,70	0,640	0,637	0,629	0,627	0,616	0,604	0,628	0,607
0,80	0,637	0,636	0,629	0,627	0,616	0,605	0,628	0,606
0,90	0,635	0,634	0,628	0,626	0,615	0,605	0,627	0,606
1	0,632	0,633	0,628	0,626	0,615	0,605	0,626	0,605
1,5	0,615	0,619	0,620	0,620	0,611	0,602	0,623	0,602
2	0,611	0,612	0,612	0,613	0,607	0,601	0,620	0,602
3	0,609	0,610	0,608	0,606	0,603	0,601	0,615	0,601

Darf man, wie z. B. bei Gerinnen, den Wasserspiegel auch nicht in einigem Abstande von der Oeffnung als ruhend ansehen, so bedürfen die in obiger Tabelle enthaltenen Koeffizienten μ einer Korrektur. Hat n die Bedeutung wie in Gleichung 13 und bezeichnet μ_1 den abgeänderten Koeffizienten, so ist nach Weissbach bei vollständiger Kontraktion

$$\mu_1 = \mu (1 + 0{,}641\, n^2) \quad \ldots . \; 15.$$

Tabelle 3.

Für n =	0,05	0,10	0,15	0,20	0,25	0,30	0,35	0,40	0,45	0,50
wird $\frac{\mu_1}{\mu}$	1,002	1,006	1,014	1,026	1,04	1,058	1,079	1,103	1,13	1,16

Beispiel: Am Ende eines Gerinnes, dessen Querschnitt Fig. 7 darstellt, sei eine dünne Blechtafel eingesetzt, in welcher sich eine rechteckige Oeffnung befindet. Die Maſse u. s. w. sind aus Fig. 7 zu entnehmen, es soll die ausfliessende Wassermenge berechnet werden. Nach der früheren Bezeichnung ist:

Fig. 7.

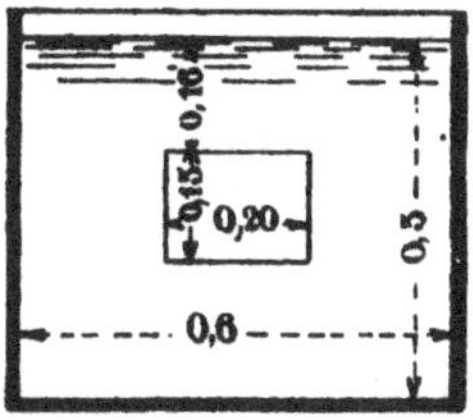

$$f = 0{,}03$$
$$F = 0{,}30$$
$$\frac{f}{F} = n = 0{,}1.$$

Für $h_2 = 0{,}16$ ergibt sich bei $b = 0{,}2$ nach

Tabelle 2 für $a = 0{,}1$ $\mu = 0{,}614$
„ $a = 0{,}2$ $\mu = 0{,}596$
also „ $a = 0{,}15$ $\mu = 0{,}605.$

Aus μ folgt nach Tabelle 3 $\mu_1 = 1{,}006$. $\mu = 0{,}609$, mithin nach Gleichung 12 $q = 0{,}609\,f \cdot \sqrt{2gh} = 0{,}609 \cdot 0{,}03\sqrt{2g \cdot 0{,}235}$ $= 0{,}039$ cbm pro Sekunde.

f) Ausflusskoeffizienten für rechteckige Oeffnungen in senkrechter Wand mit Ansatzgerinnen.

(Nach Grashof, theoretische Maschinen-Lehre Bd. I.)

Fliesst das Wasser nicht wie bisher gedacht völlig frei aus, sondern wie das z. B. bei Schützen am Anfange eines Gerinnes der Fall ist, längs eines horizontalen oder etwas abwärts geneigten Gerinnes weiter, so sind infolge der Reibung etc. an dem Gerinne die Ausflusskoeffizienten kleiner.

Fig. 8.

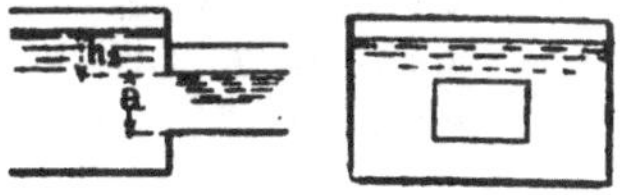

Lebros hat Versuche hierüber angestellt und zwar:

Fig. 9.

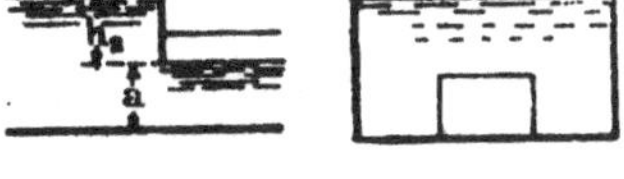

A bei vollkommener Kontraktion (Fig. 8) Gerinne 3 m lang.

B bei am unteren Rande aufgehobener Kontraktion (Fig. 9) Gerinne 3 m lang, horizontal.

Fig. 10.

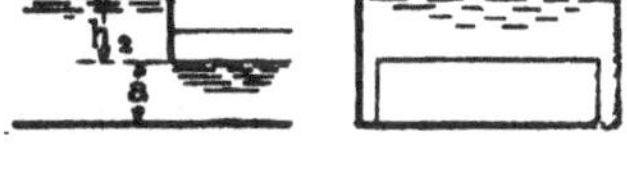

C desgl. Gerinne, 2,5 m lang und um $^1/_{10}$ seiner Länge geneigt.

D Kontraktion am unteren Rande aufgehoben, an den

Seiten sehr unvollkommen. Gerinne horizontal 3 m lang. Fig. 10.

E wie vorher, Gerinne wie bei C.

Die in nachstehender Tabelle 4 zusammengestellten Koeffizienten gelten für h_2 und h, welche in gleicher Weise bestimmt sind wie bei Tabelle 2, Bezeichnungen wie dort.

Tabelle 4.

h_2 Meter	μ für a = 0,05					μ für a = 0,2				
	A	B	C	D	E	A	B	C	D	E
0,02	0,488	0,487	0,585	0,512		0,480	0,480	0,527		
0,05	0,577	0,571	0,614	0,582	0,625	0,511	0,510	0,553	0,528	
0,10	0,624	0,605	0,632	0,621	0,639	0,542	0,538	0,574	0,560	0,593
0,20	0,627	0,617	0,645	0,637	0,649	0,574	0,566	0,592	0,589	0,617
0,50	0,625	0,626	0,652	0,647	0,656	0,599	0,592	0,607	0,618	0,632
1,00	0,624	0,628	0,651	0,649	0,656	0,601	0,600	0,610	0,630	0,638
1,50	0,619	0,627	0,650	0,647	0,656	0,601	0,602	0,610	0,633	0,641
2,0	0,613	0,623	0,650	0,644	0,656	0,601	0,602	0,609	0,632	0,642
3	0,606	0,618	0,649	0,639	0,656	0,601	0,601	0,608	0,630	0,641

Fig. 11.

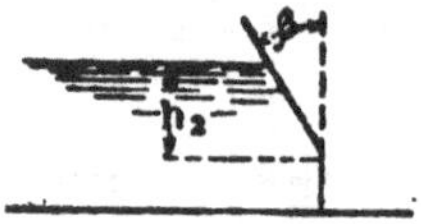

Handelt es sich um eine schrägstehende Schütze (siehe Fig. 11) und bedeutet β den Neigungswinkel gegen die Vertikale, so ist μ aus der Tabelle 5 zu entnehmen.

Tabelle 5.

$\beta =$	50°	45°	40°	35°	30°	0°
$\mu =$	0,816	0,80	0,784	0,768	0,752	0,70

wobei an den seitlichen Kanten eine nur schwache Kontraktion vorauszusetzen ist und das Wasser in einem Gerinne fliesst, wie solche bei Poncelet-Rädern etc. in Anwendung sind.

Fig. 12.

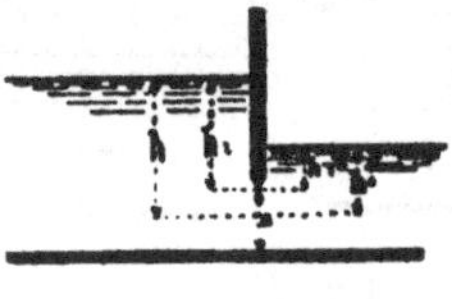

Für den Ausfluss unter senkrechten Schützen, ganz unter Wasser (Fig. 12) hat Bornemann Versuche angestellt, bei denen die Breite des Gerinnes 1,135 m, die Breite der Oeffnung b = 1,006 m betrug. Die Druckhöhen wurden gemessen an Stellen, wo die Wasserspiegel möglichst ruhig waren. a betrug bei den Versuchen 0,034 bis 0,174.

Ist $$h_2 + \frac{a}{2} = h \text{ und } h'_2 + \frac{a}{2} = h'$$

so ist $$\mu = 0{,}63775 + 0{,}29995 \frac{a}{h'} \quad \ldots \quad 16.$$

g) Wassermenge bei Ueberfällen.

Unter einem Ueberfall versteht man eine in einem Wasserlauf eingebaute senkrechte Wand, entweder mit einer oben horizontal über die ganze Flussbreite reichenden scharfen Kante, über welche das Wasser abfliesst, oder mit einem nicht über die ganze Breite reichenden rechteckigen Ausschnitt mit 3 scharfen Kanten, von denen die untere genau horizontal liegen muss. Liegt die horizontale Kante, über welche das Wasser ähnlich wie bei einem Wehr fliesst, über dem Unterwasserspiegel, so nennt man den Ueberfall „vollkommen“ (Fig. 13, 14), im anderen Falle „unvollkommen" (Fig. 15).

Fig. 13.

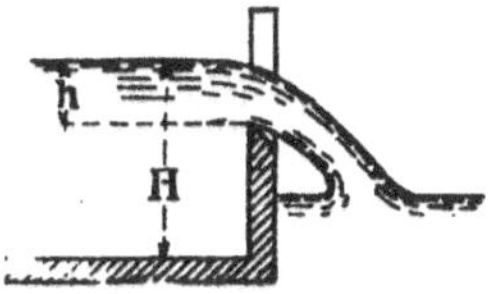

Fig. 14.

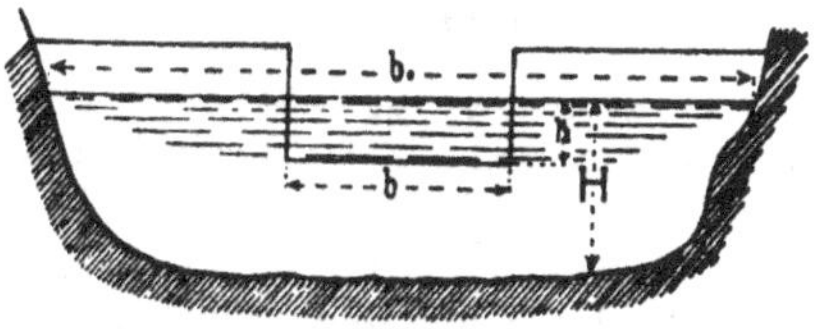

Fig. 15.

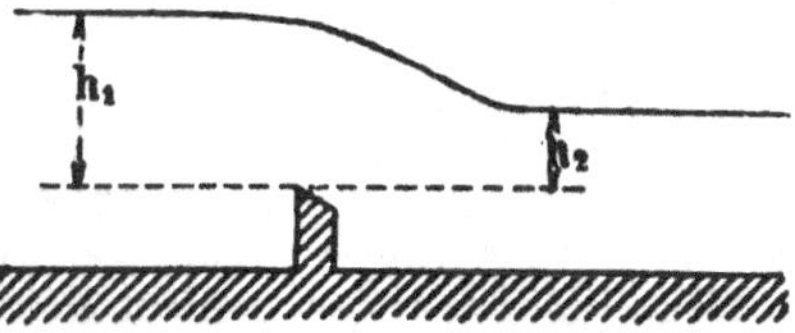

Bezeichnet man mit h die Höhe des Oberwasserspiegels über der Ueberfallkante, gemessen an einer genügend weit vom Ueberfall (mindestens 1 m) entfernten Stelle, wo die Absenkung des Wasserspiegels aufhört, also am Anfange der Stromschnelle.

Bezeichnet ferner

- b die Breite der Ueberfallöffnung (Fig. 14),
- b_0 die Breite des Wasserspiegels vor dem Ueberfalle, an der gleichen Stelle gemessen wie h,
- F den Querschnitt des Wasserlaufes vor dem Ueberfalle,
- q die überfliessende Wassermenge pro Sekunde,
- μ den Ausflusskoeffizienten,

so ist für vollkommene Ueberfälle

$$q = \mu \, b \, h \sqrt{2gh} \quad \ldots \quad 17.$$

Diese Formel ergibt sich aus Gleichung 7, wenn man den Wert $\frac{2}{3}$ daselbst mit in das zu bestimmende μ einrechnet.

Setzt man $\frac{b \cdot h}{F} = n$, so ist nach Weissbach (besonders für schmälere Ueberfälle, $b = 0{,}3$ bis $0{,}6$ m), für b wesentlich < b_0 $\mu = \mu_0 (1 + 1{,}718\, n^4)$ 18

$b = b_0$ $\mu = \mu_0 (1{,}041 + 0{,}3693\, n^2)$ . . . 19

μ_0 kann man dabei der Grösse h entsprechend aus nachstehender Tabelle 6 entnehmen (aus Grashof, theoretische Maschinen-Lehre Bd. I).

Tabelle 6.

	h =	0,01	0,02	0,03	0,04	0,06	0,08	0,1	0,15	0,2	0,3
bei b = 0,2 m	μ_0 =	0,424	0,417	0,412	0,407	0,401	0,397	0,395	0,393	0,390	
bei b = 0,6 m	μ_0			0,418	0,416	0,412	0,409	0,406	0,400	0,395	0,391

Genauer soll nach Bornemann sein

$$q = b \cdot h \sqrt{2g} \left(h + \frac{c^2}{2g}\right)^{\frac{3}{2}} \left[0{,}640204 - 0{,}286217 \left(\frac{h}{H}\right)^{\frac{1}{2}}\right] \; . \; . \; . \; . \; 20$$

worin c die Geschwindigkeit des Wassers vor Beginn der Stromschnelle, H die Tiefe des Wassers daselbst.

Die Koeffizienten nach Weissbach (Gleichung 18 und 19) sollen nach neueren Versuchen bei Ueberfällen mit $b = b_0$ etwas zu klein sein, es ist überhaupt wiederholt hervorzuheben und immer zu beachten, dass selbst, wenn die Versuche ganz einwandfrei waren, die Verwendung der dabei ermittelten Koeffizienten nur dann zu gleich richtigen Resultaten wie bei den Versuchen führt, wenn die Verhältnisse nahe gleiche sind

Wer die neueren Versuche und die daraus hergeleiteten Koeffizienten kennen lernen und benutzen will, findet ausführliches in der „Zeitschrift des Vereins Deutscher Ingenieure" und zwar im Jahrgang 1889: Keller: Neueste Bestimmung der Wassermenge bei Ueberfällen durch M. H. Bazin; Jahrgang 1890: desgl. und Versuche über den Abfluss des Wassers bei vollkommenen Ueberfällen; Jahrgang 1892: Hansen: Die Bestimmung von Wassermengen etc.

Für unvollkommene Ueberfälle (Fig. 15) kann man, wenn h_1 die Höhe des Oberwasserspiegels, h_2 die Höhe des Unterwasserspiegels über der Ueberfallkante bezeichnet, setzen

$$q = \mu\, b\, h_1 \sqrt{2g\,(h_1 - h_2)} \; . \; . \; . \; . \; 21$$

h_1 und h_2 müssen an genügend weit vom Ueberfall entfernten Stellen, wo das Wasser möglichst in Ruhe ist, gemessen werden; μ kann für verschiedene Werte von $\frac{h_1 - h_2}{h}$ nach Tabelle 7 angenommen werden.

Tabelle 7.

$\frac{h_1 - h_2}{h_1}$	0,03	0,05	0,1	0,2	0,3	0,4	0,5	0,6	0,8
μ	0,546	0,522	0,516	0,507	0,497	0,487	0,474	0,459	0,427

Beispiel: In ein Gerinne von 1,2 m Breite ist zur Bestimmung der Wassermenge ein Ueberfall eingebaut worden. Der rechteckige, scharfkantige Ausschnitt in demselben hat eine Breite von 0,70 m. Die untere wagerechte Kante liegt 0,5 m über dem Gerinneboden. Der Ueberfall ist vollkommen, der Spiegel des gestauten Wassers liegt in 2 m Entfernung vom Ueberfall, 0,206 m über der horizontalen Ueberfallkante. Die Wassermenge soll bestimmt werden. Dies kann geschehen nach Gleichung 17 und 18. Es ist mit den dort angenommenen Bezeichnungen

$$b = 0{,}70,\ h = 0{,}206,$$

$$b \cdot h = 0{,}7 \cdot 0{,}206 = 0{,}144 \text{ qm};\ F = 1{,}2 \cdot (0{,}5 + 0{,}206) = 0{,}847 \text{ qm}$$

also
$$n = \frac{0{,}144}{0{,}847} = 0{,}17.$$

μ_0 ist aus Tabelle 6 zu bestimmen und zwar können nur die daselbst für $b = 0{,}6$ m angegebenen Werte in Betracht kommen.

für $h = 0{,}2$ m ist $\mu_0 = 0{,}395$
für $h = 0{,}3$ m ist $\mu_0 = 0{,}391$.

Diese Differenz ist so gering, dass bei der nur kleinen Verschiedenheit des in Betracht kommenden $h = 0{,}206$ von $h = 0{,}2$ die Interpolation zu keinem anderen Werte führt, also gesetzt werde $\mu_0 = 0{,}395$. Nach Gleichung 18 ist nun

$$\mu = 0{,}395\,(1 + 1{,}718 \cdot 0{,}17^4) = 0{,}396$$

und nach Gleichung 17

$$q = 0{,}396 \cdot 0{,}144 \sqrt{2 \cdot 9{,}81 \cdot 0{,}206} = 0{,}118 \text{ cbm pro Sekunde.}$$

§ 2. Bewegung des Wassers in Kanälen und Flüssen.

a) Geschwindigkeiten eines Wasserlaufes, Erklärungen und Bezeichnungen.

Die Bewegung des Wassers in einem Wasserlaufe ist zu vergleichen mit der Bewegung eines Körpers auf schiefer Ebene unter dem Einfluss der Schwerkraft. Es ist die Bewegung des Wassers in Wasserläufen, also im Prinzip eine beschleunigte Bewegung, die Bewegungshindernisse, insbesondere die Reibung des Wassers am Bett, an der Luft u. s. w. verzehren jedoch teilweise oder gänzlich die beschleunigende Wirkung der Schwerkraft und daher kommt es, dass die Bewegung des Wassers eine mehr oder minder gleichförmige ist, insbesondere bei einigermassen regelmässig gestalteten Wasserbetten kann man die durchschnittliche Bewegung des Wassers als eine völlig gleichmässige ansehen, das soll bei den folgenden Betrachtungen stets vorausgesetzt sein.

Den Längsschnitt durch einen Wasserlauf nennt man sein „Längsprofil", betrachtet man die Geschwindigkeiten des Wassers in verschiedenen Tiefen eines solchen, so zeigt sich, dass die Geschwindigkeit nahe der Oberfläche am grössten ist, nach oben und unten hin nimmt sie ab.

Die Linie des Wasserspiegels im Längsprofil eines Flusses ist eine mehr oder weniger gegen die Horizontale geneigte Grade oder Kurve, den Höhenunterschied zweier in einem gewissen Abstande gelegenen Punkte des Wasserspiegels nennt man das Gefälle des Flusses auf der betreffenden Strecke. Bezeichnet man das Gefälle mit h, die Entfernung der Punkte, auf welche es sich bezieht, mit l, so gibt der Quotient $\frac{h}{l}$ das Gefälle für die Längeneinheit an, man nennt diesen Wert das relative Gefälle, er sei bezeichnet mit J, also

$$\frac{h}{l} = J \quad \ldots \quad 22.$$

Einen Querschnitt durch den Wasserlauf nennt man ein Querprofil, in einem solchen ist wiederum in jeder Vertikalen die Geschwindigkeit (natürlich senkrecht zum Querprofil) am grössten nahe unter der Oberfläche u. s. w. wie beim Längsprofil, die grösste Geschwindigkeit überhaupt liegt in der Vertikalen, welche der grössten Wassertiefe entspricht; nach dem Umfange des Profiles hin nehmen die Geschwindigkeiten ab.

Die Fläche eines Querprofiles ist begrenzt oben durch die Horizontale des Wasserspiegels, im übrigen durch eine, die mehr oder minder unregelmässige Form des Bettes darstellende Linie, welche benetzter Umfang genannt wird. Diese Grösse werde bezeichnet mit p, die Breite des Wasserspiegels mit b, die Fläche des Querprofiles mit F, dann ist der Quotient $\frac{F}{b}$ die sogenannte mittlere Wassertiefe, sie heisse t_m; also:

$$\frac{F}{b} = t_m \quad \ldots \quad 23.$$

Den Quotienten aus Fläche und benetztem Umfang eines Querprofiles nennt man die mittlere hydraulische Tiefe, oder den Profilradius, des Querprofiles, er werde im folgenden mit R bezeichnet, also:

$$\left.\begin{aligned} \frac{F}{p} &= R \\ F &= R \cdot p \\ p &= \frac{F}{R} \end{aligned}\right\} \quad \ldots \quad 24.$$

Fliesst durch ein Querprofil von der Fläche F qm in der Sekunde eine Wassermenge von Q cbm und denkt man sich die Bewegung erfolgend mit einer gewissen mittleren, für alle Punkte des Profiles gleichen Geschwindigkeit c, so gelten die Gleichungen

$$\left.\begin{aligned} \frac{Q}{F} &= c \\ Q &= F \cdot c \end{aligned}\right\} \ldots\ldots 25.$$

oder

$$F = \frac{Q}{c}$$

Kennt man für eine Senkrechte im Längs- oder Querprofil die Wassergeschwindigkeit an der Oberfläche, c_0, sowie die in der Tiefe y unter dem Wasserspiegel gemessene Geschwindigkeit c_y, so kann man die mittlere Geschwindigkeit c_s in der Senkrechten annähernd berechnen aus

$$c_s = c_0 - \frac{m \cdot a^2}{3} \ldots\ldots 26$$

worin $m = \frac{c_0 - c_y}{y}$ und a die ganze Wassertiefe in der betreffenden Senkrechten.

Gleichung 26 gibt die mittlere Geschwindigkeit in einer Senkrechten, sollte also die mittlere Geschwindigkeit c (entsprechend Gleichung 25) für ein volles Querprofil berechnet werden, so müsste man dieses in eine Anzahl schmaler, senkrechter Streifen zerlegen, für die mittlere Senkrechte jeden Streifens c_s bestimmen und dann c bez. Q berechnen in folgender Weise:

Das Profil wird in n Streifen vom Flächeninhalt f_1 f_2 f_3 ... f_n zerlegt, ihnen entsprechen die mittleren Geshwindigkeiten c_1 c_2 c_3 .. c_n, dann ist

$$\left.\begin{aligned} Q = F \cdot c &= f_1 c_1 + f_2 c_2 + f_3 c_3 + \ldots f_n c_n \\ \text{oder} \quad c &= \frac{f_1 c_1 + f_2 c_2 + f_3 c_3 + \ldots f_n c_n}{F} \end{aligned}\right\} \ldots\ldots 27.$$

Kennt man die grösste Geschwindigkeit c_{max} in einem Querprofil, dieselbe liegt insbesondere bei kleinen Querprofilen und geringeren Wassertiefen nahe an der Oberfläche, so kann man nach Bazin c bestimmen aus

$$c = \frac{c_{max}}{1 + 14\sqrt{\alpha + \frac{\beta}{R}}} \ldots\ldots 28.$$

Hierin hat R die schon bekannte Bedeutung, α und β sind Erfahrungskoeffizienten, über welche im folgenden (Tabelle 8) noch näheres mitgeteilt wird.

Legt man in nicht zu grossen Abständen (ein- bis zweifache Wasserspiegelbreite) Querprofile durch einen Wasserlauf und sind F_1 F_2 F_3 ... F deren Flächeninhalte, so stellt der Quotient

$\frac{F_1 + F_2 + F_3 + \ldots F_n}{n}$ die Fläche eines Durchschnittsprofiles dar, man nennt dasselbe mittleres Querprofil. Wenn in Gleichung 25 unter F das mittlere Querprofil auf einer gewissen Strecke eines Wasserlaufes verstanden wird, so ist dann c die mittlere Wassergeschwindigkeit dazu, zugleich auch die mittlere Geschwindigkeit des Wassers in der betreffenden Flussstrecke. Kennt man also für eine gewisse Strecke eines Wasserlaufes die mittlere Geschwindigkeit und das mittlere Profil, so kann man die Wassermenge nach Gleichung 25 berechnen.

b) **Beziehungen zwischen Gefälle, Beschaffenheit des Bettes und Geschwindigkeit des Wassers.**

Bei der Berechnung von Kanalanlagen, Veränderungen an Wasserläufen und dergl. handelt es sich darum, bei bekannter Beschaffenheit des Flussbettes, bei bekannter Grösse der Querprofile und bekanntem Gefälle, die Wassermenge zu berechnen, oder aber für eine gegebene Wassermenge und angenommene Geschwindigkeit, das erforderliche Gefälle zu bestimmen u. s. w.

Zu diesem Zwecke sind eine Anzahl Formeln von verschiedenen Hydrotechnikern aufgestellt worden, welche alle davon ausgehen, dass die mittlere Geschwindigkeit einer Wasserlaufstrecke proportional ist der Wurzel aus dem Produkt von Profilradius und relativem Gefälle. Die allgemeine Form dieser Formeln ist

$$c = k\sqrt{R \cdot J} \quad \ldots . \; 29.$$

Hierin ist c die mittlere Geschwindigkeit, R der Profilradius (siehe Gleichung 24) und J das relative Gefälle (siehe Gleichung 22), k ist ein Koeffizient, welcher von verschiedenen Forschern verschieden angegeben wird.

Als die zutreffendsten Werte von k gelten zur Zeit die nach den Angaben von Bazin einerseits und Ganguillet nnd Kutter andererseits berechneten.

Beide Arten variieren je nach der Beschaffenheit des Flussbettes und der Grösse des Profilradius, bei Ganguillet und Kutter auch nach der Grösse des relativen Gefälles.

Die Formel 29 heisst in ihrer einfachen Gestalt die Chezy-Eytelweinsche Formel nach den Forschern, welche sie aufstellten und zuerst nutzbar machten.

Nach Bazin ist:

$$k = \sqrt{\frac{1}{\alpha + \frac{\beta}{R}}} \quad \ldots . \; 30.$$

Darin sind α und β Grössen, welche von Bazin für verschiedene Beschaffenheiten des Flussbettes bestimmt worden sind, sie sind aus der folgenden Tabelle 8 (aus Taschenbuch der Hütte) zu entnehmen, in derselben finden sich auch die für verschiedene Werte von R bei bestimmten α und β sich ergebenden k.

Für kleinere Wasserläufe, insbesondere Kanäle, hält man die Bazinschen Angaben für hinreichend zutreffend.

Tabelle 8.

	Gehobeltes Holz und Zement	Quader und nicht gehobeltes Holz	Mauerwerk aus Bruchsteinen	Erde	Gerölle (nach Kutter)
$\alpha =$	0,00015	0,00019	0,00024	0,00028	0,00040
$\beta =$	0,0000045	0,0000133	0,00006	0,00035	0,0007
R in m	Werte von k				
0,10	71,6	55,6	34,5	16,3	11,6
0,15	74,5	59,9	39,5	19,6	14,0
0,20	76,1	62,4	43,0	22,2	16,0
0,25	77,2	64,1	45,6	24,4	17,7
0,30	77,9	65,3	47,7	26,3	19,1
0,35	78,4	66,2	49,3	28,0	20,4
0,40	78,8	66,9	50,6	29,4	21,6
0,45	79,1	67,5	51,8	30,7	22,6
0,50	79,3	67,9	52,7	31,9	23,6
0,60	79,7	68,7	54,2	34,0	25,3
0,70	80,0	69,2	55,4	35,8	26,7
0,80	80,2	69,6	56,3	37,3	28,0
0,90	80,3	69,9	57,1	38,7	29,1
1,00	80,4	70,1	57,7	39,8	30,2
1,20	80,6	70,5	58,7	41,8	31,9
1,40	80,8	70,8	59,5	43,4	33,3
1,60	80,9	71,0	60,0	44,8	34,6
1,80	81,0	71,2	60,5	45,9	35,6
2,00	81,0	71,3	60,9	46,9	36,5
2,50	81,2	71,6	61,5	48,8	38,3
3,00	81,2	71,7	62,0	50,2	39,7
4,00	81,3	71,9	62,6	52,2	41,7
5,00	81,4	72,0	63,0	53,5	43,0
6,00	81,4	72,1	63,2	54,4	44,0

Nach Ganguillet und Kutter ist:

$$k = \frac{23 + \frac{1}{m} + \frac{0,00155}{J}}{1 + \left(23 + \frac{0,00155}{J}\right)\frac{m}{\sqrt{R}}} \quad \ldots \; 31.$$

Hierin haben J und R die bisherigen Bedeutungen, m ist ein von der Rauhigkeit des benetzten Umfanges abhängiger Koeffizient.

Tabelle 9.

Relatives Gefälle J	Kanäle von sorgfältig gehobeltem Holz oder glattem Zement m = 0,010		Kanäle von gewöhnlichen Brettern m = 0,012		Kanäle von behauenen Quadersteinen oder gut gefügten Ziegeln m = 0,013		Kanäle von Bruchsteinen m = 0,017		Kanäle in Erde, natürliche Flüsse und Bäche m = 0,025		Gewässer mit gröberen Geschieben oder mit Wasserpflanzen m = 0,030	
	α	β	α	β	α	β	α	β	α	β	α	β
0,00005									94,0	1,350	87,3	1,62
0,00006									88,8	1,221	82,2	1,465
0,00008									82,4	1,059	75,7	1,271
0,0001	138,5	0,385	121,8	0,462	115,4	0,500	97,3	0,654	78,5	0,962	71,8	1,155
0,0002	130,7	0,307	114,1	0,369	107,7	0,400	89,6	0,523	70,7	0,769	64,1	0,922
0,0003	128,2	0,282	111,5	0,338	105,1	0,366	87,0	0,479	68,2	0,704	61,5	0,845
0,0004	126,9	0,269	110,2	0,320	103,8	0,349	85,7	0,457	66,9	0,672	60,2	0,806
0,0005	126,1	0,261	109,4	0,313	103,0	0,339	84,9	0,444	66,1	0,652	59,4	0,783
0,0006	125,6	0,256	108,9	0,307	102,5	0,332	84,4	0,435	65,6	0,640	58,9	0,767
0,0007	125,2	0,252	108,5	0,302	102,1	0,328	84,0	0,428	65,2	0,630	58,5	0,756
0,0008	124,9	0,249	108,3	0,299	101,8	0,324	83,8	0,424	64,9	0,623	58,3	0,748
0,001	124,5	0,245	107,9	0,295	101,5	0,319	83,4	0,417	64,5	0,614	57,9	0,736
0,002	123,8	0,238	107,1	0,285	100,7	0,309	82,6	0,404	63,8	0,594	57,1	0,713
0,003	123,5	0,235	106,8	0,282	100,4	0,306	82,3	0,400	63,5	0,588	56,8	0,705
0,004	123,4	0,234	106,7	0,281	100,3	0,304	82,2	0,398	63,4	0,585	56,7	0,702
0,005	123,3	0,233	106,6	0,280	100,2	0,303	82,1	0,396	63,3	0,583	56,6	0,699
0,006	123,3	0,233	106,6	0,279	100,2	0,302	82,1	0,395	63,3	0,581	56,6	0,698
0,007	123,2	0,232	106,5	0,279	100,1	0,301	82,0	0,395	63,2	0,580	56,5	0,696
0,008	123,2	0,232	106,5	0,278	100,1	0,301	82,0	0,394	63,2	0,580	56,5	0,696
0,009	123,2	0,232	106,5	0,278	100,1	0,301	82,0	0,394	63,2	0,579	56,5	0,695
0,010	123,1	0,231	106,5	0,278	100,1	0,301	82,0	0,393	63,1	0,579	56,5	0,694
0,010	123	0,230	106,3	0,276	99,9	0,299	81,8	0,391	63	0,575	56,3	0,690

Setzt man in Gleichung 31 den Ausdruck im Zähler:

$$23 + \frac{1}{m} + \frac{0{,}00155}{J} = \alpha$$

und im Nenner:

$$\left(23 + \frac{0{,}00155}{J}\right) m = \beta,$$

so geht obige Gleichung über in

$$k = \frac{\alpha}{1 + \frac{\beta}{R}} \quad \ldots \quad 32.$$

Ganguillet und Kutter haben nun für verschiedene Arten Wasserläufe m bestimmt, und auch für verschiedene J, die den m entsprechenden Werte von α und β berechnet und in Tabellen zusammengestellt (Zeitschrift des österr. Ingenieur- und Architekten-Vereins 1869). Die nebenstehende Tabelle 9 ist ein Auszug.

c) Grösste und kleinste zulässige Geschwindigkeit in Kanälen.

Wenn das Wasser die Kanalwandungen nicht durch seine Bewegung angreifen soll, darf die Geschwindigkeit desselben eine gewisse Grösse nicht überschreiten. Diese grösste zulässige Geschwindigkeit ist verschieden nach der Art des Kanalbettes, nachstehende Tabelle 10 gibt einige Werte für dieselbe.

Tabelle 10.

Beschaffenheit des Bettes	Grösster zulässiger Wert der mittleren Geschwindigkeit c = in m
Schlammige Erde, brauner Töpferthon . . .	0,11
Fetter Thon	0,23
Fetter Flusssand	0,46
Kiesiger Boden	0,96
Grobsteiniger Boden	1,23
Konglomerate, Schiefer	1,86
Lagerhafte Gebirgsarten	2,27
Harte Felsen	3,69

Fliesst das Wasser sehr langsam, so setzen sich, falls es Sinkstoffe als Sand, Schlamm etc. führt, diese leicht ab, soll das vermieden werden, so muss die mittlere Geschwindigkeit des Wassers eine Mindestgrösse haben. Diese beträgt

$c = 0{,}21$, wenn es leichten Schlamm und

$c = 0{,}42$, wenn es Sand führt.

Im allgemeinen ist zu sagen, dass man die Geschwindigkeit c bei Wassergräben für Kraftanlagen nicht unter 0,4 bis 0,5 m wählen möge.

d) Bestimmung der Kanalabmessungen.

Fig. 16.

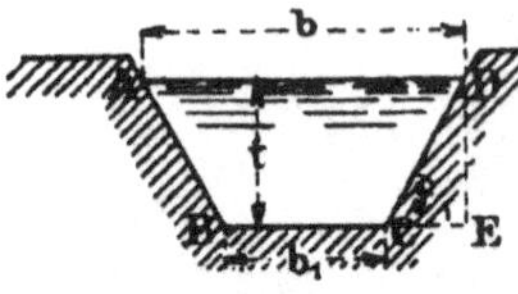

Die Querprofile der Kanäle haben meist eine trapezförmige Gestalt (siehe Fig. 16). Die Seitenwände müssen unter einem von der Beschaffenheit der Wandungen abhängigen Winkel, dem sogenannten Böschungswinkel gegen die Horizontale geneigt sein, damit die Haltbarkeit gewährleistet ist. Der Böschungswinkel werde bezeichnet mit δ (siehe Fig. 16).

Die in Fig. 16 mit CE bezeichnete Strecke nennt man die absolute Böschung, der Quotient $\frac{CE}{DE} = \operatorname{cotg} \delta$ heisst relative Böschung. Tabelle 11 gibt für verschiedene Wandungen die geeigneten Werte von $\operatorname{cotg} \delta$ und die genau oder sehr annähernd entsprechenden Winkel.

Tabelle 11.

Art der Wandung	$\operatorname{cotg} \delta$	δ	
Eiserne und hölzerne Gerinne	0	90°	
Gutes Mauerwerk bei kleinen Kanälen .	0	90°	
Futtermauern	0,5	$63\frac{1}{2}$°	
Feste Erde mit Uferbekleidung	1	45°	gegrabene Kanäle
Feste Erde ohne Bekleidung	1,5	$33\frac{1}{2}$°	
Lockerer Boden	2	$26\frac{1}{2}$°	

Gleichung 29, welche lautet $c = k\sqrt{RJ}$ kann man umformen in:

$$J = \frac{c^2}{k^2 R} \quad \ldots \quad 33.$$

Daraus ersieht man, dass für ein bestimmtes c also auch für ein bestimmtes F beziehentlich Q (Bezeichnungen wie unter a) J um so kleiner wird je grösser R ist, R aber wird um so grösser, je kleiner man bei gegebenem F den benetzten Umfang p machen kann. Insbesondere bei Benutzung des Wassers zu motorischen Zwecken ist es aber sehr wünschenswert, das Gefälle, welches für die Fortbewegung des Wassers in den Kanälen aufzuwenden ist, thunlichst klein zu machen, um desto mehr für das Wasserrad oder die Turbine zu erhalten.

Ist ein Kanal l m lang, so ist das durch denselben verloren gehende Gefälle h bestimmt durch:

$$h = J \cdot l \quad \ldots \quad 34.$$

Für den Inhalt und die Dimensionen eines trapezförmigen Profiles lassen sich nun sofort nach Fig. 16 folgende Gleichungen angeben:

$$F = \frac{AD + BC}{2} \cdot t.$$

worin t die Wassertiefe oder

$$F = (b - t \operatorname{cotg} \delta)\, t \quad \ldots\ldots \quad 35,$$

hieraus folgt

$$b = \frac{F}{t} + t \operatorname{cotg} \delta \quad \ldots\ldots \quad 36$$

oder

$$b_1 = \frac{F}{t} - t \operatorname{cotg} \delta \quad \ldots\ldots \quad 37.$$

Der benetzte Umfang ergibt sich zu

$$p = AB + BC + CD = \frac{t}{\sin \delta} + b_1 + \frac{t}{\sin \delta} = b_1 + 2\frac{t}{\sin \delta}$$

setzt man für b_1 den Wert $b_1 = b - 2t \operatorname{cotg} \delta$, so wird

$$p = b + 2t\left(\frac{1}{\sin \delta} - \operatorname{cotg} \delta\right) \quad \ldots\ldots \quad 38,$$

setzt man noch für b den Wert aus Gleichung 36 ein, so hat man

$$p = \frac{F}{t} + t \operatorname{cotg} \delta + 2t\left(\frac{1}{\sin \delta} - \operatorname{cotg} \delta\right),$$

soll nun p für ein gegebenes F möglichst klein sein, so muss t eine bestimmte Grösse haben und zwar ist dann

$$t = \sqrt{\frac{F \sin \delta}{2 - \cos \delta}} \quad \ldots\ldots \quad 39.$$

$$\frac{b}{t} = \frac{2}{\sin \delta} \quad \ldots\ldots \quad 40.$$

Für rechteckige Profile, also $\sin \delta = 1$ gibt das $\frac{b}{t} = 2$, oder $b = 2t$.

Die Einhaltung des günstigsten Querprofiles erfordert verhältnismässig tiefe Kanäle; grosse Tiefen sind aber nicht immer leicht durchführbar, besonders bei Kanälen für grosse Wassermengen.

Redtenbacher hat deshalb für Werkkanäle nachstehende Formeln aufgestellt, bei denen $\frac{b}{t}$ mit F wächst.

$$\frac{b_1}{t} = 2{,}7 + 0{,}9F \quad \ldots\ldots \quad 41$$

$$\frac{b}{t} = 2{,}7 + 0{,}9F + 2 \operatorname{cotg} \delta \quad \ldots \quad 42.$$

Das Berechnungsverfahren für einen Kanal wäre nun etwa folgendes: Es ist gegeben die Wassermenge Q cbm pro Sekunde, man wählt zunächst c; bestimmt $F = \frac{Q}{c}$, bestimmt nach Tabelle 11 den Winkel δ, berechnet t aus Gleichung 39, b aus 40, p dann nach Gleichung 38, R nach Gleichung 24.

Nun kann man, falls man die Bazinschen Koeffizienten verwenden will, k bestimmen nach Gleichung 30, beziehentlich Tabelle 8, dann J aus Gleichung 33, und h aus Gleichung 34.

Will man die Bestimmung von k nach Ganguillet und Kutter vornehmen, so muss man J versuchsweise annehmen, oder aber auch zunächst in obiger Weise ermitteln, dann k nach Gleichung 32 und Tabelle 9 berechnen. Ergibt sich dann J nach Gleichung 33 genügend nahe gleich der Annahme, oder dem erst berechneten Werte, so kann man sich begnügen, anderenfalls berechnet man mit dem neuen J nochmals k und erhält ein noch genaueres J.

Mitunter geht man auch von der Annahme eines relativen Gefälles aus, man kann dann

$$J = 0{,}0003 \text{ bis } 0{,}0005 \text{ für Zuführkanäle,}$$
$$J = 0{,}0005 \text{ bis } 0{,}001 \text{ für Abflusskanäle}$$

nehmen, natürlich kommt es auf den speziellen Fall an; kurzen Kanälen kann man ohne grossen Verlust an Gefälle auch höhere Werte von J geben u. s. w.

Hat man J angenommen, so bestimmt man k, indem man R vorläufig versuchsweise annimmt, nach Gleichung 30 oder 32 (Tabelle 8 oder 9), berechnet dann nach Gleichung 29 die mittlere Geschwindigkeit c, damit F nach Gleichung 25, δ, t, p und R wie vorher; stimmt das berechnete R mit dem versuchsweise angenommenen überein, so ist die Aufgabe gelöst, wenn nicht, führt man die Rechnung mit dem gefundenen R wiederholt durch.

Zahlenbeispiel: Die Abmessungen eines Kanales zu bestimmen, in welchem pro Sekunde 1,5 cbm Wasser fliessen sollen; er erhält 800 m Gesamtlänge und ist in festem Erdreich auszuheben, die Wände sollen nicht bekleidet werden.

Es werde angenommen

$$c = 0{,}45 \text{ m pro Sekunde,}$$

also nach Gleichung 25

$$F = \frac{Q}{c} = 1{,}5 : 0{,}45 = 3{,}333 \text{ qm.}$$

Für festes Erdreich ohne Bekleidung ist nach Tabelle 11

$$\delta = 33^1/_2{}^0 \text{ und } \operatorname{cotg} \delta = 1{,}5,$$

nach Gleichung 39 nun

$$t = \sqrt{\frac{3{,}333 \sin 33^1/_2}{2 - \cos 33^1/_2}} = \sqrt{\frac{3{,}333 \cdot 0{,}552}{2 - 0{,}834}} = 1{,}256 \text{ (abgerundet),}$$

nach Gleichung 40 folgt

$$b = \frac{2 \cdot 1{,}257}{0{,}552} = 4{,}550 \text{ m,}$$

aus Gleichung 38 folgt

$$p = 4,55 + 2 \cdot 1,256 \left(\frac{1}{0,552} - 1,5 \right) = 5,334,$$

also nach Gleichung 24

$$R = 3,333 : 5,334 = 0,625.$$

Nach Tabelle 8 ist (nach Bazin) für Erde bei

$$R = 0,625, \; k = 34,45,$$

nach Gleichung 33

$$J = \frac{0,45^2}{34,45^2 \cdot 0,65} = 0,00026,$$

also nach Gleichung 34

$$h = 800 \cdot 0,00026 = 0,208 = 0,21 \text{ m}.$$

Ein Beispiel für Anwendung der Formel von Ganguillet und Kutter soll bei anderer Gelegenheit mit vorgeführt werden.

§ 3. Berechnung der Stauwerke.

Um den Wasserspiegel eines Flusses etc. zu erhöhen, sei es um das Gefälle einer längeren Strecke auf einer kürzeren zu vereinigen, sei es zur Ansammlung grösserer Wassermengen, errichtet man Stauwerke, Wehre. Die Höhe, um welche der gestaute Wasserspiegel über dem ursprünglichen liegt, nennt man Stauhöhe; sie ist zu messen am Beginn der Stromschnelle, also in einigen Metern Entfernung vom Wehre. Die Erhebung des Wasserspiegels durch das Stauwerk erstreckt sich prinzipiell auf die ganze stromauf gelegene Flussstrecke, sie wird jedoch in einer gewissen Entfernung vom Wehre so klein, dass sie daselbst als nicht mehr vorhanden oder wenigstens nicht ins Gewicht fallend angesehen werden darf.

Die Entfernung, in der das eintritt, vom Wehr, nennt man die Stauweite. Im Längsprofil eines gestauten Wasserlaufes zeigt sich der Wasserspiegel als eine nach oben konkave Linie, die man Staukurve nennt.

Man unterscheidet feste und bewegliche Wehre, sowie Wehre, welche aus beiden Arten kombiniert sind.

Bei den festen Wehren entspricht jedem Wasserstande bezugsweise jeder Wassermenge, eine andere Höhenlage des gestauten Wasserspiegels, bei den beweglichen Wehren dagegen kann man durch Verstellen derselben in gewissen Grenzen eine bestimmte Höhenlage einhalten. Die einfachsten und wichtigsten Anlagen sind die festen Wehre, sie sollen deshalb den Zwecken dieses Buches entsprechend näherer Betrachtung unterzogen werden.

Die Berechnung der Wassermenge, welche über ein Wehr fliesst oder die Berechnung der zum Ueberfliessen einer gewissen Wassermenge erforderlichen Druckhöhe erfolgt im Prinzip ganz so wie bei den Ueberfällen, nur ist zu beachten, dass der Koeffizient μ für Wehre, welche mehr oder minder sorgfältig abgerundete Kanten haben, grösser ist als für Ueberfälle.

Den vollkommenen Ueberfällen entspricht das Ueberfallwehr, bei diesem liegt also der Scheitel über dem Unterwasserspiegel, während er beim Grundwehr, welches dem unvollkommenen Ueberfall entspricht, darunter liegt.

a) Stauhöhe und Wassermenge.

Es werde bezeichnet mit: (siehe auch Fig. 17)

Q_0 die ganze Wassermenge eines Flusses u. s. w. in cbm pro Sekunde,

Q die durch einen Aufschlaggraben oder dergl. abgezweigte Wassermenge,

Q_1 die über das Wehr fliessende Wassermenge,

H die Stauhöhe
h die Höhe des gestauten Wasserspiegels über dem Wehrscheitel } gemessen am Anfang der Stromschnelle,

b die Wehrbreite,

c die Geschwindigkeit, mit welcher das Wasser dem Wehre zufliesst,

F_1 der Flächeninhalt des Querprofiles des gestauten Flusses nahe dem Wehr,

Fig. 17.

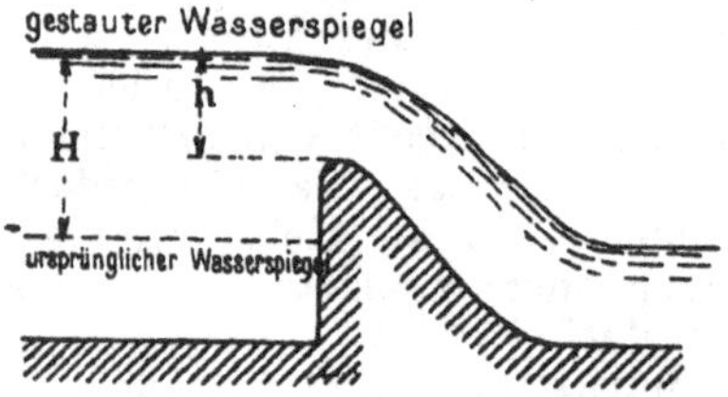

dann ist

$$Q_1 = Q_0 - Q \quad \ldots\ldots 43.$$

$$c = \frac{F_1}{Q_0} \quad \ldots\ldots 44.$$

Für Ueberfallwehre gilt nun folgendes:

Ist c so klein, dass es unberücksichtigt bleiben darf, so ist

$$Q_1 = \mu\, b\, h \sqrt{2gh} \quad \ldots\ldots 45,$$

muss man c berücksichtigen und setzt $\frac{c^2}{2g} = e$, so ist

$$Q_1 = \mu\, b \sqrt{2g} \left[\sqrt{(h+e)^3} - \sqrt{e^3}\right] \quad \ldots\ldots 46.$$

In den Gleichungen 45 und 46 ist $\mu = 0{,}53$ bis $0{,}57$ zu setzen.

Für ein gegebenes H kann man nach Gleichung 45 oder 46 leicht h berechnen aus

$$h = \sqrt[3]{\frac{Q_1^{\,2}}{2g\,\mu^2 b^2}} \quad \ldots\ldots 47$$

beziehentlich

$$h = \sqrt[3]{\left(\frac{Q_1}{\mu\, b \sqrt{2g}} + \sqrt{e^3}\right)^2} - e \quad \ldots\ldots 48.$$

Die Höhe des Wehrscheitels über dem ursprünglichen Wasserspiegel ergibt sich dann zu H — h, und da man für die Erbauung des Wehres die Höhenlage des ursprünglichen Wasserspiegels in Bezug auf irgend einen Festpunkt bestimmt haben muss, kennt man auch die Höhenlage des Wehrscheitels in Bezug auf diesen.

Man muss nun die Grössen H und h nicht nur für einen Wasserstand, für eine bestimmte Wassermenge des Flusses kennen, sondern auch für andere, besonders für den grössten vorkommenden Wasserstand, die grösste Wassermenge.

Sind die Wassermengen von Haus aus bekannt durch Messung derselben, so ergibt sich das einzuschlagende Verfahren ohne weiteres nach dem Vorangegangenen; häufig kennt man nur die Wasserstände, nicht aber die denselben entsprechenden Wassermengen; man kann letztere dann in folgender Weise berechnen:

Q_0 die normale Wassermenge sei bekannt, ebenso F_0 das zugehörige Querprofil des ungestauten Flusses an einer bestimmten Stelle und R_0 der entsprechende Profilradius (siehe Gleichung 24), dann ist für einen anderen Wasserstand, dem an gleicher Stelle das Querprofil F_2 mit dem Profilradius R_2 entspricht, die zugehörige Wassermenge Q_2 zu bestimmen, nach Ganguillet und Kutter aus

$$Q_2 = \frac{F_2}{F_0} \frac{R_2}{R_0} \frac{\beta + \sqrt{R_0}}{\beta + \sqrt{R_2}} Q_0 \quad \ldots \quad 49.$$

Hierin hat β die in Gleichung 32 angenommene Bedeutung und kann aus Tabelle 9 entnommen werden.

Handelt es sich um ein Grundwehr, so gelten, je nachdem ob die Geschwindigkeit des Wassers in Betracht zu ziehen oder zu vernachlässigen ist, folgende Formeln:

$$Q_1 = \mu_1 b \cdot h \sqrt{2gh} + \mu_2 b \cdot a \sqrt{2gh} \quad \ldots \quad 50,$$

wenn die Geschwindigkeit des Wassers vor dem Wehr sehr klein ist und

$$Q_1 = \mu_1 b \sqrt{2g} \left[\sqrt{(h+e)^3} - \sqrt{e^3}\right] + \mu_2 b \cdot a \sqrt{2g(h+e)} \quad \ldots \quad 51,$$

wenn die Geschwindigkeit des Wassers zu berücksichtigen ist. Hierin ist $\mu_1 = 0{,}53$ bis $0{,}57$ und $\mu_2 = 0{,}62$ zu setzen. h ist der Höhenunterschied zwischen dem Unterwasserspiegel und dem Wasserspiegel des gestauten Flussteiles und zwar gemessen in Bezug auf zwei in einiger Entfernung vom Wehre gelegene Punkte; a ist die Höhe des Unterwasserspiegels über dem Wehrscheitel (siehe Fig. 18), e hat dieselbe Bedeutung wie in Gleichung 48 und 49.

Fig. 18.

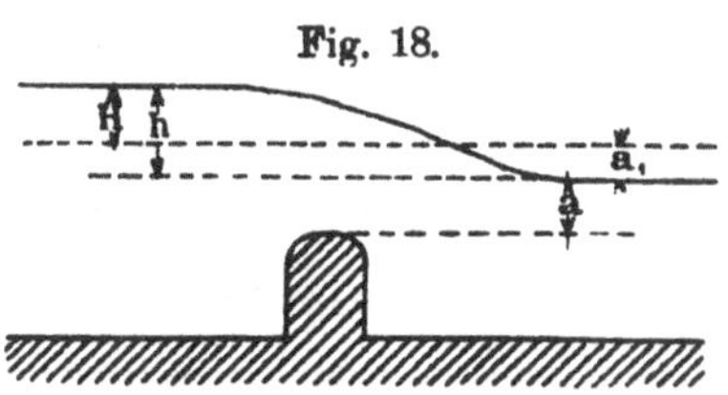

Bei der Bestimmung der Höhenlage des Wehrscheitels hat man nun folgendes zu beachten. Die Stauhöhe H bezieht sich auf den ursprünglichen Fluss, hinter dem Wehr fliessen aber wegen der Ableitung von Q nur Q_1 cbm pro Sekunde, im ursprünglichen Wasserlauf dagegen Q_0, der Wasserspiegel unterhalb erfährt also eine Erniedrigung. Diese Erniedrigung, sie heisse a_1, ist die Differenz der Wassertiefen des ursprünglichen Flusses und des durch die Stauanlage veränderten.

Gleichung 49 gibt die Möglichkeit aus dem bekannten Querprofil F_0 für die Wassermenge Q_0 das der Wassermenge Q_1 entsprechende F′ und damit angenähert die Differenz der Wassertiefen zu finden.

Kennt man a_1, so ergibt sich

$$h = H + a_1 \quad \ldots \ldots \quad 51a$$

und es ist a zu berechnen aus Gleichung 50 oder 51.

Die Höhenlage des Wehrscheitels unter dem ursprünglichen Wasserspiegel folgt dann zu $a_1 + a$.

b) Stauweite.

Die bisherigen Berechnungen gingen immer aus von der Voraussetzung, dass die Stauhöhe H bestimmt sei. Das ist auch insofern der Fall, als man dieselbe bei dem ja in jedem Falle bekannten Gefälle, welches nutzbar gemacht werden soll, so gross als möglich macht. Die Grenze, bis zu der man jedoch nur gehen darf, ist gezogen durch die zulässige Stauweite; denn eine Erhebung des ursprünglichen Wasserspiegels auf einer längeren Strecke als der, welche dem betreffenden Besitzer der Wasserkraft zur Verfügung steht, schädigt leicht die Interessen anderer und führt zu Prozessen.

Die angenäherte Berechnung der Stauweite kann vermittelst der nachstehenden Formel von Rühlmann bewirkt werden, in derselben bedeutet

H die Stauhöhe am Wehr (wie bisher),
H_1 die Stauhöhe an einer um die Länge l vom Wehr entfernten Stelle,
t die Tiefe des ungestauten ursprünglichen Wasserlaufes $\left(t = \frac{F}{b}\right)$,
J das relative Gefälle auf der Strecke l.

Es ist:

$$J\,l = t\left\{\varphi\left(\frac{H}{t}\right) - \varphi\left(\frac{H_1}{t}\right)\right\} \quad \ldots \ldots \quad 52.$$

Die Werte von $\varphi\left(\frac{H}{t}\right)$ und $\varphi\left(\frac{H_1}{t}\right)$ sind aus der folgenden Tabelle 12 zu entnehmen.

Tabelle 12.

$\frac{H}{t}$	$\varphi\left(\frac{H}{t}\right)$	$\frac{H}{t}$	$\left(\frac{H}{t}\right)$	$\frac{H}{t}$	$\varphi\left(\frac{H}{t}\right)$	$\frac{H}{t}$	$\varphi\left(\frac{H}{t}\right)$
0,01	0,0067	0,3	1,3428	1,4	2,7264	5	6,4019
0,02	0,2444	0,4	1,5119	1,5	2,8337	6	7,4056
0,03	0,3863	0,5	1,6611	1,6	2,9401	—	—
0,04	0,4889	0,6	1,7980	1,7	3,0458	8	9,4097
0,05	0,5701	0,7	1,9266	1,8	3,1508	10	11,4117
0,06	0,6376	0,8	2,0495	1,9	3,2553	15	16,4139
0,07	0,6958	0,9	2,1683	2,0	3,3595	20	21,4147
0,08	0,7482	1,0	2,2841	2,5	3,8754	30	31,4153
0,09	0,7933	1,1	2,3971	3,0	4,3844	50	51,4157
0,1	0,8353	1,2	2,5084	3,5	4,8911	100	101,4158
0,2	1,1361	1,3	2,6179	4	5,3958		

An einer Stelle, wo $\frac{H_1}{t}$ den Wert 0,01 erhält, kann man die Stauung als nicht mehr bemerkbar ansehen, für $\frac{H_1}{t} = 0{,}01$ gibt Tabelle 12 den Wert 0,0067 an, also ist die grösste Stauweite

$$l = \frac{t}{J}\left\{\varphi\left(\frac{H}{t}\right) - 0{,}0067\right\} \quad \ldots\ldots \; 53.$$

Die Rühlmannsche Formel setzt voraus, dass die Flussbreite gross ist im Vergleich zur Tiefe, dass das Querprofil des ursprünglichen Flusses auf die Strecke l und das relative Gefälle J annähernd überall die gleichen sind.

c) Berechnung der Stauanlagen.

Bei der Berechnung einer Stauanlage, z. B. für ein Ueberfallwehr, könnte also im allgemeinen folgendermassen verfahren werden.

Man nehme für den normalen Zustand des Flusses, dem die Wassermenge Q_0 entspricht, H an, prüfe nach Gleichung 53 die Zulässigkeit des betreffenden Wertes, ergiebt sich l zu gross, so ist H zu verkleinern und die Rechnung zu wiederholen, bis es passt; hiernach bestimme man Q_1 aus Gleichung 43, h aus Gleichung 47 oder 48, damit H — h und die Höhenlage des Wehrscheitels.

Man ermittle nun die grösste vorkommende Wassermenge aus Gleichung 49 (sofern sie nicht ohnedies schon bekannt ist), zieht man von dieser den Maximalwert der im Aufschlaggraben abzuzweigenden Wassermenge Q_{max} ab, so erhält man die bei dem höchsten Wasserstand über das Wehr gehende Wassermenge $Q_{1\,max}$; also

$$Q_{1\,max} = Q_2 - Q_{max}.$$

Zu diesem $Q_{1\,max}$ bestimmt man wie vorher den zugehörigen Wert von h_{max} und kann dann die max Stauhöhe H_{max} bestimmen. Ist nämlich t die Wassertiefe des normalen ursprünglichen Flusses an der Stelle des Wehres, t_{max} die Tiefe des ungestauten Flusses beim hohen Wasserstande ebenda, so ist

$$H_{max} = H + t - h + h_{max} - t_{max}.$$

Schliesslich hat man auch für H_{max} nach Gleichung 53 die Stauweite zu berechnen und falls sie sich unzulässig gross ergibt, H zu verkleinern und die Rechnung zu wiederholen.

Ein Zahlenbeispiel wird am Schlusse des zweiten Teiles nach der Besprechung der allgemeinen Grundsätze bei Errichtuug von Wasserkraftanlagen gegeben werden.

§ 4. Bewegung des Wassers in Rohrleitungen.

a) Druckverhältnisse und Geschwindigkeiten.

Fig. 19 veranschauliche den allgemeinen Fall einer Rohrleitung. E ist ein Behälter, dessen Zufluss gleich dem Abfluss ist, dessen Wasserspiegel also immer auf gleicher Höhe bleibt. Von diesem Behälter geht in geneigter und etwas gekrümmter Lage eine Rohrleitung D C B A mit veränderlichem, kreisförmigem Querschnitt ab. Die Ausflussöffnung liegt bei A, dieselbe hat den Querschnitt F, an den Punkten B und C der Rohrleitung habe diese die Querschnitte F_1 und F_2

Bei A B und C sind offene, senkrechte Rohre mit der Rohrleitung D C B A verbunden, um vermittelst derselben die Druckverhältnisse zu beobachten, solche Rohre nennt man Piezometerrohre.

Wenn die Rohrleitung bei A geschlossen ist, so steht in den Piezometerrohren das Wasser, nach dem Gesetz der kommunizierenden Röhren, überall gleich hoch mit dem Wasser in E. Die Höhen der Wassersäulen über den Mittelpunkten von F, F_1, F_2, welche mit h, h_1 und h_2 bezeichnet seien, sind gleich dem senkrechten Abstande — Gefälle — vom Wasserspiegel in E bis zu den betreffenden Punkten. Die Druckhöhen h, h_1, h_2, welche den Druck des Wassers in der geschlossenen Rohrleitung, also bei ruhendem Wasser, angeben, nennt man hydrostatische Druckhöhen. Die Differenz der hydrostatischen Druckhöhen für zwei Punkte einer Rohrleitung ist gleich dem Gefälle der Rohrleitung zwischen den Punkten. Ist die Rohrleitung bei A geöffnet, so fliesst das Wasser mit einer

Fig. 19.

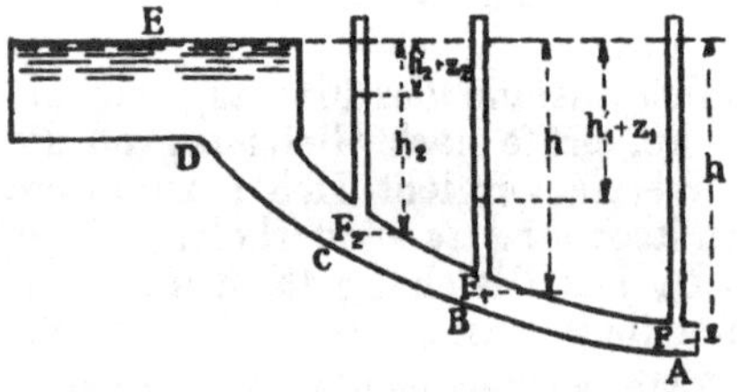

Geschwindigkeit c aus, die nach Gleichung 1 zu $c = \sqrt{2gh}$ zu berechnen wäre, wenn das ganze Gefälle dafür in Betracht käme. Das ist aber nicht der Fall, denn die Bewegungswiderstände in der Rohrleitung können sehr erheblich sein, sie werden hervorgerufen durch Kontraktion und Reibung beim Einfluss in die Rohrleitung, durch Reibung des Wassers an den Rohrwandungen, durch Krümmungen u. s. w. Zur Ueberwindung dieser Widerstände wird ein Teil des Gefälles verbraucht, dieses Gefälle — auch Widerstandshöhe genannt — werde bezeichnet mit z. Zur Erzeugung der Ausflussgeschwindigkeit steht also in Wirklichkeit ein Gefälle $h - z$ zur Verfügung und man hat c zu berechnen aus

$$c = \sqrt{2g(h-z)} \quad \ldots \quad 54.$$

Im Piezometerrohre bei A steht während des Ausflusses keine Wassersäule, denn soweit das Gefälle nicht durch Bewegungswiderstände in der Leitung von D bis A aufgezehrt wurde, ist es völlig in Geschwindigkeit verwandelt.

Aus dem Querschnitt F fliesst pro Sekunde die Wassermenge $Q = F \cdot c$, dieselbe Wassermenge fliesst dann auch bei B und C durch F_1 und F_2, mithin wenn c_1 die Geschwindigkeit des Wassers in der Rohrleitung bei B und c_2 bei C ist, muss

$$F c = F_1 c_1 = F_2 c_2 \text{ oder}$$

$$c_1 = \frac{F c}{F_1}; \quad c_2 = \frac{F c}{F_2}; \quad c_2 = \frac{F_1 c_1}{F_2}.$$

Je nachdem ob F_1 grösser oder kleiner ist als F, ist c_1 kleiner oder grösser als c. Zur Erzeugung von c_1 ist ein Gefälle von $h'_1 = \frac{c_1^2}{2g}$ erforderlich, zur Ueberwindung der Bewegungswiderstände von D bis B ein Gefälle von z_1, im Punkte B ist also insgesamt ein Gefälle $h'_1 + z$ für die Bewegung des Wassers verbraucht und es bleibt im Piezometerrohre B eine Wassersäule von

$$h_1 - (h'_1 + z_1) = h_1 - h'_1 - z_1,$$

ebenso im Piezometerrohre C eine Wassersäule von $h_2 - h'_2 - z_2$.

Diese während der Bewegung des Wassers in den Piezometerrohren stehenden Wassersäulen geben den Druck an, welchen die Rohrwandung noch durch das bewegte Wasser erleidet; man nennt sie hydraulische Druckhöhen. Es ergibt sich also nach dem Vorangegangenen der Satz:

hydraulische Druckhöhe = hydrostatische Druckhöhe — Geschwindigkeitshöhe — Widerstandshöhe

oder

hydrostatische Druckhöhe = hydraulische Druckhöhe + Geschwindigkeitshöhe + Widerstandshöhe

oder

Geschwindigkeitshöhe = hydrostatische Druckhöhe — hydraulische Druckhöhe — Widerstandshöhe u. s. w.

Bezeichnet man die hydraulische Druckhöhe mit h_y, die hydrostatische mit h, die Geschwindigkeitshöhe mit h′ und die Widerstandshöhe mit z, so kann man schreiben

$$\left.\begin{array}{l} h_y = h - h' - z \\ h = h_y + h' + z \end{array}\right\} \ldots . \; 55.$$
$$h' = h - h_y - z$$

Wenn $h > h' + z$ ist, so ist h_y positiv, das Wasser steigt also im Piezometer noch etwas in die Höhe, es drückt von innen nach aussen und hat das Bestreben, an undichten Stellen des Rohres auszutreten; ist dagegen $h < h' + z$, so ist h_y negativ, d. h. es herrscht im Rohre ein niedrigerer Druck als aussen, würde man ein nach unten gehendes Piezometerrohr anbringen, so würde dieses Wasser aus einem Behälter bis zu einer Höhe h_y ansaugen.

Um sich die Verhältnisse bei solchen negativen Drucken anschaulich zu machen, hat man nur zu allen Druckhöhen noch den Druck der Atmosphäre, ausgedrückt in Wassersäule (10,3 m), zu addieren, dadurch erhält man die absoluten Drucke im Rohre, welche man mit dem ausserhalb des Rohres herrschenden absoluten Druck, das ist gewöhnlich nur der Druck der Atmosphäre, vergleichen kann. Ein Zahlenbeispiel mag das erläutern: An einem Punkte einer Rohrleitung betrage die hydrostatische Druckhöhe 6 m; also herrscht bei ruhendem Wasser in der Rohrleitung der absolute Druck $6 + 10{,}3 = 16{,}3$ m; bei geöffnetem Ausflusse bewege sich das Wasser mit einer Geschwindigkeit von 10 m pro Sekunde; dieser entspricht eine Geschwindigkeitshöhe von $\frac{10^2}{2g} = 5{,}097$ m.

Die Bewegung des Wassers bis zum betreffenden Punkte der Rohrleitung bedinge eine Widerstandshöhe von 3 m, also sind für die Bewegung des Wassers verbraucht $(5{,}097 + 3) = 8{,}097$ m. Um diesen Betrag müssen also der absolute hydrostatische Druck und der absolute hydraulische Druck differieren. Die absolute hydrostatische Druckhöhe beträgt im fraglichen Punkte nach obigen aber 16,3 m, also muss die absolute hydraulische Druckhöhe daselbst sein $16{,}3 - 8{,}097 = 8{,}203$ m.

Herrscht im Innern des Rohres der absolute Druck 8,203 m, so muss, da aussen um das Rohr der absolute Druck 10,3 m, das ist der Druck der Atmosphäre, herrscht, von innen nach aussen ein Druck von $8{,}203 - 10{,}3 = -2{,}097$ m herrschen, das heisst der Druck im Rohre ist um 2,097 m kleiner als ausserhalb. Ebenso hätte unsere Gleichung 55 ergeben:

$$h_y = 6 - 5{,}097 - 3 = -2{,}097 \text{ m}.$$

b) Bewegungswiderstände.

Zur Berechnung von Rohrleitungen bedarf es noch der Bestimmung von z. Diese erfolgt, indem man die einzelnen Widerstände bestimmt und sie addiert.

Es bedeute z_e die Widerstandshöhe für den Einfluss des Wassers in die Rohrleitung, z_r die der Reibung des Wassers an den Rohrwänden entsprechende Widerstandshöhe, z_k die durch Krümmungen und z_q die durch plötzliche Querschnittsänderungen bedingten Widerstandshöhen u. s. w., dann ist

$$z = z_e + z_r + z_k + z_q \quad \ldots . \; 56.$$

Man kann setzen

$$z_e = 0{,}50 \frac{c_e^2}{2g} \text{ bis } 0{,}08 \frac{c_e^2}{2g} \quad \ldots . \; 57,$$

worin c_e die Geschwindigkeit in der Einflussöffnung der Rohrleitung, der kleinere Wert gilt für besonders gut abgerundete Einmündungen.

Zur Berechnung von z_r sind verschiedene Formeln von den Hydraulikern aufgestellt worden, hier soll als für die Zwecke des Buches völlig genügend die viel benützte und verbreitete Weissbachsche angegeben werden.

$$z_r = \lambda \frac{l}{d} \frac{c_1^2}{2g} \quad \ldots . \; 58.$$

Hierin ist l die Länge der Rohrleitung, d der Durchmesser, c_1 die Geschwindigkeit des Wassers, g die Beschleunigung der Schwere, λ ein Koeffizient, der bestimmt werden kann aus

$$\lambda = 0{,}01439 + \frac{0{,}009471}{\sqrt{c_1}} \quad \ldots . \; 59;$$

bequemer aus Tabelle 13 für verschiedene c_1 zu entnehmen ist.

Tabelle 13.

c_1	λ	c_1	λ	e_1	λ	c_1	λ
0,1	0,0443	0,5	0,0278	1	0,0239	2	0,0211
0,2	0,0356	0,6	0,0266	1.1	0,0234	2,5	0,0204
0,3	0,0317	0,7	0,0257	1,2	0,0230	3	0,0198
0,4	0,0294	0,8	0,0250	1,5	0,0221	4	0,0191

Der Reibungswiderstand in einer Rohrleitung ist also um so grösser, je grösser die Geschwindigkeit des Wassers, je länger die Rohrleitung, je kleiner ihr Durchmesser ist.

Gleichung 58 ist streng genommen nur für Rohrleitungen von überall gleichem Durchmesser und gleicher Geschwindigkeit in allen Querschnitten gültig; handelt es sich um eine Rohrleitung, welche aus mehreren Strängen von verschiedenen, aber innerhalb des einzelnen Stranges gleichem Durchmesser besteht, so berechnet man z für jeden Teilstrang für sich und addiert die Werte. Handelt es sich um eine Leitung, bei welcher der Durchmesser allmählich abnimmt oder zunimmt (langes konisches

Rohr), so kann man, wenn die Durchmesser nur wenig verschieden sind, einen Mittelwert einführen, sonst aber zerlegt man sich die Leitung in Teilstrecken, bei denen das der Fall ist, berechnet z für jede und addiert die Werte.

Der Widerstand, welchen Krümmungen in der Rohrleitung der Bewegung des Wassers bieten, ist, wenn der Durchmesser des Rohres klein ist, im Verhältnis zum Radius der Krümmung, und wenn ebenso der Winkel, um den die Rohrleitung durch die Krümmung abgelenkt wird, klein ist, nicht von Belang, er kann aber im anderen Falle sehr erheblich sein.

Fig. 20.

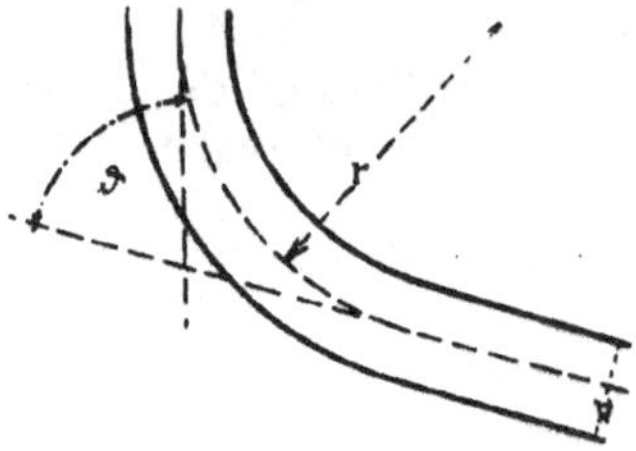

Es bedeute, ausser den bisherigen Bezeichnungen, δ den Ablenkungswinkel einer Krümmung und r den Krümmungsradius (siehe Fig. 20), z_k die Widerstandshöhe infolge der Krümmung, so ist

$$z_k = \lambda \frac{\delta}{90} \frac{c_1^2}{2g} \quad \ldots \ldots 60.$$

Hierin ist λ ein Koeffizient, welcher abhängig ist vom Verhältnis $\frac{d}{r}$;

$$\lambda = 0{,}131 + 0{,}163 \sqrt{\left(\frac{d}{r}\right)^7} \quad \ldots \ldots 61.$$

Tabelle 14 enthält für verschiedene $\frac{d}{r}$ zugehörige Werte von λ.

Tabelle 14.

$\frac{d}{r}$	0,2	0,4	0,6	0,8	1	1,2	1,4	1,6	1,8	2
λ	0,131	0,138	0,158	0,206	0,294	0,440	0,661	0,977	1,408	1,979

Für Kniee, wo die Schenkel geradlinig aneinander stossen (siehe Fig. 21) gilt

$$z_k = \lambda \frac{c^2}{2g} \quad \ldots \ldots 62,$$

Fig. 21.

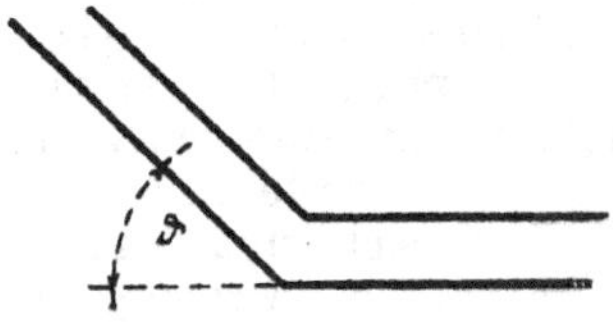

worin λ ein vom Winkel δ abhängiger Koeffizient ermittelt werden kann aus

$$\lambda = 0{,}9457 \sin^2 \frac{\delta}{2} + 2{,}047 \sin^4 \frac{\delta}{2} \quad \ldots 63.$$

Für verschiedene δ sind die zugehörigen Werte von λ in Tabelle 15 enthalten.

Tabelle 15.

δ^0	20	40	60	80	90	100	110	120
λ	0,046	0,139	0,364	0,740	0,984	1,260	1,556	1,861

Die Bestimmung des durch plötzliche Querschnittsänderungen einer Rohrleitung hervorgerufenen Drückhöhenverlustes soll nur für die dem Zwecke des Buches entsprechenden wichtigsten Fälle betrachtet werden. Fliesst das Wasser aus einem engen Rohre vom Querschnitt F_2 unmittelbar in ein weiteres vom Querschnitt F_1 (Fig. 22) und ist c_1 die im Querschnitt F_1 herrschende Geschwindigkeit, so ist

Fig. 22.

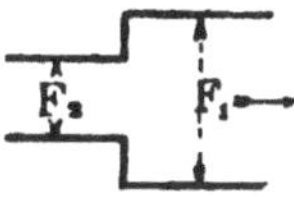

$$z_q = \left(\frac{F_1}{F_2} - 1\right)^2 \frac{c_1^2}{2g} \quad . \; . \; . \; . \; 64.$$

Ist dagegen der Querschnitt F_1 kleiner als F_2 und fliesst das Wasser plötzlich aus dem weiteren in den engeren Rohrteil (siehe Fig. 23), so ist

Fig. 23.

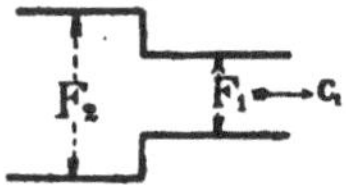

$$z_q = \left(1 - \frac{F_1}{F_2}\right) \frac{c_1^2}{2g} \quad . \; . \; . \; . \; 65.$$

Solche plötzliche Querschnittsänderungen sollen bei gut konstruierten Rohrleitungen thunlichst vermieden werden, erstreckt sich der Uebergang auf ein einigermassen längeres Rohrstück und erfolgt er allmählich, so ist der Verlust durch die Querschnittsänderung verschwindend.

c) Verfahren bei der Berechnung.

Gewöhnlich ist eine bestimmte Wassermenge Q gegeben, ebenso die Länge der zu erbauenden Rohrleitung l und das ganze Gefälle h, die Weite der Rohrleitung ist zu bestimmen, die Ausflussgeschwindigkeit und die Druckverluste sind zu berechnen. Meistens wird noch verlangt, dass das Wasser am Ende der Rohrleitung mit einer möglichst grossen Geschwindigkeit ausfliesse bezw. dass es vor dem Austritt eine möglichst grosse hydraulische Druckhöhe, das heisst in diesem Falle einen möglichst grossen noch ausnutzbaren Druck hat.

Diesen Forderungen wird durch eine möglichst kleine Geschwindigkeit entsprochen, und man geht deshalb bei der Berechnung zunächst mit Annahme einer passenden Geschwindigkeit c vor. Dabei ist zu bedenken, dass, je kleiner die Gschwindigkeit, desto weiter die Rohrleitung und damit um so teurer, so dass bei zu kleinen Geschwindigkeiten der Kapitalaufwand nicht mehr durch den erreichbaren Vorteil gerechtfertigt wird. Bei den Rohrleitungen, die hier besonders ins Auge zu fassen sind, empfiehlt es sich, die Geschwindigkeit $c_1 = 0{,}8$ bis 1,5 m zu machen, ohne dass diese Vorschrift irgend wie bindend ist. Hat man c_1 angenommen, so ergibt sich F_1, der Querschnitt der Rohrleitung aus $F_1 = \frac{Q}{c_1}$ und damit der Durchmesser d. Dann sind die Widerstandshöhen aus Gleichung 57 bis 65 und 56 zu berechnen, c aus Gleichung 54, h_r u. s. w. aus Gleichung 55.

Handelt es sich darum zu berechnen, welche Wassermenge aus einer Rohrleitung von bekanntem Durchmesser und bekannter Länge bei einem bestimmten Gefälle fliessen kann, so weiss man, dass $c = \sqrt{2gh}$ der nur erreichbare höchst mögliche Wert von c ist; man nimmt nun versuchsweise einen kleineren Wert von c an, bestimmt daraus, wenn die Grösse der Mündung F, aus welcher das Wasser fliessen soll, kleiner als der Rohrquerschnitt $F_1 = \frac{\pi d^2}{4}$ ist, $c_1 = \frac{F \cdot c}{F_1}$ und berechnet z, den gefundenen Wert von z setzt man in Gleichung 54 ein; ergibt sich daraus ein von dem versuchsweise angenommenen verschiedener Wert von c, so ermittelt man für das neue c das entsprechende z und so fort, bis Uebereinstimmung herrscht.

Beispiel: Einer Turbine sollen in der Sekunde 1,1 cbm Wasser durch eine Rohrleitung zugeführt werden. Das ganze Gefälle beträgt 40 m, die Länge der Rohrleitung wird 210 m betragen, am Ende derselben befindet sich eine Krümmung, welche eine Ablenkung um 60° bewirkt. An die Rohrleitung schliesst sich ein für die Einführung des Wassers in das Turbinenrad passend geformtes Mundstück (Leitapparat). Die Geschwindigkeit des Wassers in der Rohrleitung soll sein $c_1 = 1{,}5$ m. Es soll berechnet werden, wie gross der Gefälleverlust z in der Rohrleitung, vom Beginn bis vor das Mundstück ist, welcher hydraulische Druck vor dem Passieren des Mundstückes herrscht, mit welcher Geschwindigkeit c das Wasser aus dem Mundstück ausfliesst, wenn die durch das Mundstück selbst verursachte Widerstandshöhe erfahrungsgemäss zu 6 Prozent des Gefälles angenommen werden darf, schliesslich soll der erforderliche Austrittsquerschnitt für das Mundstück angegeben werden.

Es ist

$$F_1 = \frac{Q}{c_1} = \frac{1{,}1}{1{,}5} = 0{,}7333 \text{ qm},$$

also der Rohrdurchmesser

$$d = \sqrt{\frac{0{,}7333 \cdot 4}{\pi}} = 0{,}966 \text{ m}.$$

Der Verlust beim Eintritt z_e ergibt sich aus Gleichung 57 für ein einigermassen gut abgerundetes Mundstück zu $z_e = 0{,}3 \cdot \frac{1{,}5^2}{2 \cdot 9{,}81}$; der Wert $\frac{1{,}5^2}{2 \cdot 9{,}81}$ wird noch öfter gebraucht, er wird deshalb für sich bestimmt zu $\frac{1{,}5^2}{2 \cdot 9{,}81} = 0{,}115$ m, also

$$z_e = 0{,}3 \cdot 0{,}115 = 0{,}034 \text{ m}.$$

Der Reibungswiderstand z_r folgt aus Gleichung 58, wenn man für $c_1 = 1{,}5$ aus Tabelle 13 den zugehörigen Wert von $\lambda = 0{,}022$ einsetzt.

$$z_r = 0{,}022 \cdot \frac{210}{0{,}966} \cdot \frac{1{,}5^2}{2\,g} = 0{,}022 \cdot \frac{210}{0{,}966} \cdot 0{,}115 = 0{,}55 \text{ m.}$$

Zur Bestimmung des Krümmungswiderstandes ist der Krümmungsradius zu wählen, er sei $r = 1{,}2$, also $\frac{d}{r} = \frac{0{,}966}{1{,}2} = 0{,}805.$

Den Koeffizienten λ kann man nun aus Tabelle 14 für $\frac{d}{r} = 0{,}8$ entnehmen, er ist $\lambda = 0{,}206$, also nach Gleichung 60

$$z_k = 0{,}206 \frac{60^0}{90} \frac{1{,}5^2}{2 \cdot 9{,}81} = 0{,}206 \cdot \frac{2}{3} \cdot 0{,}115 = 0{,}016 \text{ m.}$$

Hiernach folgt nach Gleichung 56

$$z = z_e + z_r + z_k = 0{,}034 + 0{,}55 + 0{,}016 = 0{,}6 \text{ m.}$$

Der hydraulische Druck vor dem Mundstück wird ermittelt aus Gleichung 55 zu

$$h_y = h - h' - z, \text{ worin } h = 40,\ h' = 0{,}115 \text{ und } z = 0{,}6, \text{ also}$$

$$h_y = 40 - 0{,}115 - 0{,}6 = 39{,}285 \text{ m.}$$

Die Widerstandshöhe im Mundstück beträgt nach Voraussetzung 6 Prozent des Gefälles, also $\frac{40}{100} \cdot 6 = 2{,}4$ m; die Gesamtwiderstandshöhe für die ganze Rohrleitung einschliesslich Mundstück beträgt also

$$z = 0{,}6 + 2{,}4 = 3 \text{ m.}$$

Die Ausflussgeschwindigkeit aus dem Mundstück ergibt sich nach Gleichung 54 zu

$$c = \sqrt{2 \cdot 9{,}81\,(40 - 3)} = 26{,}942 \text{ m,}$$

mithin der Ausflussquerschnitt des Mundstückes

$$F = \frac{Q}{c} = \frac{1{,}1}{26{,}942} = 0{,}0408 \text{ qm.}$$

§ 5. Wassermessung.

Unter Wassermenge versteht man die Bestimmung der Wassermenge, welche ein Wasserlauf in einer bestimmten Zeit — gewöhnlich in einer Sekunde — an den Messungsort heranführt. Die Wassermessung kann erfolgen: direkt durch Aichung oder durch Ausfluss aus Mündungen unter Verhältnissen, für welche die Ausflusskoeffizienten bekannt sind, ferner indirekt durch Querprofil und Geschwindigkeitsmessungen.

a) **Wassermessung durch Aichung.**

Unter Aichung versteht man das Auffangen des Wassers in Gefässen von bekanntem Inhalt, unter Beobachtung der zum Füllen der Gefässe erforderlichen Zeit. Das Verfahren eignet sich in der Regel nur für kleinere Wassermengen. Wie bei allen Wassermessungen hat man dabei darauf zu achten, dass die Messung nur erfolgt, wenn der Wasserlauf im Beharrungszustande ist, d. h. dass nicht mehr Wasser in das Gefäss fliesst als der Wasserlauf in der betreffenden Zeit heranführt. Gewöhnlich wird zum Zwecke der Messung der Wasserspiegel durch einen Einbau etwas gestaut; sobald seine Höhenlage sich nicht mehr verändert, ist der Beharrungszustand eingetreten.

b) **Wassermessung durch Ausfluss aus Mündungen.**

Die Messung durch Ausfluss aus Mündungen ist sehr gebräuchlich, inbesondere werden dazu vollkommene Ueberfälle angewandt. Die Bestimmung der Wassermenge kann nach den im § 1 angegebenen Gesetzen, also nach Gleichung 12, 17 u. s. w. erfolgen. Die Koeffizienten sind den Tabellen zu entnehmen oder zu berechnen. Bezüglich der Genauigkeit der Resultate gilt das ebenfalls schon im § 1 Gesagte. Dieselbe kann nur dann befriedigend sein, wenn die Messung unter ähnlichen Umständen erfolgt wie die Bestimmung der Koeffizienten; freilich ist das oftmals nicht möglich, dann muss man sich aber auch gestehen, dass die Resultate einigermassen ungenau sein können.

Die Einhaltung der meistens erforderlichen vollkommenen Kontraktion ist leicht zu ermöglichen, die scharfen Kanten erzielt man durch Anwendung von Blechstreifen, Blechtafeln, in welche die Mündungen eingeschnittten sind, oder bei Holz durch Abschrägung der Kanten nach aussen. Man achte darauf, dass die horizontale Lage der Ueberfallkanten etc. eingehalten wird, die Druckhöhen in richtigem Abstande vom Ueberfall etc. und erst dann, wenn der Beharrungszustand des Wassers eingetreten ist, gemessen werden.

c) **Messung der Querprofile.**

Die Messung der Querprofile ist eine rein geometrische Aufgabe und braucht hier nicht näher behandelt zu werden, bei unregelmässigen Profilen dürfen nicht zu wenig Punkte des benetzten Umfanges bestimmt werden, allgemein achte man darauf, dass das Profil senkrecht zur Stromrichtung liegt.

d) **Messung der Geschwindigkeit durch Schwimmer.**

Die einfachste Methode der Geschwindigkeitsmessung ist die mittels Oberflächenschwimmer. Dieser ist eine Hohlkugel, ein Brettchen mit aufrecht stehender Marke, eine Flasche oder dergl., er schwimmt angenähert mit der an der Oberfläche des Wassers herrschenden Geschwindigkeit; es ist darauf zu achten, dass er möglichst wenig aus dem Wasser herausragt, damit der Luftwiderstand nicht verzögernd wirkt. Schwimmer haben das Bestreben, in der Stromrinne zu schwimmen, also die grösste Oberflächengeschwindigkeit anzunehmen, man hat deshalb bei ihrer Verwendung folgendermassen zu verfahren.

Man bestimmt in einer möglichst geraden Flussstrecke zwei in einem genügend grossen Abstand gelegene Querprofile, so dass der Schwimmer einige Minuten von einem zum anderen braucht. Der Schwimmer wird dann in einer so grossen Entfernung (vielleicht 20 m) oberhalb des stromauf gelegenen Profiles möglichst nahe dem Stromstrich in das Wasser gegeben, dass er beim Passieren des oberen Querprofiles die grösste Oberflächengeschwindigkeit bereits angenommen hat.

Ein Beobachter bestimmt den Durchgang des Schwimmers durch das stromauf, ein zweiter den Durchgang durch das stromab gelegene Querprofil, die Zeit, welche zwischen beiden Durchgängen verstrich, wird notiert. Ist s die Länge des Schwimmerweges, t die Zeit, so ist $c_0 = \frac{s}{t}$ die gesuchte Oberflächengeschwindigkeit. Natürlich wiederholt man den Versuch einige Male zur Kontrolle und sieht dann den Mittelwert als gültig an.

Alle Schwimmermessungen leiden an Ungenauigkeit, insbesondere bei Wind treten leicht so erhebliche Fehler auf, dass dann die Messung besser unterbleibt.

e) Bestimmung der Wassergeschwindigkeit durch die Pitot-Darcysche Röhre.

Taucht man, wie Fig. 24 angibt, eine rechtwinkelig gebogene, beiderseits offene Röhre so in fliessendes Wasser, dass die Oeffnung des unter Wasser befindlichen, horizontal gehaltenen Schenkels der Strömungsrichtung zugekehrt ist, so steigt infolge des Stosses des heranströmenden Wassers der Wasserspiegel im stehenden Schenkel bis zu einer gewissen Höhe über den Flusswasserspiegel. Diese Höhe, sie werde bezeichnet mit h, ist abhängig von der Geschwindigkeit c, mit welcher das Wasser gegen die Oeffnung des liegenden Schenkels heranfliesst, je grösser diese, desto grösser h.

Fig. 24.

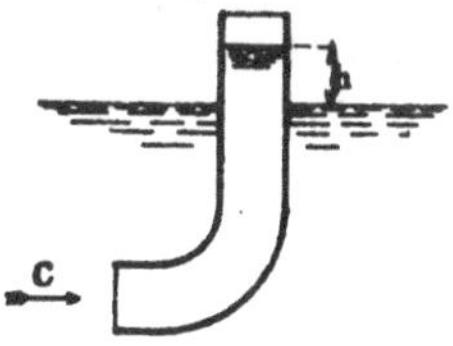

Hat man h durch Beobachtung bestimmt, so kann man c berechnen aus

$$c = k\sqrt{h}.$$

Hierin ist k ein von den Dimensionen und der Beschaffenheit des Instrumentes abhängiger Koeffizient, der durch Versuche für jedes Instrument ermittelt werden muss.

In der einfachsten ursprünglichen Form gibt ein solches, nach ihrem Erfinder Pitotsche Röhre genanntes, Instrument freilich keine genauen Resultate, es ist aber ausser anderen, besonders durch Darcy erheblich verbessert worden, und in dieser verbesserten Form ein sehr gutes und brauchbares Messinstrument, besonders geeignet zu Messungen nahe am benetzten Umfange. Man kann mit der Pitotschen Röhre, so lange es sich nicht um grosse Tiefen handelt, die Geschwindigkeit in jedem Punkte eines Querprofiles messen, was zur genauen Ermittelung der Wassermenge sehr günstig ist. Die Röhre zeigt aber nur die im Momente der Beobachtung vorhandene Geschwindigkeit an; die Geschwindigkeit des Wassers wechselt aber auch an einer Stelle fortwährend etwas, und man macht deshalb, und auch sonst der Kontrolle wegen, mehrere Ablesungen nacheinander für jeden Punkt.

f) Bestimmung der Wassergeschwindigkeit mit dem hydrometrischen Flügel.

Der hydrometrische Flügel, ein zuerst von Woltmann (Woltmannscher Flügel) angegebener, von Amsler-Laffon, Harlacher und anderen sehr vervollkommneter Apparat, besteht im Prinzip aus einem durch die Strömung des Wassers in Umdrehung versetzten Flügelrädchen mit windmühlenartigen Flügeln, dessen Umdrehungen durch Welle, Schnecke und Schneckenrädchen in der Weise gezählt werden, dass jeder Umdrehung des Schneckenrades das Ertönen oder Sichtbarwerden eines Zeichens entspricht, was auf rein mechanischem, elektrischem oder dergleichem Wege bewerkstelligt wird. Der Apparat ist gewöhnlich an einer Stange beweglich befestigt, so dass er für die gewünschte Wassertiefe leicht eingestellt werden kann. Die Einstellung in die Stromrichtung, welcher das Flügelrädchen natürlich zugekehrt sein muss, erfolgt entweder selbstthätig durch ein mit dem Apparat verbundenes Steuer oder vermittelst einer Visiereinrichtung durch den Beobachter.

Je grösser die Geschwindigkeit des Wassers ist, desto mehr Umdrehungen macht das Flügelrädchen, die Beziehungen zwischen der Umdrehungszahl n des Flügels und der Wassergeschwindigkeit c hat man durch verschiedene Gleichungen auszudrücken versucht, die einfachste von Chafles aufgestellte Formel lautet

$$c = \alpha + \beta n,$$

eine andere von Exner

$$c = \sqrt{\alpha^2 + \beta n^2}.$$

Hierin sind α und β durch Versuche festzustellende Konstanten und zwar ist α diejenige Geschwindigkeit, bei welcher der Flügel überhaupt erst in Thätigkeit tritt. Die Versuche zur Ermittelung der Konstanten werden meistens in der Weise angestellt, dass man den Flügel in ruhendem Wasser mit verschiedenen Geschwindigkeiten nacheinander hin bewegt.

Ueber sonstige Gleichungen u. dergl. siehe „Zeitschrift des Vereins Deutscher Ingenieure", Jahrgang 1895, S. 917.

Der hydrometrische Flügel gibt, weil die Zählung der Umdrehungen sich auf einen gewissen Zeitraum erstreckt, nicht nur die momentan an der betreffenden Stelle herrschende, sondern die durchschnittliche Geschwindigkeit an, seine Anwendung ist besonders bei grösseren Wassertiefen vorteilhaft, weniger geeignet ist er für Messungen nahe am benetzten Umfange. Sollen genaue Resultate erzielt werden, so muss die Flügelachse mit der Richtung der Wassergeschwindigkeit zusammenfallen.

Hydrometrische Flügel werden gefertigt von Amsler-Laffon in Schaffhausen, T. Ertel und Sohn in München, A. Ott in Kempten und anderen; aus den Preislisten und Prospekten der Verfertiger ist auch näheres über die Konstruktion der Instrumente zu ersehen.

g) Berechnung der Wassermenge.

Hat man die Oberflächengeschwindigkeit im Stromstrich mittels Schwimmer bestimmt, so kann man daraus die mittlere Geschwindigkeit berechnen nach Gleichung 28, indem man c_{max} als der grössten Oberflächengeschwindigkeit gleichwertig betrachtet.

Gleichung 28 würde dann lauten

$$c = \frac{c_0}{1 + 14\sqrt{\alpha + \frac{\beta}{R}}},$$

worin natürlich α und β die im § 2 festgesetzte Bedeutung haben. Für rasche und nur überschlägliche Bestimmungen kann man auch c ermitteln aus

$$c = 0{,}67\, c_0 + 0{,}027\, c_0{}^2.$$

Kennt man die mittlere Geschwindigkeit c, so ist die Wassermenge pro Sekunde $Q = F \cdot c$, worin unter F der Flächeninhalt eines mittleren Querprofiles (siehe § 2a) für die Flussstrecke, auf welcher die Geschwindigkeit gemessen wurde, verstanden ist.

Kann man die Geschwindigkeitsmessungen mit dem hydrometrischen Flügel vornehmen oder mit der Pitot-Darcyschen Röhre, so zerlegt man sich das Querprofil, in welchem die Messungen vorgenommen werden sollen, in eine grössere Anzahl regelmässiger Flächen, bestimmt für jede die zugehörige Wassergeschwindigkeit und multipliziert den Inhalt des Flächenteiles mit dieser. Die Addition aller Werte gibt die ganze Wassermenge. Man kann z. B. das Querprofil in eine Anzahl vertikaler Streifen zerlegen (Fig. 25); die in der Mitte liegenden Flächenteile sind dann mehr oder weniger vollkommene Rechtecke, in diesen bestimme man die Geschwindigkeit für einen auf der Mittellinie jedes Flächenteiles um ca. 0,55 bis 0,60 der Wassertiefe unter dem Spiegel liegenden Punkt, bei den mehr dreieckförmigen Flächenteilen erfolge die Geschwindigkeitsbestimmung im Schwerpunkt. Bei grösserer Wassertiefe kann auch noch eine horizontale Teilung des Querprofiles ratsam sein (Fig. 26), man bestimmt dann die Geschwindigkeit im Schwerpunkt jeden Flächenteiles. Sind f_1, f_2 und f_3 . . . die Inhalte der einzelnen Flächenteile, c_1, c_2 und c_3 die zugehörigen Wassergeschwindig-

Fig. 25.

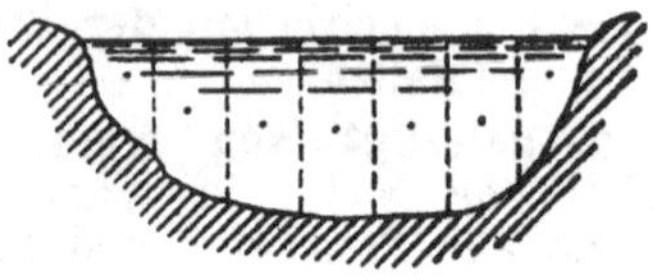

Fig. 26.

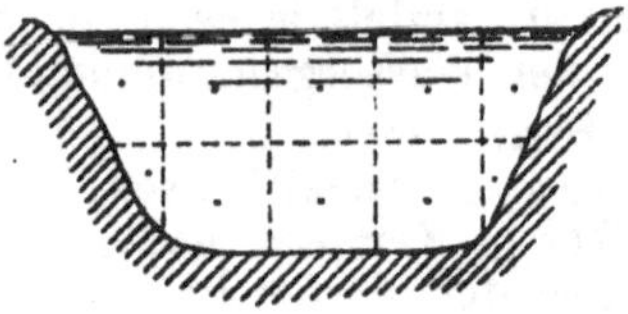

keiten, so ist, wenn F die Fläche des ganzen Querprofiles, c die mittlere Geschwindigkeit und Q die Wassermenge ist

$$Q = f_1 c_1 + f_2 c_2 + f_3 + c_3 + \ldots = F_c.$$

Zur Berechnung der Wassermengen für einen anderen Wasserstand als den bei der Wassermessung beobachteten kann Gleichung 49 in § 3 benutzt werden.

Die Kenntnis der Wassermengen zu verschiedenen Zeiten ist für die richtige Bestimmung aller Verhältnisse einer Wasserkraftanlage von grossem Werte, man errichte also, wenn irgend möglich, lange Zeit vor Projektierung einer solchen einen Pegel, das ist ein im Wasser stehender Mafsstab, an der Stelle, wo das Querprofil gemessen wird und notiere in regelmässigen Zwischenräumen den Wasserstand.

Das Querprofil muss natürlich soweit über den normalen Wasserstand hinaus festgelegt werden, dass man dann durch Einzeichnen höherer oder niedrigerer Wasserstände die Flächeninhalte des benetzten Querprofiles, benetzten Umfanges u. s. w. für diese bestimmen kann.

Zweiter Teil.

Allgemeines über Wasserkraftanlagen.

§ 6. Arbeitsvermögen des Wassers, Wirkungsgrad, Nutzgefälle.

Eine Wassermenge von Q cbm hat ein Gewicht von $Q\gamma$ kg, wenn $\gamma = 1000$, das Gewicht eines Kubikmeters Wasser ist, sinkt eine solche Wassermenge von der Höhe h herunter, so leistet dabei die Schwerkraft eine Arbeit von $Q\gamma H$ Meterkilogrammen (mkg). Liegt also eine Wassermenge Q in der Höhe H über einem Punkt, oder steht sie, was auf dasselbe hinauskommt, in diesem Punkte unter dem Drucke H, so besitzt sie, vermöge ihrer Lage in Bezug auf den Punkt, beziehentlich vermöge ihrer Pressung, das Arbeitsvermögen γQH, welches auch als potentielle Energie bezeichnet wird.

Fliesst aus einer Oeffnung die Wassermenge Q mit der Geschwindigkeit c aus, so hat die Schwerkraft zur Erzeugung dieser Geschwindigkeit eine Arbeit von $\frac{1}{2}\gamma\frac{Q}{g}c^2$ geleistet. Diese Arbeit kann dem Wasser durch Verlangsamung seiner Bewegung entzogen werden und man nennt dieses dem Wasser infolge seines Bewegtseins eigene Arbeitsvermögen kinetische Energie (auch lebendige Kraft, obgleich diese Bezeichnung leicht irre führt, denn Kraft und Arbeit sind eben nicht identisch). Liegt die Ausflussöffnung H Meter unter dem Wasserspiegel, so hat die Wassermenge Q bis zum Ausfluss die Höhe H durchsinken müssen, also ist die potentielle Energie γHQ verwandelt worden in die kinetische Energie $\frac{1}{2}\gamma\frac{Q}{g}c^2$, was wir schreiben

$$\gamma QH = \frac{1}{2}\gamma\frac{Q}{g}c^2,$$

welcher Gleichung der schon früher gebrauchte Wert

$$c = \sqrt{2gH}$$

entsprechen muss und auch entspricht.

Das Arbeitsvermögen des in einer Rohrleitung in Bewegung befindlichen Wassers ist im allgemeinen von beiderlei Art. Dem hydraulischen Ueberdruck entspricht potentielles, der Geschwindigkeit kinetisches Arbeitsvermögen; nimmt der hydraulische Ueberdruck infolge Erhöhung der Geschwindigkeit, durch Minderung des Durchflussquerschnittes ab, so nimmt die potentielle Energie ab, die kinetische entsprechend zu, ebenso umgekehrt, die Summe bleibt, abgesehen von Veränderung der Widerstände, die gleiche.

Bei den hydraulischen Motoren kommen ähnliche und gleiche Verhältnisse in Betracht. Bei den Wassersäulenmaschinen, auf deren nähere Besprechung in diesem Buche verzichtet wird, wirkt das Wasser wesentlich durch potentielles Arbeitsvermögen, durch seinen Druck, bei den Wasserrädern sowohl durch sein Gewicht (potentielles Arbeitsvermögen) als auch mehr oder minder dadurch, dass seine Bewegung abgeändert wird und es seine Geschwindigkeit abgibt (kinetisches Arbeitsvermögen).

Das Arbeitsvermögen und die Arbeitsleistung pflegt man zu technischen Zwecken in Pferdestärken zu berechnen und versteht unter 1 Pferdestärke eine Arbeit von 75 mkg in einer Sekunde, 1 PS = 75 mkg. Einem Gefälle H und einer Wassermenge Q entspricht also ein Arbeitsvermögen $\frac{\gamma Q H}{75}$ PS. Dieses von der Wasserkraft dargebotene Arbeitsvermögen heisst auch deren absolute Leistung und werde mit N_0 bezeichnet, also

$$N_0 = \frac{\gamma Q H}{75} = 1000 \frac{Q H}{75} \quad . \; . \; . \; . \; 1.$$

Zwingt man das Wasser in einer hydraulischen Kraftmaschine Arbeit zu leisten, so wird man ihm doch nie sein volles Arbeitsvermögen entziehen können, aus dem einfachen Grunde, weil schon zum Verlassen der Maschine noch Bewegung nötig ist, also kinetische Energie geopfert werden muss. Aber auch wenn man die in Betracht kommende Grösse von H unter Berücksichtigung dieses Umstandes festsetzt, wird man die sich ergebende absolute Leistung nicht gänzlich durch den Motor erhalten, weil die Bewegung des Wassers in der Maschine selbst mit Arbeitsverlusten, durch Stoss, Reibung u. s. w. verknüpft ist und weil ferner auch die Eigenbewegung des Motors nicht ohne Arbeitsverluste durch Reibung, Luftwiderstand u. s. w. möglich ist. Die Arbeit, welche man dem Motor zum Weiterverbrauch entnehmen kann, und die in Pferdestärken ausgedrückt mit N bezeichnet werde, ist die Nutzleistung, dieselbe ist also immer kleiner als die absolute Leistung. Das Verhältnis $\frac{N}{N_0}$ nennt man den Wirkungsgrad, es sei bezeichnet mit η also

$$\left.\begin{aligned} \eta &= \frac{N}{N_0} \\ N &= \eta N_0 \end{aligned}\right\} \quad . \; . \; . \; . \; 2.$$

Der Wirkungsgrad η, welcher stets kleiner als 1 ist, ist ein wichtiger Mafsstab für die Güte einer Anlage, je grösser η, desto besser hat der Erbauer derselben sie in Rücksicht auf Arbeitsleistung eingerichtet.

Man kann nun den Wirkungsgrad beziehen sowohl auf die gesamte Wasserkraftanlage als auch bloss auf die eigentliche Maschinenanlage allein, danach wird er etwas verschieden ausfallen.

So sehr man nun auch nach einem recht hohen Wirkungsgrad der ganzen Anlage streben soll, ist doch immer zu bedenken, dass es nicht nur darauf ankommt, eine hohe Nutzleistung zu erhalten, sondern dass die Nutzleistung auch unter wirtschaftlich günstigsten Verhältnissen erreicht wird. Wasserbauten sind vielfach ganz ausserordentlich kostspielig, und man wird also in jedem Falle durch Berechnung der Anlagekosten, der Verzinsung und Instandhaltungskosten u. s. w. untersuchen, welcher Wirkungsgrad, beziehentlich welche Abmessungen der Anlage die auch wirtschaftlich vorteilhafteste Lösung der Aufgabe bedingen.

Als Wertmesser der hydraulischen Motoren kann natürlich nur ein Wirkungsgrad in Betracht kommen, welcher sich auf die Maschinenanlage allein bezieht. Im ersten Teil dieses Buches ist gezeigt worden, dass die Bewegung des Wassers in Kanälen und Rohrleitungen einen gewissen Aufwand von Gefälle bedingt; soweit derartige Anlagen erforderlich sind zur Heranführung des Wassers an die eigentliche motorische Anlage, wird man das durch sie verbrauchte Gefälle nicht der Maschinenanlage anrechnen dürfen, sondern muss die für diese in Betracht kommende absolute Leistung mit einem entsprechend kleineren Gefälle berechnen. Dieses Gefälle, welches also für die Ausnützung durch die Maschinenanlage zu Gebote steht, wird Nutzgefälle genannt und werde mit H bezeichnet.

Bei der Bestimmung des Nutzgefälles kann es mitunter zweifelhaft sein, wie weit die eigentliche Maschinenanlage reicht. Bei Zuführung und Abführung des Wassers durch gewöhnliche Kanäle, wie bei den meisten Wasserradanlagen und Turbinen in offenen Kammern, sieht man hinsichtlich der Gefälleverluste als zur Maschinenanlage gehörig alles das an, was zwischen dem Ende des Obergrabens und Anfang des Untergrabens liegt, ebenso hält man es, wenn auch an den Obergraben eine kürzere Rohrleitung nach dem Motor angeschlossen ist, oder eine solche von diesem nach dem Untergraben führt, es werden dann also die Verluste in diesen Rohren dem Motor zur Last gelegt.

Bei sehr langen Rohrleitungen, insbesondere wo es sich nicht nur um eine möglichst kurze vertikale oder doch stark geneigte Verbindung der Wasserspiegel mit dem Motor handelt, also um Rohrleitungen, welche vollkommen die Stelle der Aufschlaggräben vertreten, muss man natürlich die Gefälleverluste gerade so wie bei Gräben in Anrechnung bringen und darf sie nicht der Maschinenanlage zuweisen.

Bezeichnet H_0 den senkrechten Abstand des Oberwasserspiegels am Ende des Aufschlaggrabens, vom Unterwasserspiegel am Anfang des Untergrabens, bezogen auf Stellen, wo sich das Wasser noch, beziehentlich schon in gleichförmiger Bewegung befindet, c_0 die Geschwindigkeit, mit welcher das Wasser im Obergraben zufliesst, c_3 die Geschwindigkeit, mit welcher es im Untergraben abfliessst, so ergibt sich

$$\frac{c_0^2}{2g} + H_0 - \frac{c_3^2}{2g} = H \text{ oder } H = H_0 + \frac{c_0^2 - c_3^2}{2g} \quad \ldots . \; 3.$$

Das im Obergraben heranfliessende Wasser hat das kinetische Arbeitsvermögen $\frac{\gamma Q c_0^2}{2g}$, ausserdem in Bezug auf den Unterwasserspiegel das potentielle Arbeitsvermögen $\gamma Q H_0$, von der Summe beider muss ihm wegen der Abflussgeschwindigkeit c_3 noch das Arbeitsvermögen $\frac{\gamma Q c_3^2}{2g}$ bleiben, alles übrige darf der Motor aufnehmen, so dass

$$\frac{\gamma Q c_0^2}{2g} + \gamma Q H_0 - \frac{\gamma Q c_3^2}{2g} = \gamma Q H,$$

woraus obige Gleichungen sofort folgen.

Von den Erbauern von Wassermotoren wird vielfach H_0 als Nutzgefälle angesehen und bei Angeboten der Wirkungsgrad darauf bezogen, wenn das auch nicht allgemein richtig ist, so kann es doch vielfach zulässig sein, wenn c_0 und c_3 wenig verschieden voneinander oder H_0 gegenüber sehr klein sind. Bei kleinen Werten von H_0 und verhältnismässig grossem Werte von $\frac{c_0^2 - c_3^2}{2g}$ ist aber freilich H keineswegs durch H_0 ersetzbar.

Nicht selten — leider — werden aber Grössen als Nutzgefälle in Rechnung gestellt, die ganz und gar nicht dafür gelten können; so ist es eine viel beliebte Art, den Betrag, um welchen eine Turbine über dem normalen Unterwasser liegt, einfach als nicht zum nutzbaren Gefälle gehörig anzusehen, dass dabei ein grösserer Wirkungsgrad herausgerechnet werden kann, als wenn man streng den Begriff des nutzbaren Gefälles festhält, ist klar; und wenn man dann so gefundenen Wirkungsgraden ohne weiteres die gleiche Bedeutung beilegt, wie den anderen in strengerer Weise ermittelten, so kommt das manchmal sehr auf Täuschung hinaus. Im einzelnen Fall kann es ja ziemlich gleich sein, welches Gefälle eine Fabrik ihrer Offerte zu Grunde legt, denn der Abnehmer hat ja die versprochene Nutzleistung als mit anderen Angeboten direkt vergleichbaren Wert, aber Wirkungsgradzahlen, welche als allgemeiner Wertmesser ausgeführter Konstruktionen gelten sollen, müssen auf gleicher solider Basis beruhen.

Um die von einer Wasserkraft zu erwartende Nutzleistung zu bestimmen, bedarf man der Kenntnis der Grössen H_0, c_0, c_3; während c_0 und c_3 in gewissem Grade willkürlich sind, ist H_0, sofern sie einmal gewählt sind, auch festgelegt und kann unter Beachtung der im ersten Teil gegebenen Regeln über die Bewegung des Wassers in Kanälen und Rohrleitungen berechnet werden.

Ausser den schon in diesem Paragraphen angewandten Bezeichnungen seien noch folgende eingeführt:

H_f das Gefälle des Flusses, d. h. der senkrechte Abstand des Wasserspiegels vor dem Einfluss in den Obergraben vom Wasserspiegel des Flusses an der Ausmündung des Untergrabens.

λ der Widerstandskoeffizient für den Einfluss des Wassers aus dem Fluss in den Obergraben, also $\frac{\lambda c_0^2}{2g}$ das hierbei verlorene Gefälle.

h_0 das der, überall gleich vorausgesetzten, Geschwindigkeit c_0 entsprechende Gefälle im Obergraben.

h_3 das entsprechende Gefälle im Untergraben.

Die Geschwindigkeit des Wassers im Flusse unmittelbar vor Eintritt in den Obergraben werde als so klein angenommen, dass sie ohne Fehler vernachlässigt werden kann; scheint das nicht zulässig, so ist ja die nachfolgende Betrachtung leicht entsprechend abzuändern.

Zum Eintritt des Wassers in den Obergraben und Annahme der Geschwindigkeit c_0 ist ein Gefälle $\frac{c_0^2}{2g} + \lambda \frac{c_0^2}{2g}$ oder $(1 + \lambda)\frac{c_0^2}{2g}$ erforderlich; der Obergraben muss auf seine ganze Länge das Gefälle h_0 bekommen, um die Ueberwindung der Reibung an den Wandungen zu ermöglichen ohne Verringerung der Geschwindigkeit. Zwischen den Wasserspiegeln vor dem Obergraben und am Ende desselben liegt also das Gefälle $(1 + \lambda)\frac{c_0^2}{2g} + h_0$.

Die Geschwindigkeit des Wassers im Untergraben c_3 ist an der Stelle, wo der Wasserspiegel desselben um H_0 unter dem des Obergrabens am Ende liegt, schon vorhanden, zu ihrer Aufrechterhaltung auf der ganzen Länge des Untergrabens muss dieser nur das Gefälle h_3 bekommen, man hat mithin

$$H_f = (1 + \lambda)\frac{c_0^2}{2g} + h_0 + H_0 + h_3 \text{ oder}$$

$$H_0 = H_f - (1 + \lambda)\frac{c_0^2}{2g} - (h_0 + h_3) \quad . \; . \; . \; . \; 4.$$

Hierin kann man λ etwa zu 0,5 annehmen, passiert das Wasser beim Einfluss in den Kanal eine Oeffnung, welche kleiner als der Kanalquerschnitt ist, so hat man das für den Durchgang erforderliche Gefälle nach den im ersten Teil gegebenen Gesetzen zu ermitteln und an Stelle von $(1 + \lambda)\frac{c_0^2}{2g}$ einzusetzen.

§ 7. Anordnung der Gesamtanlage.

Das Gefälle der natürlichen Wasserläufe erreicht in den bei weitem meisten Fällen, also wenn es sich nicht gerade um Wasserfälle, Stromschnellen und dergleichen handelt, gewöhnlich erst auf einer grösseren Längenerstreckung einen so hohen Wert, wie zum Betrieb von Maschinen nötig ist. Infolge der unregelmässigen Beschaffenheit des Flussbettes wird dabei das Gefälle grösstenteils oder ganz zur Ueberwindung der Bewegungswiderstände verbraucht, die Geschwindigkeit des Wasser erreicht dabei nicht einen solchen Wert, dass das Arbeitsvermögen einigermassen dem Gefälle einer längeren Flussstrecke entspräche. Man muss also durch künstliche Anlagen wenigstens einen möglichst erheblichen Teil des Gefälles auf eine kurze Strecke, innerhalb welcher der hydraulische Motor eingeschaltet wird, zusammenfassen. Das geschieht durch Errichtung von Stauanlagen und dadurch, dass man für die Zuführung des Wassers zum Motor, ebenso wie für die Abführung, Kanäle (Ober- und Untergraben) oder Rohrleitungen von solchen günstigen Abmessungen und Beschaffenheiten anlegt, dass die Bewegung des Wassers in ihnen einen möglichst unerheblichen Teil des ganzen Gefälles verzehrt.

Welche Lage zum natürlichen Wasserlauf das zu erbauende Werk, die Kanäle und Stauanlagen haben müssen, hängt natürlich ganz von den speziellen Umständen ab und ist nicht allgemein zu entscheiden. Da auch der Kostenpunkt eine wesentliche Rolle spielt, kommt es nicht nur auf die Gewinnung eines möglichst hohen Nutzgefälles an, sondern auch auf möglichst günstige wirtschaftliche Verhältnisse, man wird deshalb vielfach am besten thun, mehrere Projekte aufzustellen und die Resultate in allen Hinsichten zu vergleichen.

Man kann z. B. den Aufstau durch ein nahe am Ende der zu benutzenden Flussstrecken befindliches Wehr bewirken und das Werk daneben erbauen, dann erhält man zwar sehr kurze Aufschlagkanäle oder gar nur ein Gerinnestück für die Zuleitung, aber meistens wird man mit dem Stau doch nicht so hoch gehen können wie wünschenswert wäre, und bei leicht veränderlichem Unterwasserstande ist die Lage des Werkes unmittelbar am Flusse auch oft unangenehm.

Zweigt man am Beginn der zu benützenden Flussstrecke einen Obergraben ab, legt das zu treibende Werk seitwärts vom Flusse zwischen Anfang und Ende der Strecke an und führt von ihm einen Untergraben bis zum Ende der Flussstrecke, so gewinnt man leicht ein verhältnismässig hohes Nutzgefälle, die Anlagekosten können aber recht beträchtlich sein.

Schliesslich kann man auch ein Stauwerk innerhalb der zu benützenden Flussstrecke, mehr oder minder in der Mitte derselben errichten, vor dem Stauwerk einen kürzeren Obergraben nach der seitlich vom Fluss liegenden Maschinenanlage abzweigen und von ihr einen längeren Untergraben nach dem Ende der Flussstrecke führen. Das ist vielfach die beste allgemeine Anordnung.

Die Wehranlagen und Gräben, Rohrleitungen und dergleichen sind nach den im ersten Teil des Buches gegebenen Regeln zu berechnen, wobei man die grösste vorkommende Aufschlagwassermenge zu Grunde legt. Wie hoch man die grösste zu verwendende Aufschlagmenge anzusetzen hat, hängt von den besonderen Verhältnissen des einzelnen Falles ab.

Ist das Gefälle sehr wenig oder gar nicht veränderlich und steigt der Arbeitsbedarf nicht über die der normalen Wassermenge entsprechende Leistung, so ist diese Menge ausschlaggebend. Schwankt dagegen das Gefälle stärker oder erhöht sich zeitweilig der Arbeitsbedarf, so ist zu untersuchen, ob es — sofern natürlich der Fluss genügend Wasser führt — rätlich ist, die Wasserkraftanlage der maximalen oder nur der normalen Leistung anzupassen, oder ob man den zeitweiligen Mehrbedarf an Leistung, beziehentlich den Ausfall bei abnehmendem Gefälle durch einen Reservemotor anderer Art deckt. Das ist wieder eine wirtschaftliche Frage, man wählt den Weg, welcher mit dem geringsten Aufwand für Kapitalverzinsung, Abschreibung, Betriebs- und Unterhaltungskosten u. s. w. verknüpft ist.

Am Anfang des Obergrabens muss in der Regel eine den Wassereinfluss regelnde Schützeneinrichtung, Einlassschleuse oder dergleichen angebracht werden, am Ende des Obergrabens oder sonst an geeigneter Stelle ist ein Freigerinne ebenfalls mit zugehörigem Schützen anzuordnen, damit bei Stillstand des Motors oder Wasserüberschuss das Wasser, ohne durch den Motor zu gehen, entweichen kann.

Ueber die besonderen Anordnungen der Kanäle, Gerinne, Stauwerke findet man ausführliches im Handbuch der Ingenieurwissenschaften, Band III (herausgegeben von F r a n z i u s u. s. w.), in B e r g m a n n und K ö g e l s praktischem Mühlenbauer und anderen.

Hier sei nur hinsichtlich der Stauwerke folgendes erwähnt: Man unterscheidet, wie schon im § 3 gesagt, Ueberfall und Grundwehre, ersteres sind solche, bei denen die Krone über, letzteres solche, bei denen sie unter dem Unterwasserspiegel liegt; ferner kann ein Wehr senkrecht zur Flussrichtung liegen — gerades Wehr — oder in gerader Linie schräg dazu — schiefes Wehr — oder auch in gebrochener bezw. gekrümmter Linie, wobei die konvexe Seite stromauf liegt, der Festigkeit wegen.

Schiefe und gekrümmte Wehre wendet man besonders an, wenn das gerade Wehr nicht breit genug ist, um bei Hochwasser ein Anwachsen des Staues über das zulässige Mass zu verhindern.

Ein Wehr, welches über die ganze Flussbreite reicht, nennt man ein vollkommenes Wehr, nimmt es nur einen Teil der Flussbreite ein, so heisst es unvollkommenes oder lichtes Wehr.

Feste Wehre sind solche, bei denen einer bestimmten Wassermenge eine bestimmte Stauhöhe entspricht, bei denen der Querschnitt des durchfliessenden Wassers entweder wie bei den festen Ueberfallwehren überhaupt nur vom Stande des Oberwassers abhängt, weil die Lage der Wehrkrone unveränderlich ist, oder überhaupt nur eine bestimmte Grösse hat, wenn die Durchflussöffnung ganz unter dem Wasserspiegel liegt.

Bewegliche Wehre sind solche, bei denen durch Verstellung der sie bildenden Schützen, Klappen u. s. w. die Durchflussöffnung und der Stau in gewissen Grenzen willkürlich veränderlich sind. Beide Arten kommen auch vereinigt vor.

Bei allen Wehranlagen ist es erforderlich, das Unterspülen und Aushöhlen des Bodens vor, hinter und unter dem Wehre durch geeignete Massregeln zu verhindern. Man errichtet zu diesem Zwecke genügend tief gehende Spundwände, lässt das überstürzende Wasser durch feste Sturzbetten und Abschussdecken auffangen, mildert auch die Gewalt des Sturzes, indem man ihn stufenweise erfolgen lässt.

Zur Erläuterung der gewöhnlichen Wehranordnungen mögen die Figuren 1 bis 16, Taf. 1, dienen. Figuren 1 bis 4, Taf. 1, stellen ein hölzernes Ueberfallwehr dar, bei welchem der Absturz des Wassers in 2 Abstufungen erfolgt. Fig. 1, Taf. 1, ist eine Ansicht des Wehres von der Stauseite aus, h ist die nach Fig. 15 (schiefwinkelige Projektion) oder Fig. 16 ausgeführte Spundwand, welche das Durchdringen des Wassers unter dem Wehre verhindern soll und auf der das Wehr ruht, g ist die den Abschluss der Spundwand bildende Grundschwelle, welche etwas über der Flusssohle liegt, die Spundwand reicht nach beiden Seiten gehörig weit (2,5 bis 3 m und mehr) in die Ufer hinein, am Ende der Grundschwelle g sind die Flügelsäulen b b aufgesetzt, e e e sind die Wehrsäulen, auf welchen der die Stauhöhe bestimmende Balken, der Fachbaum f liegt, die Wandflächen zwischen f, e e und b b werden durch gespundete Bohlen ausgefüllt. Die auf den Fachbaum f aufgesetzten Säulen d d begrenzen die Durchflussbreite des Wehres, an sie schliessen sich nach beiden Seiten bis zu den Flügelsäulen b b Bohlenwände mit den darauf liegenden Holmen a an, c c stellen den inneren Bretterverschlag des Wehres dar. Figur 2 ist ein Längenprofil des Wehres, ausser den schon vorhergenannten Teilen erkennt man die Grundschwellen m m für die sogenannte Ausschussdecke A, welche auf den Pfählen n n aufliegen, ferner die Abschussdecken B und C, in gleicher Weise konstruiert, i ist der Brückensteg, k die Säulen zum Geländer, l die Strebebänder. Figur 3, Tafel 1, zeigt die Abschussdecke C von der Unterwasserseite, h' ist eine Spundwand zur Abhaltung des Wassers vom Untergrunde unter dem Wehr, d die Säulen der Seitenwände, d' die Streben, o der Bohlenbelag, m die Grundschwelle, a die längsliegenden, die Säulen jeder Seite verbindenden Holme. Figur 4, Tafel 1, ist der Grundriss des Wehres. Figuren 12, 13, 14 zeigen die verschiedenen Arten zur Herstellung der Böden und Wandungen.

Figuren 5, 6, 7, Tafel 1, stellen steinerne Ueberfallwehre dar, 5 und 6 zeigen die Anwendung von Pfahlrosten zur Gründung, Figur 7, Tafel 1, ist der Schnitt eines Wehres im Gebirgsfluss Thurr im Elsass, es hat eine Breite von 30 m und 2,5 m Stauhöhe. b ist ein Betonkern, welcher über die ganze Wehrbreite reicht; das aus Blöcken von je mindestens 0,5 cbm Grösse hergestellte Grundmauerwerk ist mit einer Hausteinschicht c c c abgedeckt, auf welche Bretter d zur Regulierung des Staues bei Niederwasser aufgesetzt werden können. Die Abbildung zeigt auch den zur Versetzung der Blöcke etc. verwandten Krahn. Das Wehr hat sich gut bewährt.

Figuren 8 bis 11, Tafel 1, geben ein hölzernes bewegliches Wehr, Schleusenwehr wieder, welches durch 4 nebeneinander liegende Schützen — Schleusen — gebildet wird. Figur 8 ist ein Querschnitt durch das Wehr, Figur 9 ein Längsschnitt, Figur 10 ein Grundriss und Figur 11 ein Querschnitt unmittelbar vor den Schützen.

In Figur 8, Tafel 1, bezeichnet l die Spundwand, wie solche auf der oberen und unteren Seite des Wehres angebracht werden, c die Schwelle auf der Spundwand, n die Längsholme zur Aufnahme des Bohlenbelages o, r die Säulen der Flügelwände, r' die Streben dazu, q die Holme der Flügelwände und s die Ankerholme. In Figur 9, Tafel 1, ist a der Fachbaum, i die darunter liegende Spundwand, b b sind die Schwellen zur Aufnahme des Bohlenbelages vor und hinter dem Fachbaum, sie liegen auf den Pfählen h h, c c sind die übrigen Schwellen für die Bohlenflächen, auf den Pfahl- und Spundwänden h h, g und l, f ist die vor der vorderen Spundwand der Vorschussdecke befindliche Pfahlwand mit ihrer Verschwellung, d die Schwelle, auf welcher sich die Abschussdecke bricht, k die darunter liegende Spundwand, m die vor der vorderen Spundwand der Abschussdecke liegende Pfählung mit der Schwelle e, A die Seitenwandung der Vorschussdecke, o der Bohlenbelag, r r sind die Säulen der Seitenwände, q die Holme derselben, t die Griessäulen, an denen die Schützentafeln in Falzen gehen. Ferner sind B die Seitenwände der Abschussdecke, w die Säulen zum Brückensteg, p p deren Stützen, x x die Balken des Brückensteges, y der Bohlenbelag desselben. In Figur 10, Tafel 1, sind alle Bezeichnungen durch vorstehendes erklärt, mit x sind die zwischen Pfählen etc. bleibenden Zwischenräume benannt, welche mit Thon ausgestampft werden vor Aufbringung des Bohlenbelages. In Figur 11, Tafel 1, sieht man die vier Schützen, jeder hängt an zwei Ketten, wird in Falzen u geführt und kann durch das Windezeug z bewegt werden.

Ein Schleusenwehr neuester Bauart stellen die Figuren 17 bis 20, Tafel 1, dar. Es ist das Regawehr zu Greifenberg in Pommern, gebaut von J. Heyn, Zivilingenieur etc. in Stettin. Bei diesem Wehre ist eine besondere Schützenanordnung bemerkenswert, es ist mit sogenannten Rollschützen, D R.-P. 37528, versehen. Ueber Schützen und Wehr mögen folgende von Herrn Heyn überlassene Beschreibungen wiedergegeben werden: Das Wesen der

Patentrollschützen besteht darin, dass die Schützentafeln mit Rollen versehen sind, durch welche sie sich an die Griessäulen legen, auf die Rollen wird der Wasserdruck übertragen und zur Bewegung der Schützen ist nun nur die Ueberwindung rollender Reibung nötig, welche erheblich kleiner ist als die bei Schützen gewöhnlicher Art auftretende gleitende Reibung. In den Figuren 17 bis 20, Tafel 1, sind die Rollen mit a bezeichnet. Figur 17, Tafel 1, veranschaulicht einen Horizontalschnitt, in grösserem Mafsstabe gezeichnet, durch eine Griessäule und den angrenzenden Teil einer Schützentafel. Es bedeutet f die eiserne Griessäule, d die Schützentafel aus Holz, a eine der Rollen, die an der Schützentafel befestigt sind durch die Lagerböcke b, und welche die Schützentafel an den Griessäulen führen. An der Seite, wo die Rollen sind, ist eine Blechplatte c angebracht, welche bis auf etwa 20 mm an die Griessäule heranreicht, dann ist eine Holzleiste g vor diesen verbleibenden Spielraum von etwa 20 mm gelegt und diese Holzleiste ist durch ein Leder h mit der Schützentafel d verbunden, es ist nun leicht erkenntlich, dass sich die Holzleiste g durch den Wasserdruck an die Griessäule anlegen muss und dadurch die Abdichtung zwischen Schützentafel und Griessäule herstellt; der Arm e, welcher zwischen zwei Knaggen, die an der Holzleiste befestigt sind, liegt, ist noch angeordnet an der Schützentafel, um die Holzleiste unter allen Umständen mitzunehmen bei der Bewegung der Schützentafel, falls dies durch das Leder h nicht schon geschehen sollte.

Das Wehr selbst wird durch die Figuren 18 bis 20, Tafel 1, dargestellt. Von dem alten Wehr waren stehen geblieben: die Wehrmauer C, die beiden Spundwände D, E, der Fachbaum G, die drei Pfahlreihen H, J und F mit ihren Holmen K, L und M, sowie der Belag Q.

Zur erhöhten Sicherung der Wehrmauer C wurde noch der ganze Raum zwischen den beiden Spundwänden D und E mit einer 500 mm starken Betonschüttung O ausgelegt. Der Beton ist hergestellt aus 5 Teilen Steinschlag, 3 Teilen Kies und 1 Teil Zement; dies ist eine Mischung, die bei derartigen Wasserbauten ein durchaus festes und undurchdringliches Gemäuer gibt.

An den Ufern wurden die beiden Pfeiler A und B aus guten Hartbrandziegeln und in Zementmörtel gemauert hergestellt; dieselben sind 1300 mm × 1800 mm in der Grundfläche gross.

Dieselben stützen sich noch gegen angrenzende Gebäude, wie Figur 20, Tafel 1, erkennen lässt.

Die Weite des Wehres, also die lichte Entfernung der beiden Pfeiler A und B beträgt 11,700 m; wie die Figuren 18 und 20 zeigen, sind die 4 Schütztafeln 1, 2, 3 und 4 angeordnet und waren also 3 Griessäulen f nötig.

Die Griessäulen f sind unten in gusseiserne Schuhe w gelagert; diese Schuhe sind durch je 2 lange Anker N in der Betonschüttung verankert, da der grösste Teil des Wasserdruckes auf den unteren Teil der Griessäulen und damit auf die Schuhe w einwirkt.

Am oberen Ende werden die Griessäulen durch die Bügel n gehalten; die Bügel n sind um einen Zapfen P in der Richtung von unten nach oben drehbar; die Zapfen P sind an dem aus 3 starken T-Trägern zusammengenieteten Oberbalken t befestigt.

Die Bügel n umschlingen die Griessäulen und werden letztere mittels des Holzkeiles m in die senkrechte Lage eingestellt.

Der Oberbalken t ist nur auf den beiden Uferpfeilern A und B gelagert; er trägt sich also in seiner ganzen Länge von 11,70 m zwischen den Pfeilern frei; er dient, wie oben schon bemerkt, zum Festhalten der Griessäulen an ihren oberen Enden und hat also in horizontaler Richtung eine nicht unbedeutende Kraft aufzunehmen.

Dem vertikalen Druck, welcher durch das Gewicht der Winden, Schütztafeln, Laufbrücke, Bedienungsmannschaften u. s. w. u. s. w. erzeugt wird, hat er ebenfalls Widerstand zu leisten.

Ferner dient der Oberbalken t zur Aufnahme der Winden für das Heben und Senken der Schütztafeln und zur Anbringung einer Laufbrücke v, welche behufs Bedienung der Winden angeordnet ist. Die Laufbrücke v ruht auf Konsolen n und ist mit Geländer versehen, damit die Leute gegen Herunterfallen geschützt sind.

Die Winden bestehen aus den Kettentrommeln p, dem Schneckenrade s, der Schnecke z und der Handkurbel q; an letzterer kann ein Mann das Heben und Senken der Schütztafeln besorgen. Die Schütztafeln hängen in je 2 Ketten an der Winde; das Heruntergehen der Schütztafeln ist durch die eigene Schwere derselben gesichert.

Der Wasserstand vor den Schütztafeln 1 und 2 ist 1300 mm und der vor den Schütztafeln 3 und 4 ist 1600 mm. Die Schütztafeln 1 und 2 sind in geöffneter, die 3 und 4 in geschlossener Stellung gezeichnet.

Sollen nun auch die Griessäulen, nachdem die Schützen alle geöffnet sind, zum Durchlassen grosser Eisschollen entfernt werden, so geschieht dies auf folgende Weise:

Nachdem durch Entfernung des Keiles m die Griessäulen am oberen Ende gelöst sind, werden mittels eines bereit gehaltenen hölzernen Hebebaumes die Griessäulen soviel angehoben, als sie unten in die Schuhe w hineinreichen; sowie dies geschehen, werden sie unten vom Wasserstrom fortgeschleudert, bleiben aber am oberen Ende in den Bügeln n hängen, da der Querstift l am oberen Ende der Griessäulen so lang ist, dass er nicht durch die Bügel hindurch kann; es ist begreiflich, wie nun die gelösten Griessäulen durch die Eisschollen gehoben werden und diesen freien Durchgang zulassen; der oben erwähnte Querstift l dient auch dazu, die Griessäulen anzuheben und zwar legt man den erwähnten Hebebaum auf den Oberbalken t und unter den Querstift l zum Anheben der Griessäulen aus der unteren Anlage des Schuhes w.

Der Erbauer gibt an, dass man die vier Schützen und die drei Griessäulen, wenn Gefahr im Verzuge ist, mit 8 Leuten in höchstens 5 Minuten entfernen könne. Eine so schnelle Oeffnung des ganzen Wehres wird natürlich nur in Fällen dringender Gefahr geboten erscheinen; zur gewöhnlichen Bedienung des Wehres genügt ein Mann, welcher die Schützen öffnen und schliessen kann. Der Oberbalken t ist deshalb so hoch gelegt, damit die Schützen genügend hoch über den höchsten Wasserstand gehoben werden können.

Die über dem Oberwasser angeordnete Fahrbrücke dient zum Wagenverkehr, sie hat mit der eigentlichen Wehranlage nichts zu thun.

Das Wehr ist seit Juli des Jahres 1888 dem Betriebe übergeben und soll sich sehr gut bewährt haben.

§ 8. Zahlenbeispiel zur allgemeinen Berechnung einer Wasserkraftanlage.

Zur Errichtung einer Wasserkraftanlage von 110 Pferdestärken grösster Nutzleistung steht ein Fluss zu Gebote, welcher auf der benutzbaren Länge von 1700 m ein Gesamtgefälle von 6,8 m hat und im normalen Zustande 2,7 cbm Wasser pro Sekunde führt.

Nehmen wir einstweilen und vorbehältlich späterer Abänderung an, dass durch die Stauanlage, die Gräben, 10 Prozent des Gefälles verloren gehen, so können wir das Nutzgefälle $H = 6{,}1$ m setzen. Der anzuwendende hydraulische Motor habe erfahrungsgemäss einen Wirkungsgrad $\eta = 0{,}75$.

Nach Gleichung 1 und 2, § 6, ist $N = \eta \cdot 1000 \frac{QH}{75}$, woraus folgt $Q = \frac{75\,N}{\eta \cdot 1000}$, also brauchen wir zum Betriebe des Motors eine Wassermenge $Q = \frac{75 \cdot 110}{0{,}75 \cdot 1000 \cdot H} = 1{,}8$ cbm.

Durch örtliche Messungen sei festgestellt, dass in 700 m Entfernung vom stromauf gelegenen Anfangspunkt der zu benutzenden Flussstrecke ein festes Ueberfallwehr im Flusse errichtet werden kann, ferner dass der Wassermenge von 2,7 cbm pro Sekunde ein benetztes Querprofil von 3 qm Fläche mit einem benetzten Umfange von 8,1 m entspricht. Die Wassertiefe des Flusses beträgt in der Stromrinne gemessen 0,6 m, die Breite 7 m.

Die grösste normale Wassermenge ist nicht bekannt, wohl aber ist durch Messungen bestimmt, dass die ihr entsprechende Wassertiefe in der Stromrinne 0,9 m beträgt, womit dann aus dem Querprofil des Flussbettes folgt, dass das benetzte Querprofil dabei 5,5 qm, der benetzte Umfang 10 m und die Flussbreite im Wasserspiegel 9,2 m beträgt.

Geben wir allen Grössen, welche der Wassermenge von 2,7 cbm entsprechen, den Index o, allen denen, welche der grössten Wassermenge entsprechen, den Index 2, so kennen wir jetzt folgende, in § 2 und § 3 erwähnte, für die Rechnung nötige Grössen

$$Q_0 = 2{,}7 \text{ cbm}, \quad Q = 1{,}8 \text{ cbm}, \quad F_0 = 3 \text{ qm}, \quad p_0 = 8{,}1 \text{ m},$$

$$\text{mithin } R_0 = \frac{3}{8{,}1} = 0{,}37 \text{ m}; \quad b_0 = 7 \text{ m, ferner}$$

$$F_2 = 5{,}5 \text{ qm}, \quad p_2 = 10 \text{ m, mithin } R_2 = 0{,}55 \text{ m},$$

nach Gleichung 49, § 3, ist

$$Q_2 = \frac{F_2}{F_0} \frac{R_2}{R_0} \frac{\beta + \sqrt{R_0}}{\beta + \sqrt{R_2}} Q_0,$$

worin nach Tabelle 9 entsprechend

$$J = \frac{6{,}8}{1700} = 0{,}004 \text{ und } m = 0{,}025, \quad \beta = 0{,}585,$$

$$\text{also } Q_2 = \frac{5{,}5}{3} \frac{0{,}55}{0{,}37} \cdot \frac{0{,}585 + \sqrt{0{,}37}}{0{,}585 + \sqrt{0{,}55}} = 6{,}63 \text{ cbm.}$$

Das Gefälle des Flusses auf der bis zum Wehr reichenden 700 m langen Strecke beträgt $700 \cdot 0{,}004$ m = 2,8 m, wir wählen die Stauhöhe H_s um 0,3 m kleiner, also $H_s = 2{,}5$ m und haben nun zu untersuchen, ob hierbei der Stau am Anfangspunkt der benutzbaren Flussstrecke in den zulässigen Grenzen bleibt. Es sei zulässig, dass dort eine Aufstauung um 0,03 m eintrete, wenn unsere angenommene Stauhöhe von 2,5 m dazu passt, muss sich aus Gleichung 52, § 3, $l = 700$ m ergeben.

In Gleichung 52, § 3, haben wir folgende Grössen einzusetzen,

$$J = 0{,}004, \quad t = \frac{F_0}{b} = \frac{3}{7} = 0{,}429, \quad H = 2{,}5, \quad H_1 = 0{,}03,$$

$$\text{also } \frac{H}{t} = \frac{2{,}5}{0{,}429} = 5{,}828 \text{ und } \frac{H_1}{t} = \frac{0{,}03}{0{,}429} = 0{,}07,$$

wobei die betreffenden Bezeichnungen natürlich nur die Gleichung 52 entsprechende Bedeutung haben und nicht mit den anderweit damit gemeinten Grössen zu verwechseln sind.

Nach Tabelle 12, § 3, ist dann

$$\varphi\left(\frac{H}{t}\right) = 7{,}2294 \text{ und}$$

$$\varphi\left(\frac{H_1}{t}\right) = 0{,}6958,$$

also ist nach Gleichung 53 zu schreiben

$$0{,}004\, l = 0{,}429\,(7{,}2294 - 0{,}6958) \text{ oder } l = 700{,}7 \text{ m},$$

unsere Annahme der Stauhöhe zu 2,5 m ist also für den normalen Wasserstand zulässig. Später ist noch zu untersuchen, ob das auch bei hohem Wasserstande der Fall ist, und es mag die Bestimmung gelten, dass, sofern dann der Stau unzulässig weit reicht, der zulässige Zustand durch Oeffnung eines beweglichen, seitlich des festen Ueberfallwehres anzulegenden beweglichen Wehres, einer Schleuse, herbeigeführt werde.

Zunächst ist die Höhenlage der Wehrkrone zu bestimmen in Bezug auf den gestauten Wasserspiegel bei normalem Stande.

Die über das Wehr fliessende Wassermenge ergibt sich nach Gleichung 43, § 3, zu

$$Q_1 = Q_0 - Q = 2{,}7 - 1{,}8 = 0{,}9 \text{ cbm pro Sekunde,}$$

also nach Gleichung 47 und Figur 17, § 3, wenn man die Geschwindigkeit des Wassers vor dem Wehre als unbeachtlich ansieht,

$$h = \sqrt[3]{\frac{Q_1^2}{2 g \mu^2 b^2}} = \sqrt[3]{\frac{0{,}9^2}{2 \cdot 9{,}81 \cdot 0{,}55^2 \cdot 7^2}}$$

wenn $\mu = 0{,}55$ und $b = b_0 = 7$ m = Flussbreite.

Das gibt ausgerechnet $h = 0{,}141$ m, also der Wehrscheitel liegt 0,141 m unter dem gestauten Wasserspiegel. Die Wassertiefe in der Stromrinne des ungestauten Flusses betrug in normalem Zustande 0,6 m, die Stauhöhe 2,5 m, also liegt der Wehrscheitel um $2{,}5 + 0{,}6 - 0{,}141 = 2{,}959$ m über der Flusssohle und 2,359 m über dem ursprünglichen Wasserspiegel.

Nun kann man zur Untersuchung der Stauverhältnisse bei hohem Wasserstande übergehen.

Zunächst sei angenommen, dass die volle Wassermenge, welche nach Ableitung der zum Betriebe der Kraftanlage erforderlichen 1,8 cbm verbleibt, über das Ueberfallwehr fliesse, dann ist nach früherem in diesem Falle

$$Q_1 = Q_2 - Q = 6{,}63 - 1{,}8 = 4{,}83 \text{ cbm.}$$

Die erforderliche Höhenlage h des gestauten Wasserspiegels über dem Wehrscheitel ergibt sich, da die Breite des Wehres unveränderlich ist, nach Gleichung 47, § 3, zu

$$h = \sqrt[3]{\frac{4{,}83^2}{2 \cdot 9{,}81 \cdot 0{,}55^2 \cdot 7^2}} = 0{,}431 \text{ m.}$$

Diesem Wert von h entspricht eine Stauhöhe von $2{,}959 + 0{,}431 - 0{,}9 = 2{,}49$ m.

Die Breite b des ungestauten Flusses bei hohem Wasserstand ist, wie schon eingangs angegeben, 9,2 m, das benetzte Querprofil 5,5 qm, mithin die mittlere hydraulische Tiefe

$$t = \frac{F}{b} = \frac{5{,}5}{9{,}2} = 0{,}6 \text{ m.}$$

Damit ergibt sich

$$\frac{H}{t} = \frac{2{,}49}{0{,}6} = 6{,}15$$

und nach Tabelle 12

$$\varphi\left(\frac{H}{t}\right) = 7{,}5559,$$

ferner wenn die Erhöhung des Wasserstandes durch den Stau am Anfang der Flussstrecke wiederum nicht mehr als 0,03 m betragen darf

$$\frac{H_1}{t} = \frac{0{,}03}{0{,}6} = 0{,}05,$$

also nach Tabelle 12

$$\varphi\left(\frac{H_1}{t}\right) = 0{,}5701,$$

und folglich nach Gleichung 52

$$0{,}04\,l = 0{,}6\,(7{,}5559 - 0{,}5701) \text{ oder}$$
$$l = 1048 \text{ m}.$$

Der Stau würde also nicht schon bei 700 m den noch zulässigen Wert von 0,03 m erreichen, sondern erst in 348 m Entfernung über den Anfangspunkt der zu benutzenden Flussstrecke hinaus; da das nicht zulässig ist und doch die Stauhöhe bei normalem Wasserstand nicht verringert werden möchte, so muss also das Ueberfallwehr mit einer Ablassschleuse verbunden werden. Setzen wir fest, dass bei normal geöffneter Schütze der Schwerpunkt der rechteckigen Ausflussöffnung 1,5 m unter dem normalen Oberwasserspiegel liege, so ergibt sich deren Grösse für das in Betracht kommende Durchflussquantum von rund 4 cbm aus

$$Q = \mu \cdot F\sqrt{2gh} \text{ oder für } Q = 4,\ h = 1{,}5,\ \mu = 0{,}45,$$
$$4 = 0{,}45 \cdot F\sqrt{2 \cdot 9{,}81 \cdot 1{,}5} \text{ oder}$$
$$F = 1{,}64 \text{ qm},$$

gibt man also der Schleuse eine lichte Durchflussbreite von 1,5 m, so muss der Schützen um 1,64 : 1,5 = 1,1 m gezogen werden.

Jetzt kann die Berechnung der Aufschlaggräben erfolgen. Das zu errichtende Werk liege so, dass der Obergraben 350 m, der Untergraben 550 m Länge bekommen muss. Die Wandungen beider Gräben werden in Bruchsteinmauerwerk hergestellt, die Geschwindigkeit des Wassers in ihnen soll $c_0 = c_3 = 0{,}6$ m pro Sekunde sein.

Der Wassermenge 1,8 cbm und der Geschwindigkeit 0,6 m pro Sekunde entspricht der Wasserquerschnitt von 1,8 : 0,6 = 3 qm. Das Querprofil der Kanäle sei ein Rechteck; nach § 2, Gleichung 39 und 40, erhält dasselbe seine vorteilhafteste Gestalt, wenn die Breite b = 2 t = doppelte Tiefe, also die Fläche

$$F = b\,t = 2\,t^2 \text{ oder } 3 = 2\,t^2 \text{ also}$$

$$t = \sqrt{\frac{3}{2}} = 1{,}225 \text{ m und } b = 2{,}45 \text{ m}.$$

Der benetzte Umfang dieses Querprofiles ist p = 4,9 m, also nach Gleichung 24, § 2

$$R = \frac{F}{p} = \frac{3}{4,9} = 0,612 \text{ m.}$$

Um nun das relative Gefälle der Kanäle berechnen zu können nach Gleichung 33, § 2, muss noch der Koeffizient k bekannt sein; wenn wir diesen nach Ganguillet und Kutter bestimmen wollen, muss eine vorläufige Annahme für das relative Gefälle J gemacht werden, wir setzen versuchsweise J = 0,0002. Tabelle 9, § 2, gibt für J = 0,0002 und m = 0,017 (entsprechend den in Bruchsteinen gemauerten Kanälen), α = 89,6 und β = 0,523, also nach Gleichung 32, § 2

$$k = \frac{\alpha}{1 + \frac{\beta}{R}} = \frac{89,6}{1 + \frac{0,523}{0,612}} = 48,3$$

und dann nach Gleichung 33, § 2

$$J = \frac{c_0^2}{k^2 R} = \frac{0,6^2}{48,3^2 \cdot 0,612} = \frac{0,36}{1428} = 0,00025.$$

Dieses Resultat stimmt mit unserer Annahme nicht genügend überein, wir setzen jetzt versuchsweise den erhaltenen Wert ein, also J = 0,00025, hierfür gibt Tabelle 9 durch Interpolation α = 88,3, β = 0,501, mithin wird

$$k = \frac{88,3}{1 + \frac{0,501}{0,612}} = 48,5 \text{ und } J = \frac{0,6^2}{48,5^2 \cdot 0,612} = 0,00025,$$

so dass also der Wert J = 0,00025 definitiv beizubehalten ist. Zur Erzeugung der Geschwindigkeit im Obergraben c_0 = 0,6 m und zur Ueberwindung des Widerstandes beim Einfluss in demselben ist ein Gefälle $(1 + \lambda)\frac{c_0^2}{2g}$ aufzuwenden (siehe § 6), mit $\lambda = 0,5$ und $c_0 = 0,6$ hat man $(1 + \lambda)\frac{c_0^2}{2g} = (1 + 0,5)\frac{0,6^2}{2 \cdot 9,81} =$ 0,027 oder abgerundet = 0,03 m.

Der Wasserspiegel am Anfang des Obergrabens muss also um 0,03 m, die Sohle um 0,03 + 1,225 = 1,255 m unter dem Wasserspiegel des gestauten Flusses liegen. Der Kanal muss ein Gefälle h_0 erhalten, welches nach Gleichung 34 mit J = 0,00025 und l = 350 sich ergibt zu h_0 = 0,00025 · 350 = 0,0875 m, der Untergraben bekommt ein Gefälle h_u = 0,00025 · 550 = 0,1375 m. Diese Beträge runden wir ab auf h_0 = 0,09 und h_u = 0,14 m.

Vom Anfang der Flussstrecke bis zum Wehr geht ein Gefälle von 0,3 m verloren, denn die Stauhöhe am Wehre beträgt 2,5 m, das Gefälle bis zum Unterwasserspiegel am Wehre 2,8 m.

Zur Ermittelung des Nutzgefälles nach Gleichung 3 und 4, § 6, ist zu setzen $H_f = 6{,}8 - 0{,}3 = 6{,}5$ m, also nach Gleichung 4, § 6, $H_0 = 6{,}5 - 0{,}03 - 0{,}09 - 0{,}14 = 6{,}24$ m und nach Gleichung 3

$$H = H_0 + \frac{c_0^2 - c_3^2}{2g} \qquad H = 6{,}24 + \frac{0{,}6^2 - 0{,}6^2}{2g} = 6{,}24 \text{ m.}$$

Das Nutzgefälle ist also etwas grösser als ursprünglich angenommen wurde, man könnte das Gefälle des Ober- und Untergrabens etwas vergrössern und die Querprofile verkleinern, doch behält man zur Sicherheit letztere lieber bei.

Dritter Teil.

Die Wasserräder.

---

§ 9. Arten der Wasserräder, Bezeichnungen und allgemeine Grundlagen.

Die Wasserräder im allgemeinen sind hydraulische Kraftmaschinen, bei denen das Wasser infolge seiner Wirkung auf geeignet gestaltete, in einem ringförmigen Schaufelkranz angeordnete Schaufeln, diesen und damit das Rad in Umdrehung versetzt. Die Wasserräder in engerem Sinne, um die es sich jetzt hier handelt, haben mit den später zu besprechenden Turbinen so viele Merkmale gemeinsam, dass eine ganz scharfe Abgrenzung von jenen und eine allemal zutreffende Begriffsfeststellung nicht wohl möglich ist, doch gilt, wenigstens für die gebräuchlichen Arten der Wasserräder, dass das Wasser auf demselben Umfang (nämlich dem äusseren) ein- und austritt, dass sie stets mit liegender Welle gebaut werden und kleine Winkelgeschwindigkeiten, also niedrige Umdrehungszahlen aufweisen, bei den Turbinen dagegen fliesst das Wasser durch das Rad hindurch, die Bauart mit liegender Welle kommt zwar nicht selten vor, tritt aber gegen die mit stehender Welle zurück und die Winkelgeschwindigkeit ist erheblich grösser als bei den eigentlichen Wasserrädern.

Je nach der Höhenlage der Wassereinführung in das Rad unterscheidet man oberschlächtige, rückenschlächtige, mittelschlächtige, tief- und unterschlächtige Wasserräder. Auf Tafel 1, Figur 24 bis 27, sind die verschiedenen Gruppen, durch schematische Schnitte senkrecht zur Radachse, dargestellt. Beim oberschlächtigen Rad (Tafel 1, Figur 24) erfolgt die Einführung des Wassers im oder nahe am Scheitel des Rades, der Durchmesser des Rades ist also etwas kleiner als das Gefälle H_0. Beim rückenschlächtigen Rad (Tafel 1, Figur 25) erfolgt die Einführung des Wassers in der Höhe zwischen Scheitel und Achse, die Drehungsrichtung des Rades stimmt im tiefsten Punkt mit der

Abflussrichtung des Wassers überein, der Raddurchmesser ist meist etwas grösser als das Gefälle H_0.

Beim mittelschlächtigen Rad (Tafel 1, Figur 26) liegt der Punkt, wo der Wasserstrahl in das Rad eintritt, in Höhe der Achse oder auch etwas darunter, und beim tief- und unterschlächtigen Wasserrade (Tafel 1, Figur 27) tritt das Wasser im unteren Teile in das Rad. Bei den zuletzt genannten Radgattungen ist also der Raddurchmesser erheblich grösser als das Gefälle.

Das oberschlächtige und das rückenschlächtige Wasserrad werden so gebaut, dass die den Schaufelkranz an den Stirnseiten begrenzenden Ringflächen als volle Wandungen ausgeführt werden, dass also die Schaufelräume nur auf der äusseren, cylindrischen Fläche offene Zellen bilden. Solche Räder nennt man Zellenräder, die anders gebauten, bei denen also die Schaufelräume auch nach innen oder nach den Seiten offen sind, heissen Schaufelräder.

Damit das Wasser, insbesondere bei Schaufelrädern nicht schon alsbald nach seinem Einfluss wieder aus dem Rade zu fliessen beginnt, sondern dasselbe möglichst nicht eher verlässt, als der Schaufelraum in der tiefsten Lage angekommen ist, umgibt man das Rad auf dem wasserhaltenden Bogen, das heisst auf dem Teile seines Umfanges, welcher von den wasserhaltenden Schaufelräumen eingenommen wird, mit einem zum Rad konzentrischen, an das Gerinne anschliessenden Mantel, welcher Kropf genannt wird.

Rücken-, mittel- und tiefschlächtige Räder besserer Art werden mit Kropf ausgeführt und dann auch Kropfräder genannt.

Die den Wassereinlauf in der gehörigen Weise sichernden und regulierenden Teile sind ebenfalls von verschiedener Art und bilden einen weiteren Einteilungsgrund für die Wasserräder. Man lässt das Wasser unter Spannschützen ausfliessen, das sind solche, bei denen die Ausflussöffnung ganz unter dem Wasserspiegel liegt und in ihrer Grösse von der Erhebung des Schützen abhängig ist (siehe Tafel 1, Fig. 21 u. 22). Ferner hat man Koulissenschützen (siehe Tafel 1, Figur 25). Das sind solche, bei denen kanalartige Mundstücke von unveränderlichem Querschnitt die Einführung des Wassers bewirken, die Veränderung der Wassermenge wird dann in der Weise bewirkt, dass einer oder mehrere der Kanäle abgesperrt werden. Schliesslich sind noch die Ueberfallschützen zu nennen (Tafel 1, Figur 23 und 26), bei denen, wie der Name sagt, das Wasser über den Schützen hinweg fliesst. Man unterscheidet hiernach Wasserräder mit Spannschützen, Wasserräder mit Koulissenschützen, auch Koulissenräder schlechthin genannt, und Wasserräder mit Ueberfallschützen.

Hinsichtlich der Wasserwirkung ist zu bemerken, dass bei den oberschlächtigen und rückenschlächtigen Rädern im wesentlichen die Schwere des im Rad niedersinkenden Wassers wirkt, bei den anderen Rädern tritt schon mehr oder minder erheblich die Wirkung durch die Geschwindigkeit hervor, ja bei manchen unterschlächtigen Rädern ist letztere die lediglich in Betracht kommende.

Ausser den oben schon genannten Wasserrädern sind noch das Sagebienrad, das Zuppingerrad und das Ponceletrad besonders zu erwähnen. Das Sagebienrad gehört seiner Beaufschlagungs- und Bauart nach zu den tiefschlächtigen Kropfrädern mit Ueberfallschützen, es hat seinen Namen vom französischen Ingenieur Sagebien und ist charakterisiert durch einen Schaufelkranz von sehr bedeutender radialer Abmessung, grosse Breite, eng gestellte Schaufeln und sehr geringe Umdrehungszahlen. Das Zuppingerrad ist eine wesentlich verbesserte Form des Sagebienrades (siehe Tafel 7, Fig. 9). Das Wasser wirkt in ihm sowohl wie im Sagebienrad wesentlich durch sein Gewicht.

Das Ponceletrad (siehe Tafel 1, Fig. 22) ist ein unterschlächtiges Rad mit Spannschützen und gekrümmten Schaufeln, bei ihm wirkt das Wasser durch das der Geschwindigkeit entsprechende Arbeitsvermögen und zwar wird dem Wasser seine Geschwindigkeit nicht plötzlich entzogen, es wirkt nicht durch Stoss, sondern die Abnahme der Geschwindigkeit erfolgt allmählich, ganz wie bei den Turbinen, weshalb das Ponceletrad auch vielfach diesen zugezählt wird.

Ein Wasserrad besteht aus den Schaufeln, welche an den ringförmigen Radkränzen befestigt sind, den Armen und der Welle mit Zubehör. Je nachdem ob die ringförmigen Stirnflächen des Schaufelkranzes offen oder geschlossen sind, sagt man, das Rad ist ohne oder mit Seitengetäfer gebaut. Bei den Rädern mit Seitengetäfer, z. B. bei den Zellenrädern, dient dieses zur Befestigung der Schaufeln und dann sind also die äusseren Radkränze gleichbedeutend mit dem Seitengetäfer. Der Abschluss des Schaufelkranzes nach innen, wie er bei den Zellenrädern nötig ist, erfolgt durch den sogenannten Radboden. Der Raum zwischen zwei Schaufeln werde, wie vorstehend schon geschehen, immer als ein Schaufelraum bezeichnet, die Gesamtheit der Schaufelräume und Schaufeln eines Rades bildet den Schaufelkranz. Die radiale Abmessung des Schaufelkranzes nennt man die Kranztiefe, sie werde im folgenden stets mit a bezeichnet (siehe Fig. 27), die axiale Dimension eines Schaufelraumes heisst Radbreite, sie werde bezeichnet mit b (siehe Fig. 27). Die Entfernung zweier Schaufeln, gemessen auf dem äusseren Radumfang, werde Schaufelteilung genannt und mit e bezeichnet (Fig. 27). Den Teil des Radumfanges, welcher im einfliessenden Wasserstrahl liegt, nennt man Einlaufbogen, für diesen sei i als Bezeichnung eingeführt.

Unter der Umfangsgeschwindigkeit v des Rades ist stets der von einem Punkte des äusseren Umfanges in einer Sekunde zurückgelegte Weg zu verstehen.

Zur Erbauung der Wasserräder kommt sowohl hartes wie weiches Holz und Eisen in Betracht; die älteren Wasserräder und auch neue einfachster Art findet man bis auf kleinere Teile

Zapfen u. dergl. ganz aus Holz gebaut. Bessere Räder werden, wenn auch nicht allemal ganz, so doch wenigstens in den wichtigsten Teilen (z. B. die Schaufeln) aus Eisen konstruiert. Die Zu- und Abflussgerinne werden aus Holz, Eisen oder Mauerwerk

Fig. 27.

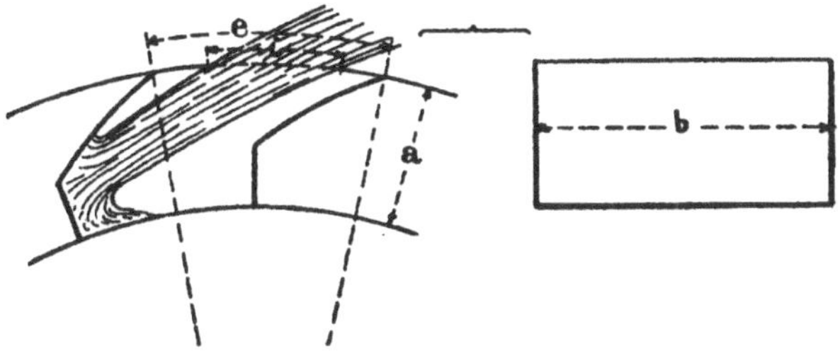

hergestellt; bei den oberschlächtigen Rädern sind die betreffenden Bauten sehr einfacher Art, bei den Kropfrädern aller Art und den unterschlächtigen Rädern sind dieselben aber oft sehr schwierig herzustellen und deshalb kostspielig. Beispiele über die Gerinneanlagen geben die Tafeln.

Als Abschluss der allgemeinen Betrachtung der Wasserräder mögen nun noch einige Gleichungen angeführt werden, welche bei allen Arten Wasserrädern gelten und in den folgenden Abschnitten immer wieder verwendet werden.

Es haben Q, γ, H, H_0, c_0, c_3, N, N_0, η die bereits im zweiten Teil, § 6, angegebenen Bedeutungen, a, b, v, e sind die in diesem Paragraphen schon erklärten Bezeichnungen, und es bezeichnen weiter r den Radius des äusseren Radumfanges, z die Schaufelzahl, U die Anzahl Umdrehungen des Rades in einer Minute, k den sogenannten Füllungskoeffizienten, π die Ludolfsche Zahl = 3,1416.

Nach § 6, Gleichung 3, ist

$$H = H_0 + \frac{c_0^2 - c_3^2}{2g} \quad . \; . \; . \; . \; 1,$$

ferner nach § 6, Gleichung 1 und 2

$$N = \eta \frac{1000\, Q\, H}{75} \quad . \; . \; . \; . \; . \; 2.$$

Also findet man bei gegebenem H und verlangtem N, wenn man η je nach dem Radsysteme erfahrungsmässig annimmt, die erforderliche Aufschlagwassermenge aus

$$Q = \frac{75 \cdot N}{1000 \cdot \eta \cdot H} \quad . \; . \; . \; . \; 3.$$

Das in einer Sekunde an der Einflussstelle vorbei gehende Radvolumen ist a, b, v. Dieser Raum muss zur Aufnahme des pro Sekunde zufliessenden Wassers nicht nur hinreichen, sondern soll gewöhnlich wesentlich grösser sein, was durch die Beziehung

$$\left.\begin{array}{r} \frac{Q}{a,\, b,\, v} = k \\ Q = k\, a,\, b,\, v \\ b = \frac{Q}{a,\, v,\, k} \end{array}\right\} \ldots . 4$$

ausgedrückt wird, wenn k stets kleiner als 1 ist, was schon der Schaufeldicken wegen der Fall wäre.

Das Rad hat z Schaufeln, die sich auf dem äusseren Umfange in gleichen Abständen e folgen, also

$$\left.\begin{array}{r} 2\pi r = z e \\ e = \frac{2\pi r}{z} \\ z = \frac{2\pi r}{e} \end{array}\right\} \ldots . 5.$$

In einer Minute legt ein Punkt des Radumfanges den Weg 60 v zurück, da das Rad U Umdrehungen in der gleichen Zeit macht, lässt sich dieser Weg auch durch $2\pi r u$ ausdrücken und es folgt aus

$$\left.\begin{array}{r} 60 v = 2\pi r u \\ u = \frac{30 v}{\pi \cdot r} = 9{,}55 \frac{v}{r} \end{array}\right\} \ldots . 6.$$

Da im folgenden sehr häufig die Ausdrücke „absolute Geschwindigkeit des Wassers, absoluter Wasserweg, relative Geschwindigkeit, relativer Wasserweg" vorkommen, so sei im voraus dazu nachstehendes bemerkt: Unter der absoluten Geschwindigkeit des Wassers versteht man diejenige in Bezug auf den ruhenden Raum, der absolute Wasserweg ist der Weg, welchen ein bewegtes Wasserteilchen in Bezug auf den ruhenden Raum beschreibt. Die relative Geschwindigkeit des Wassers ist die Geschwindigkeit, welche es einem selbst in Bewegung begriffenen Körper gegenüber hat, also z. B. der Weg, um den es sich in einer Sekunde einem bewegten Körper nähert oder um den es sich von ihm entfernt, es ist die Geschwindigkeit, welche ein Wasserteilchen in Bezug auf das in Umdrehung befindliche Wasserrad hat. Der relative Wasserweg ist der Weg, welchen das Wasser in Bezug auf einen bewegten Körper, also z. B. in Bezug auf das sich drehende Wasserrad beschreibt.

Fig. 28.

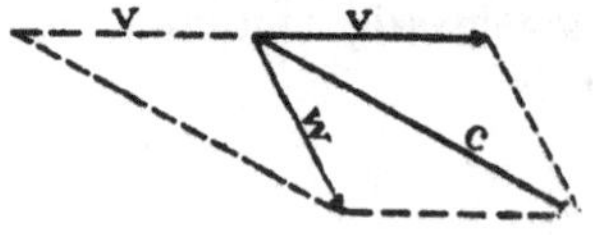

Ist c die absolute Geschwindigkeit des Wassers, v die absolute Geschwindigkeit (Umfangsgeschwindigkeit) des Rades in dem Punkte, wo sich das Wasserteilchen befindet, so ergibt sich die relative Geschwindigkeit w bekanntlich nach dem Gesetz vom Parallelogramm der Geschwindigkeiten allemal nach Grösse und Richtung als die Geschwindigkeit, welche man zu v hinzufügen muss, um c als Resultante zu erhalten (siehe Fig. 28).

Man pflegt das auch häufig etwas anders aufzufassen und sagt dann, man findet die relative Geschwindigkeit eines Punktes (Wasserteilchen) in Bezug auf ein bewegtes System (Wasserrad), indem man dem Punkte (Wasserteilchen) ausser der absoluten Geschwindigkeit c noch die Geschwindigkeit v des Systems (Wasserrad), aber in entgegengesetztem Sinne erteilt denkt und die resultierende Geschwindigkeit ermittelt (siehe Fig. 28).

Die Gewichtswirkung des Wassers auf die Schaufeln bedarf keiner besonderen Erläuterung, aber die Wirkung des Wassers vermöge seiner Geschwindigkeit, insbesondere die Stosswirkung, soll nachstehend noch etwas näher besprochen werden, nachdem der Begriff der relativen Geschwindigkeit oben erklärt wurde.

Fig. 29 stelle den Schnitt durch eine ebene Schaufel dar, gegen welche ein Wasserstrahl fliesst. Die Schaufel habe eine Eigengeschwindigkeit v, das Wasser die absolute Geschwindigkeit c_1, im übrigen gelten die aus der Figur ersichtlichen Bezeichnungen. Die relative Geschwindigkeit w_1, also die Geschwindigkeit, welche das Wasser der bewegten Schaufel gegenüber hat, ergibt sich durch das Parallelogramm der Geschwindigkeiten A C D E, in welchem $AD = c_1$, $AC = v$ und $AE = w_1$ ist. Die Geschwindigkeit w_1 wird beim Auftreffen auf die Schaufel zerlegt, in die beiden Komponenten $n = AG$ senkrecht zur Schaufel und $w_2 = AF$ in die Schaufelrichtung fallend. Die Komponente n wird durch den Stoss vernichtet, mit w_2 fliesst das Wasser längs der Schaufel hin und verlässt dieselbe bei B. Die absolute Geschwindigkeit c_2, mit welcher dies geschieht, ist die Resultante aus v und w_2, also die Diagonale B J im Parallelogramm B H J K.

Fig. 29.

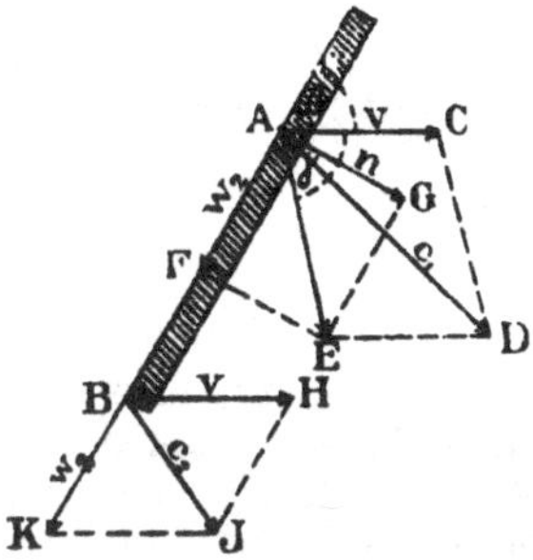

Das Arbeitsvermögen, welches jedes Kilogramm Wasser vor dem Auftreffen in A mitbringt, ist $\frac{c_1^2}{2g}$, das Arbeitsvermögen, welches durch die Vernichtung der Geschwindigkeitskomponente n in Verlust kommt, beträgt $\frac{n^2}{2g}$ und das Arbeitsvermögen, welches es noch von der Schaufel mit hinwegnimmt $\frac{c_2^2}{2g}$. Ist A die Arbeit, welche ein Kilogramm Wasser zur weiteren Verwertung an die Schaufel überträgt, so muss

$$A = \frac{c_1^2 - n^2 - c_2^2}{2g}$$

sein.

Aus Fig. 29 folgt

$$c_1^2 = v^2 + w_1^2 + 2vw_1 \cos\gamma,$$
$$w_1^2 = w_2^2 + n^2,$$
$$c_2^2 = v^2 + w_2^2 - 2vw \cos\beta.$$

Es muss also sein

$$c_1^2 - c_2^2 - n^2 = 2v(w_2 \cos\beta + w_1 \cos\gamma),$$

da nun

$$(w_2 \cos\beta + w_1 \cos\gamma) = n \sin\beta,$$

ist auch

$$c_1^2 - c_2^2 - n^2 - 2vn \sin\beta$$

oder

$$A = \frac{2vn \sin\beta}{2g}.$$

Bei gegebenen Werten von v und β wird A um so grösser sein, je grösser n ist. Der grösste Wert von n wird erzielt, wenn die Richtung von c_1 mit n zusammenfällt, wenn der Strahl senkrecht zur Schaufel gerichtet ist.

Der grösste überhaupt mögliche Wert von A entspricht dann der weiteren Bedingung

$$v \sin\beta = {}^1/_2\, c,$$

dann ist

$$A = {}^1/_2 \frac{c_1^2}{2g}.$$

Man sieht, dass auch im günstigsten Falle, bei der Wirkung eines Wasserstromes gegen ebene Schaufeln (Stosswirkung) höchstens die Hälfte des dem Wasser innewohnenden kinetischen Arbeitsvermögens nutzbar gemacht werden kann und deshalb beschränkt man die Stosswirkung so weit als möglich.

Wollte man den Stoss vermeiden, also $n = o$ machen, so müsste w_1 mit w_2 nach Grösse und Richtung zusammenfallen, dann würde bei einer ebenen Schaufel, weil w_2 sich nicht weiter ändert, $c_2 = c_1$ und mithin $A = o$ sein.

Anders verhält sich die Sache bei gekrümmten Schaufeln (siehe Tafel 2, Figur 10); beginnt dort das Wasser seine Bewegung an der Schaufel hin ohne Stoss mit der relativen Geschwindigkeit w_1, so ist dennoch die absolute Abflussgeschwindigkeit c_2 verschieden von c_1, weil sich der Winkel, welcher in Fig. 29 mit β bezeichnet ist, nach der Abflussstelle hin immer mehr gegen den Wert an der Zuflussstelle ändert. Man hat es nun in der Hand, die Schaufel so zu krümmen, dass c_2 erheblich kleiner wird als c_1 und dann ist, ohne dass ein Stoss nötig wäre,

$$A = \frac{c_1^2 - c_2^2}{2g}.$$

§ 10. Das oberschlächtige Wasserrad.

Beim oberschlächtigen Wasserrad, dessen Anwendungsgebiet Gefälle von 3 bis 10 m bei kleinen und mittleren Wassermengen bilden, tritt das Wasser im Scheitel des Rades oder doch nahe demselben in das Rad ein, die Arbeitsleistung wird fast ausschliesslich durch die Wirkung der Schwerkraft auf das in den Schaufelräumen befindliche, infolge der Raddrehung allmählich niedersinkende Wasser bedingt. Da diese Arbeit um so grösser ist, je länger der Weg ist, auf welchem die Schwerkraft wirkt, je länger das Wasser während seiner Bewegung mit dem Rade in relativer Ruhe zu demselben verbleibt, so muss also das Bestreben bei der Konstruktion eines oberschlächtigen Rades wesentlich darauf gerichtet sein, dass das Wasser möglichst nahe dem Oberwasserspiegel im Rade zur Ruhe kommt und es möglichst nahe am Unterwasserspiegel zu verlassen beginnt.

Es wird also besonders der Eintritt in das, und der Austritt aus dem Rade zu untersuchen sein, um die Grundlagen für die Berechnung auszuführender Räder herzuleiten; zuvor aber mag eine Zusammenstellung der zu verwendenden Bezeichnungen gegeben werden, auf die dann zum Teil auch bei Besprechung der anderen Wasserräder verwiesen werden soll.

a) Bezeichnungen.

Es bedeute:

H das ganze für das Wasserrad verfügbare Gefälle.

H_0 den senkrechten Abstand des Oberwasser- und Unterwasserspiegels am Rade, bezogen auf Stellen, wo das Wasser ruhig fliesst.

H_1 die Höhe, um welche die Stelle, wo das Wasser in das Rad tritt, unter dem Oberwasserspiegel liegt.

H_e die Höhe, um welche der Wasserspiegel eines Schaufelraumes unter dem Oberwasserspiegel liegt, wenn die Hälfte des von einem Schaufelraum aufzunehmenden Wassers zur Ruhe im Rad gelangt ist.

H_2 den senkrechten Abstand der tiefsten Stelle des Rades vom Unterwasserspiegel.

h den senkrechten Abstand des Schwerpunktes der Ausflussöffnung im Gerinne vom Oberwasserspiegel.

h_1 die Höhe, um welche der Radscheitel unter dem Schwerpunkt der Ausflussöffnung im Gerinne liegt, $h_1 = H_1 - h$.

h_a die Höhe über dem tiefsten Radpunkte, in welcher das Wasser aus dem Rade zu fliessen beginnt.

h_m die Höhe über dem tiefsten Radpunkte, in welcher die Hälfte des Wasserinhaltes eines Schaufelraumes ausgeflossen ist.

h_u die Höhe über dem tiefsten Radpunkte, in welcher der Ausfluss aus dem Rade vollendet ist.

h_z der den Höhen h_a, h_m und h_u entsprechende Mittelwert.
c_0 die Geschwindigkeit des Wassers im Obergraben.
c_3 die Geschwindigkeit des Wassers im Untergraben.
c die Geschwindigkeit, mit welcher das Wasser das Gerinne verlässt.
c_1 die absolute Geschwindigkeit, mit welcher das Wasser in das Rad eintritt.
c_e die absolute Geschwindigkeit, mit welcher das eintretende Wasser bei halbgefülltem Schaufelraum auf dem Wasserspiegel in diesem auftrifft.
c_2 die mittlere absolute Austrittsgeschwindigkeit des Wassers aus dem Rade.
v die Umfangsgeschwindigkeit des Wasserrades am äusseren Umfange.
v_e die Umfangsgeschwindigkeit des Wasserrades an der Stelle, wo der eintretende Strahl auf den der halben Wasserfüllung einer Zelle entsprechenden Wasserspiegel trifft.
w_1 die relative Geschwindigkeit, mit welcher das Wasser in das Rad eintritt (entsprechend c_1 und v).
w_e die relative Geschwindigkeit beim Auftreffen des Wassers auf den dem halben Wasserinhalt einer Zelle entsprechenden Wasserspiegel im Rade (entsprechend c_e und v_e).
w_2 die mittlere relative Geschwindigkeit, mit welcher das Wasser das Rad verlässt.
φ den Winkel, welchen die Tangente an die Mittellinie des aus dem Gerinne fliessenden Strahles mit der Horizontalen bildet.
δ den Winkel, welchen der nach der Eintrittsstelle des äusseren Radumfanges gezogene Radius mit der Vertikalen bildet.
α den Winkel, welchen die absolute Eintrittsgeschwindigkeit c_1 mit der horizontalen durch den Eintrittspunkt des Radumfanges bildet.
α_e den Winkel, welchen die Geschwindigkeit c_e mit dem horizontal gedachten Wasserspiegel des Schaufelraumes bildet.
β den Winkel, unter dem die Radschaufeln gegen den äusseren Radumfang geneigt sind.

y_0 den Gefälleverlust beim Ausfluss aus dem Gerinne.
y_1 den Gefälleverlust beim Eintritt in das Rad.
y_2 den Gefälleverlust beim Austritt aus dem Rad.
y_z den der Zapfenreibungsarbeit A_z entsprechende Gefälleverlust.
y_s den den sämtlichen untergeordneten Arbeitsverlusten entsprechenden Gefällebetrag.

Q die Wassermenge in einer Sekunde.
q den Wasserinhalt eines Schaufelraumes.
γ das Gewicht eines Kubikmeters Wasser.
k den Füllungskoeffizienten.

a die Kranztiefe.
b die Radbreite.
b_0 die Breite des Strahles.
s die senkrecht zur Breite und senkrecht zur Geschwindigkeit c gemessene Stärke des Strahles.
f den senkrecht zur Radachse genommenen Wasserquerschnitt einer Zelle, der Wassermenge q entsprechend.
r den Radius des äusseren Radumfanges:
z die Zahl der Radschaufeln.
e die Schaufelteilung.
i die Länge des Einlaufbogens.
U die Zahl der Radumdrehungen in einer Minute.
N_0 die absolute Leistung in Pferdestärken.
N die Nutzleistung in Pferdestärken.
η den Wirkungsgrad.
g die Beschleunigung der Schwere = 9,81 m.
$\pi = 3,1416$.

b) **Ausfluss aus dem Gerinne und Eintritt in das Rad.**

Das Wasser wird gewöhnlich durch ein Gerinne von rechteckigem Querschnitt an das Rad herangeführt; aus dem Gerinne lässt man es entweder aus einer senkrechten Oeffnung am Ende des Gerinnes ausfliessen und in freiem Strahle in das Rad eintreten, oder man lässt es auch durch eine Oeffnung im Boden des Gerinnes, an welche sich ein kurzes, entsprechend geneigtes und bis nahe an die Eintrittsstelle des Radumfanges reichendes Mundstück — Lutten — anschliesst, strömen.

Fig. 30.

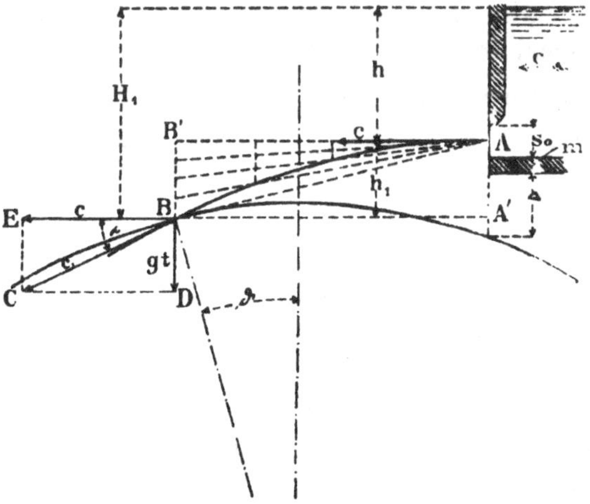

Der Ausfluss aus einer senkrechten Oeffnung, dem also die Bedingung $\varphi = o$ entspricht, werde zuerst behandelt, zur Veranschaulichung der Verhältnisse diene Fig. 30. A ist die Mitte der rechteckigen Ausflussöffnung, ein in A austretendes Wasserteilchen soll die Geschwindigkeit c haben. Da A um h unter dem Wasserspiegel im Gerinne liegt, muss, wenn c_0 und y_0 die in vorangegangenen angenommenen Bedeutungen haben, sein

$$\frac{c^2}{2g} = \frac{c_0^2}{2g} + h - y_0 \quad \ldots . \; 7,$$

denn das Wasserteilchen kommt am Ende des Gerinnes schon mit der Geschwindigkeit c_0 an.

In der Regel ist c_0 sehr klein und es geht entweder ganz oder doch zu einem erheblichen Teile verloren, so dass wir keinen grossen Fehler begehen, wenn wir es in den gewöhnlichen Fällen vernachlässigen, beziehentlich bei der Schätzung des Verlustes y_0 als mit berücksichtigt ansehen, also einfach schreiben

$$\frac{c^2}{2g} = h - y_0 \quad \ldots . \; 7a.$$

Für y_0 gilt die Gleichung:

$$y_0 = \zeta \frac{c^2}{2g} \quad \ldots . \; 8,$$

worin $\zeta = 0.12$ bis $0{,}20$, je nachdem, ob die Ausflussmündung in Rücksicht auf Kontraktion, Reibung u. s. w. mehr oder weniger vollkommen ist.

Aus Gleichung 7a und 8 folgt

$$h = (1 + \zeta) \frac{c^2}{2g} \quad \ldots . . \; 9.$$

Wenn in einer Sekunde Q cbm Wasser aus dem Gerinne fliessen sollen, muss der Wasserstrahl unmittelbar an der Ausflussöffnung einen Querschnitt $\frac{Q}{c}$ haben und also ist, wenn s die Strahlstärke, b_0 die Strahlbreite bedeutet

$$\left.\begin{aligned} b_0 s &= \frac{Q}{c} \\ s &= \frac{Q}{c b_0} \end{aligned}\right\} \quad \ldots . \; 10.$$

Das bei A austretende Wasserteilchen hat, wenn man vom Luftwiderstand absieht, nach t Sekunden in horizontaler Richtung den Weg c t zurückgelegt und würde in Fig. 30 nach B′ gekommen sein, wenn nicht gleichzeitig die Schwere einwirkte. Infolge der letzteren ist es in t Sekunden, den Fallgesetzen entsprechend, um die Höhe $\frac{1}{2} g t^2$ gesunken und nach dem Gesetz vom Parallelogramm der Bewegungen gelangt deshalb das Wasserteilchen nach einer Zeit t zum Punkte B, welcher gefunden wird, indem man die beiden gleichzeitig erfolgenden Bewegungen nacheinander vorgenommen denkt. B liegt um $\frac{1}{2} g t^2$ unter B′. Bestimmt man für eine grössere Anzahl Werte von t die zugehörigen Lagenpunkte des Wasserteilchens und legt durch diese Punkte eine stetige Kurve, so erhält man den absoluten Weg eines in der Strahlmitte fliessenden Wasserteilchens, also die Mittellinie des Strahles. Die Mittellinie des Wasserstrahles ist eine Parabel, deren Scheitel in A liegt, man braucht also nur einen Punkt ausser A durch Rechnung zu bestimmen und kann dann eines der bekannten Konstruktionsverfahren anwenden.

Wenn das Wasser an den Radumfang gelangt (Punkt B, Fig. 30), hat es in horizontaler Richtung, vom Luftwiderstand abgesehen, immer noch die Geschwindigkeit c, $BE = c$ in Fig. 30, aber in vertikaler Richtung ist seine Geschwindigkeit unter dem Einflusse der Schwere von o, im Punkt A, Fig. 30, bis auf $g t$, im Punkte B, Fig. 30, $BD = g t$ gestiegen, wenn t wie bisher die Zeit bedeutet, welche zu der Bewegung erforderlich ist. Die wirkliche Geschwindigkeit des Wassers beim Eintritt in das Rad, die absolute Eintrittsgeschwindigkeit c_1, setzt sich aus beiden zusammen nach dem Gesetz vom Parallelogramm der Geschwindigkeiten.

In Fig. 30 ist

$$c_1 = BC = \sqrt{BE^2 + BD^2},$$

oder

$$c_1 = \sqrt{c^2 + (g t)^2} \quad \ldots \quad 11.$$

Nach den schon festgestellten Bezeichnungen ist, in Bezug auf Fig. 30,

$$BB' = A'A = h_1,$$

ferner ist nach den Fallgesetzen

$$BD = g t = \sqrt{2 g AA'} = \sqrt{2 g h_1},$$

oder

$$(g t)^2 = 2 g h_1,$$

also nach Gleichung 11

$$c_1 = \sqrt{c^2 + 2 g h_1} \quad \ldots \quad 11a,$$

setzt man hierin den Wert für c aus Gleichung 7a ein und berücksichtigt, dass der Wert $h + h_1 = H_1$ gesetzt werden soll (siehe Bezeichnungen), so geht 11a über in

$$c_1 = \sqrt{2 g (H_1 - y_0)} \quad \ldots \quad 11b$$

und man erhält daraus

$$H_1 = \frac{c_1^2}{2 g} + y_0 \quad \ldots \quad 12.$$

Die Gleichungen 7, 7a, 8, 9, 10, 11a, 11b und 12 gelten natürlich nicht nur für $\varphi = o$, sondern ganz allgemein, welche Richtung c auch haben mag; für die unter 7 bis 10 ist das ohne weiteres einzusehen, aber auch für die unter 11a, 11b und 12 ist es rasch zu beweisen, denn jedes bei A austretende Kilogramm Wasser hat infolge seiner Geschwindigkeit das Arbeitsvermögen $\frac{c^2}{2g}$, infolge des Herabsinkens um die Höhe h_1 wächst das Arbeitsvermögen auf $\frac{c^2}{2g} + h_1$. Die Geschwindigkeit im Punkte B muss diesem Gesamtarbeitsvermögen entsprechen, mithin muss sein

$$\frac{c^2}{2g} + h_1 = \frac{c_1{}^2}{2g},$$

woraus das oben Gesagte folgt.

Der Winkel EBC in Fig. 30 wird nach unserer früheren Festsetzung bezeichnet mit α, und es ist

$$\left.\begin{aligned} \cos\alpha = \frac{BE}{BC} = \frac{c}{c_1} \text{ oder } c &= c_1 \cos\alpha \\ c_1 &= \frac{c}{\cos\alpha} \end{aligned}\right\} \quad \ldots\ldots 13.$$

$$\left.\begin{aligned} \sin\alpha = \frac{BD}{BC} = \frac{g\,t}{c_1} \text{ oder } g\,t &= c_1 \sin\alpha \\ t &= \frac{c_1 \sin\alpha}{g} \end{aligned}\right\} \quad \ldots\ldots 14.$$

Da nun t bekannt ist, kann die Lage des Punktes B bestimmt werden durch die Horizontalentfernung AB' und die Höhe $AA' = BB'$.

Es ist:

$$AB' = c\,t = c_1 \cos\alpha \frac{c_1 \sin\alpha}{g} = c_1{}^2 \sin\alpha \cos\alpha = c_1{}^2 \sin 2\alpha \quad \ldots 15,$$

$$AA' = h_1 = \frac{1}{2} g\,t^2 = \frac{1}{2} g \left(\frac{c_1 \sin\alpha}{g}\right)^2 = c_1{}^2 \sin^2\alpha \quad \ldots\ldots\ldots 16,$$

$$H_1 = h + h_1, \text{ auch } h_1 = H_1 - h \quad \ldots\ldots 16a.$$

Erfolgt der Ausfluss aus dem Gerinne durch einen Lutten wie Fig. 31 zeigt, so ist nur zu bedenken, dass das bei A austretende Wasserteilchen sich jetzt in horizontaler Richtung nicht wie vorher mit der Geschwindigkeit c bewegt, sondern nur mit $c \cos\varphi$, der horizontalen Komponente, und dass die Bewegung in vertikaler Richtung nicht wie vorher mit der Geschwindigkeit o beginnt und auf $g\,t$ anwächst nach t Sekunden, sondern mit $c \sin\varphi$ beginnt und auf $c \sin\varphi + g\,t$ anwächst.

Die mittlere Wasserbahn entspricht einer Parabel, deren Scheitel um $\frac{c^2 \sin^2\varphi}{2g}$ über A und in horizontalem Sinne um $\frac{c^2 \sin 2\varphi}{2g}$ von A entfernt liegt.

Im Punkte B, beim Eintritt in das Wasserrad, soll das Wasserteilchen die absolute Geschwindigkeit c_1, welche mit der

Fig. 31.

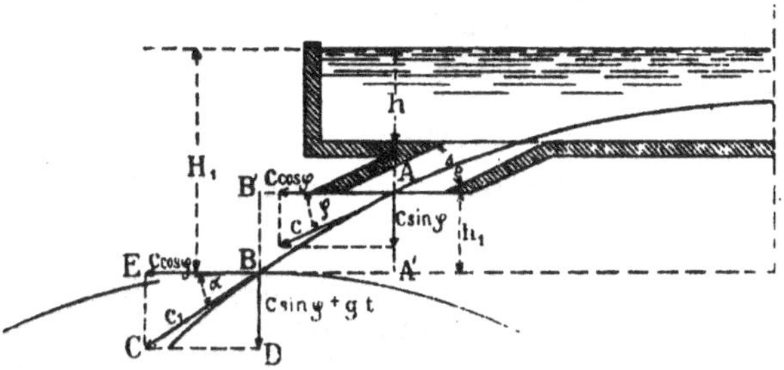

Horizontalen durch B den Winkel α bildet, haben, dann muss, wenn man wie immer vom Luftwiderstand absieht, ähnlich wie bei den Gleichungen 13 bis 16a sein:

$$\left.\begin{aligned} c \cos \varphi &= c_1 \cos \alpha \\ \text{oder} \quad c &= \frac{c_1 \cos \alpha}{\cos \varphi} \end{aligned}\right\} \ldots . \ 17,$$

und ferner

$$\left.\begin{aligned} c \sin \varphi + g\,t &= c_1 \sin \alpha \\ t &= \frac{c_1 \sin \alpha - c \sin \varphi}{g} \end{aligned}\right\} \ldots . \ 18,$$

also
$$A\,B' = c \cos \varphi\, t = c_1 \cos \alpha \frac{c_1 \sin \alpha - c \sin \varphi}{g},$$

oder wenn man für $c \sin \varphi$ den der Gleichung 17 entsprechenden Wert $\frac{c_1 \cos \alpha}{\cos \varphi} \sin \varphi$ einsetzt und die Gleichung umformt

$$A\,B' = c_1{}^2 \cos \alpha \frac{\sin \alpha \cos \varphi - \cos \alpha \sin \varphi}{\cos \varphi\, g},$$

$$\left.\begin{aligned} \text{oder} \quad A\,B' &= \frac{c_1{}^2}{g} \frac{\cos \alpha}{\cos \varphi} \cdot \sin(\alpha - \varphi) \\ \text{und auch} \quad A\,B' &= (c_1 \cos \alpha)^2 \frac{\operatorname{tg} \alpha - \operatorname{tg} \varphi}{g} \end{aligned}\right\} \ldots . \ 19,$$

schliesslich

$$\left.\begin{aligned} A\,A' = h_1 &= c \sin \varphi\, t + \frac{1}{2} g\, t^2 = \frac{c_1{}^2}{2\,g} \frac{\sin(\alpha + \varphi) \sin(\alpha - \varphi)}{\cos^2 \varphi} \\ &\text{oder auch} \\ A\,A' = h_1 &= \frac{c_1{}^2 \cos^2 \alpha}{2\,g} [\operatorname{tg}^2 \alpha - \operatorname{tg}^2 \varphi] \end{aligned}\right\} \ldots \ 20,$$

sowie selbstverständlich auch noch Gleichung 16a

$$A A' = h_1 = H_1 - h.$$

Wenn der Lutten, wie das in der Regel der Fall ist, ganz nahe an das Rad heran reicht, kann man das zwischen A und B liegende Stück der mittleren Wasserbahn annähernd als gerade Linie ansehen und folglich ohne Fehler von Belang setzen $\alpha = \varphi$.

Dann ist

$$A B' = h_1 \cdot \operatorname{cotg} \alpha \quad . \; . \; . \; . \quad 21.$$

Zur Bestimmung der sonst auf den Eintritt Bezug habenden Grössen dienen dann die Gleichungen 16a, 12, 11b, 11a, 10, 9, 8, 7a, 7.

Das im Punkte B (siehe Fig. 32) in das Rad tretende Wasser hat die absolute Geschwindigkeit c_1, welche unter dem Winkel α gegen die horizontale durch B geneigt ist. Schliesst der nach B gezogene Radius mit der Senkrechten durch den Mittelpunkt des Radumfanges den Winkel δ ein, so muss die dem Punkt B entsprechende Umfangsgeschwindigkeit v, als Tangente mit c_1 den Winkel $(\alpha - \delta)$ bilden. Die Geschwindigkeit, mit welcher sich das Wasser im Punkte B in Bezug auf das rotierende Wasserrad bewegt, die relative Geschwindigkeit des Wassers w (siehe Fig. 32) ergibt sich, nach dem Gesetz vom Parallelogramm der Geschwindigkeiten, am einfachsten durch Konstruktion des Parallelogrammes, von dem die Diagonale c_1, die eine Seite v, und der Winkel zwischen ihnen $(\alpha - \delta)$ gegeben ist (siehe Fig. 32).

Fig. 32.

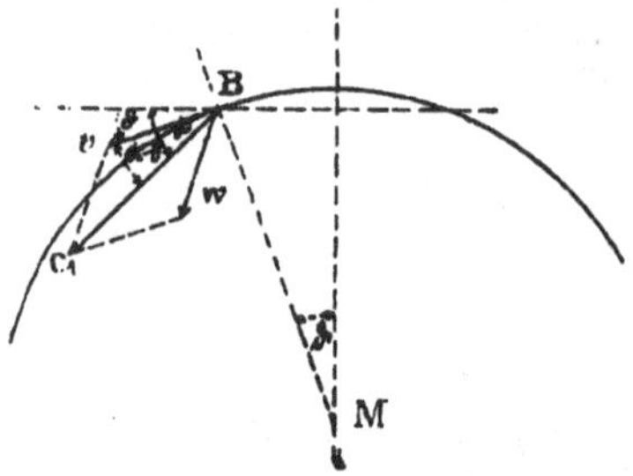

Wenn eine Radschaufel den eintretenden Wasserstrahl an irgend einer Stelle schneidet, so wird, wenn die Richtung der Schaufel nicht mit der Richtung der relativen Geschwindigkeit an der betreffenden Stelle übereinstimmt, ein Stoss des Wassers gegen die Schaufel erfolgen, dabei geht der Betrag an Arbeitsvermögen verloren, welcher der zur Schaufelrichtung senkrechten Komponente der relativen Geschwindigkeit entspricht. Nun wird zwar die relative Geschwindigkeit auf jeden Fall schliesslich beim Auftreffen auf den Radbogen oder den Wasserspiegel im Rad nutzlos vernichtet und der Stoss gegen die Schaufelflächen wäre dann ohne Belang, wenn er nur gegen die Vorderfläche der Schaufeln, also in der Umdrehungsrichtung erfolgte. Das ist aber nicht der Fall, denn ein Teil des einfliessenden Wassers trifft gegen den Schaufelrücken, und dann bewirkt der Stoss eine Abnahme des im Rade aufgespeicherten kinetischen Arbeitsvermögens. Dieser Verlust, dessen Ersatz natürlich die vom Rade abzugebende Arbeit mindert, könnte vermieden werden, wenn man die Schaufel nach der Kurve des relativen Wasserweges krümmte. Diese Form hat aber den Nachteil, dass das Wasser das Rad zu zeitig verlässt, wodurch ein Verlust entsteht, welcher den anderen leicht überwiegt, so dass man einen nicht ganz stossfreien Eintritt in den Kauf nimmt. Ueber die Verzeichnung des relativen Wasserweges und die genauere Bestimmung der Stossverluste u. s. w. findet man Ausführliches in dem Werke „Die Wasserräder" von Professor v. Bach, Stuttgart. Hier soll der ganze Gefälleverlust beim Eintritt unter der zulässigen Annahme bestimmt werden, dass er derjenigen relativen Geschwindigkeit w_e entspricht, mit welcher ein Wasserteilchen auf dem Wasserspiegel eines Schaufelraumes auftrifft, wenn gerade der halbe Wasserinhalt sich angesammelt hat und zur Ruhe gegen das Rad gekommen ist.

In dem Augenblicke, wo der Schnittpunkt B der Strahlmittellinie mit dem äusseren Radumfang (siehe Fig. 33) zusammenfällt mit dem Mittelpunkt einer Schaufelteilung, ist die halbe Wassermenge, welche auf jeden Schaufelraum kommt, in den betreffenden Schaufelraum eingetreten, ein Teil des Wassers hat sich schon unten im Raume angesammelt, das übrige enthält der im Rade zwischen Peripherie und Wasserspiegel befindliche Strahlteil. Wenn das in diesem Augenblicke bei B eintretende Wasserteilchen schliesslich auch auf dem als horizontal anzusehenden Wasserspiegel im Rade ankommt, ist die halbe Wasserfüllung des Schaufelraumes annähernd zur Ruhe gegen das Rad und zum Stoss gelangt.

Der Punkt, in welchem das Auftreffen auf den Wasserspiegel erfolgt, heisse S, kennt man den senkrechten Abstand desselben H_e vom Oberwasserspiegel, so kann man auch w_e berechnen. Zur Bestimmung der Grösse H_e wollen wir das nachstehende zwar nur annähernd genaue aber für unsere Zwecke genügende Verfahren benutzen, zu dessen Erläuterung Fig. 33 diene. Angenommen, die Lage des Punktes B zum Radscheitel, sowie die Grösse des Radhalbmessers r liessen es zulässig erscheinen, die Fortbewegung des in Betracht gezogenen Schaufelraumes als geradlinig horizontal anzusehen, so würde die gesuchte Höhe dadurch gefunden, dass man den Wasserspiegel einfach in die in der Mittellage zum Strahl befindliche Zelle horizontal so einträgt, dass der dadurch bestimmte Wasserquerschnitt der halben Zellenfüllung entspricht, also $\frac{f}{2}$ beträgt. Mit den schon früher festgestellten Bedeutungen von Q q f z kann man folgende Gleichungen aufstellen:

$$q = \frac{Q\,e}{v} \quad \ldots\ldots\ldots\ldots \quad 22.$$

$$f = \frac{q}{b} = \frac{Q\,e}{v\,b} \quad \ldots\ldots \quad 23.$$

Der so aus der Zeichnung bestimmte Abstand des Wasserspiegels n der Zelle vom Oberwasserspiegel werde mit H_e bezeichnet, der Punkt, wo das Wasserteilchen auftreffen würde,

Fig. 33.

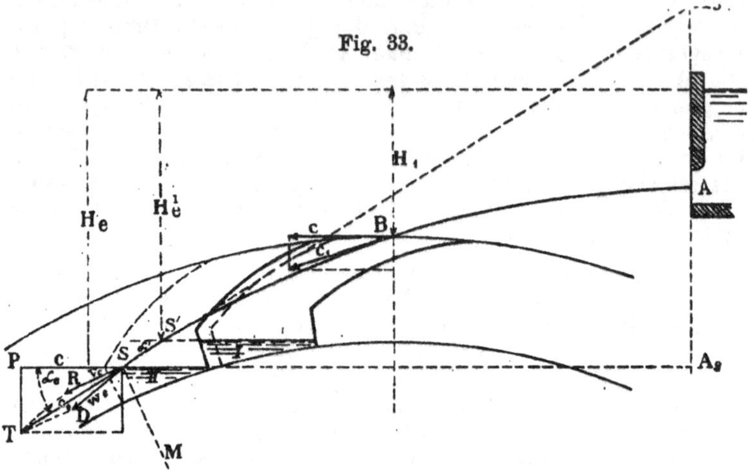

mit S', die absolute Geschwindigkeit des Wassers daselbst mit c_e', dann ist

$$c_e' = \sqrt{2\,g\,(H_e' - y_0)} \quad \ldots . \; 24$$

und der Winkel α' zwischen der Wasserspiegelhorizontale und c_e' bestimmt durch Gleichung 13 zu

$$\cos \alpha' = \frac{c}{c_e'} \quad \ldots . \; 25,$$

denn die Geschwindigkeit des Wassers in horizontaler Richtung bleibt sich, abgesehen vom Luftwiderstand, gleich.

Für $\varphi > o$ ergibt sich nach Gleichung 17

$$\cos \alpha' = \frac{c \cos \varphi}{c_e'} \quad \ldots . \; 26.$$

Die Geschwindigkeit in vertikaler Richtung betrug im Punkte B $c_1 \sin \alpha$, braucht das Wasser zur Bewegung von B nach S' die Zeit t_1, so ist bei der Ankunft in S_1' die Vertikalkomponente der absoluten Geschwindigkeit angewachsen auf $c_1 \sin \alpha + g\,t_1$ und es muss sein:

$$c_1 \sin \alpha + g\,t_1 = c_e' \sin \alpha' \text{ oder}$$

$$t_1 = \frac{c_e' \sin \alpha' - c_1 \sin \alpha}{g} \quad \ldots . \; 27.$$

Nun ist aber die Bewegung des Schaufelraumes keine geradlinig horizontale, sondern eine Drehbewegung mit der Geschwindigkeit v am äusseren Umfange; das Rad hat sich also daselbst in der Zeit t_1 um $v\,t_1$ gedreht, der betreffende Schaufelraum ist also aus der in Fig. 33 mit I bezeichneten Lage in die Lage II gekommen. Trägt man in den Schaufelraum Lage II den horizontalen Wasserspiegel so ein, dass der Wasserquerschnitt wieder $\frac{f}{2}$ entspricht, dann ist der Abstand desselben vom Oberwasserspiegel ein genauerer Wert von H_e. Man kann das Verfahren nochmals wiederholen und so immer genauere Werte von H_e bestimmen, aber bei der sonstigen Unsicherheit der Verlustberechnung ist es unnötig; der zweite Wert genügt.

Der Punkt S ist der Schnittpunkt der Mittellinie des Wasserstrahles mit der Wasserspiegelhorizontalen der Lage II des Schaufelraumes, er wird durch Konstruktion gefunden. Es ist ferner bestimmt c_e durch

$$c_e = \sqrt{2g(H_e - y_0)} \quad \ldots\ldots 28,$$

und α_e durch

$$\left.\begin{aligned} \cos\alpha_e &= \frac{c}{c_e} \quad \text{wenn } \varphi = o \\ \text{und} \qquad \cos\alpha_e &= \frac{c\cos\varphi}{c_e} \quad \text{wenn } \varphi > o \end{aligned}\right\} \ldots\ldots 29.$$

Bezeichnet man den aus der Zeichnung zu entnehmenden Radius des Punktes S mit r_e, so erhält man die Umfangsgeschwindigkeit im Punkte S zu

$$v_e = \frac{v\,r_e}{r} \quad \ldots\ldots 30.$$

Damit sind c_e, α_e und v_e bekannt und w_e leicht nach dem Parallelogrammgesetz durch Zeichnung zu ermitteln, oder, wenn man den Winkel SMB bestimmt, zu berechnen. Die zeichnerische Ermittelung erfolgt bequem in folgender Weise: nachdem S bestimmt ist, zieht man in diesem Punkte an die Parabel eine Tangente, deren genaue Lage dadurch bestimmt ist, dass sie die Parabelachse genau so hoch über dem Scheitel schneiden muss als S senkrecht unter dem Scheitel liegt. In Fig. 33 ist $S A_s'$ diese Tangente, A der Parabelscheitel und $A A_s = A A_s'$. Man macht nun in dem gewählten Massstabe die Horizontale $SP = c$ (beziehentlich $SP = c\cos\varphi$ wenn $\varphi > o$), zieht in P eine Senkrechte zu SP, welche die verlängerte Tangente $S A_s'$ in T schneidet, dann muss $ST = c_e$ sein. (Man kann natürlich auch c_e aus Gleichung 28 berechnen und von S aus direkt auftragen.) Weiter zieht man den Radius SM und macht senkrecht dazu $SR = v_e$, dann ergibt sich, wenn man DS gleich und parallel RT macht, $w_e = DS$.

Die Geschwindigkeit w_e wird durch den Stoss und die Wirbelungen des angesammelten Wassers vernichtet, der ihm entsprechende Gefällebetrag geht der Nutzleistung verloren

$$y_1 = \frac{w_e^2}{2g} \quad \ldots \quad 31.$$

Da der in das Rad tretende Strahl die im Schaufelraum befindliche Luft zum Teil verdrängen muss, ist dafür Sorge zu tragen, dass dieselbe auch entweichen kann, anderenfalls tritt eine Kompression derselben ein, bis schliesslich die Luft unter Verspritzen von Wasser den Strahl durchbricht. Die Luftabführung wird beim oberschlächtigen Rade am besten dadurch erreicht, dass man dem Rade eine genügend grössere Breite als dem eintretenden Wasserstrahl gibt. Nach Bach „Die Wasserräder" soll bei Rädern ohne Mittelkranz sein:

$$b_0 = b - 2 \cdot 0{,}2$$

bis

$$b_0 = b - 2 \cdot 0{,}1 \quad \ldots \quad 32.$$

Bei Rädern mit einem oder mehreren Mittelkränzen soll man so verfahren, als ob es sich um zwei oder mehr selbständige Wasserräder nebeneinander handelte. (Siehe Fig. 34 nach Bach).

Fig. 34.

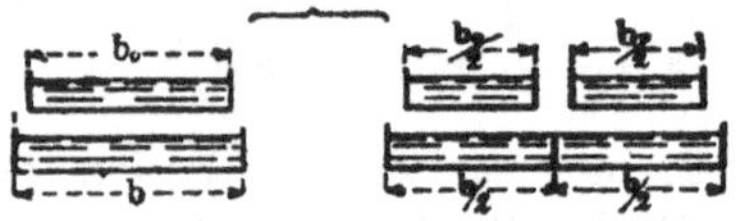

c) Einwirkung der Zentrifugalkraft auf das Wasser im Rade.

Bei den bisherigen Untersuchungen wurde der Wasserspiegel in den Radzellen als horizontal angesehen, das ist nun streng genommen nicht richtig, aber bei den dem Radscheitel nahen Zellen ohne merklichen Fehler zulässig. Für den Austritt des Wassers kommen jedoch Zellen in solchen Lagen in Betracht, dass man den Wasserspiegel in ihnen bei genaueren Berechnungen nicht einfach als horizontal ansehen darf, sondern den hier merklicheren Einfluss der Zentrifugalkraft berücksichtigen muss, infolge deren der Wasserspiegel keine horizontale Fläche bildet.

Fig. 35.

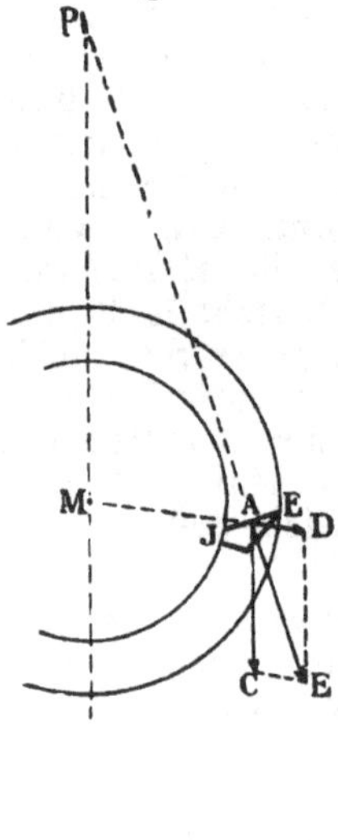

Auf das in einem Schaufelraume befindliche Wasser von der Masse m wirkt die Schwerkraft A C = m g (siehe Fig. 35) vertikal, die Zentrifugalkraft $A\,D = \frac{m\,v^2}{r}$ (v = Umfangsgeschwindigkeit von A) dagegen radial auswärts, beide Kräfte geben eine Resultante A E, gegen die sich der Wasserspiegel senkrecht einstellt. Verlängern wir die Resultante A E nach rückwärts bis zum Schnitt P mit einer Vertikalen durch M, so ist

$$\triangle MPA \backsim \triangle CAE, \text{ also muss}$$

$$\frac{MP}{MA} = \frac{AC}{AE} \quad \text{oder wegen } AC = mg \text{ und } CE = AD = \frac{mv^2}{r} \text{ und } MA = r,$$

$$\frac{MP}{r} = \frac{mg}{\frac{mv^2}{r}} \quad \text{oder}$$

$$MP = \frac{r^2 g}{v^2} \quad \ldots \; 33,$$

oder wenn man für $\frac{r}{v}$ den sich aus Gleichung 6, § 8, ergebenden Wert $\frac{r}{v} = \frac{9{,}55}{U}$ einsetzt und für g seinen Zahlenwert 9,81, so wird sehr annähernd

$$MP = \frac{895}{U^2} \quad \ldots \; 33\text{a},$$

worin U bekanntlich die Umdrehungszahl des Rades ist.

Die Wasserspiegel sämtlicher Schaufelräume sind also Cylinderflächen, deren gemeinschaftliche Achse parallel der Radachse ist und in einer Höhe $\frac{895}{U^2}$ über derselben liegt.

Bei den in Betracht kommenden Umdrehungszahlen fällt MP so gross aus, dass man ohne Fehler den Wasserspiegel als ebene Fläche senkrecht zu AP ansehen darf, in den dem Scheitel nahen Lagen fällt sie annähernd mit der Horizontalen zusammen, in den mehr in Höhe der Radachse liegenden Zellen ist sie geneigt zum Horizont.

d) Ausfluss aus dem Rade.

Der tiefste Punkt des Wasserrades soll um H_2 über dem Unterwasser liegen, damit bei geringen Schwankungen des Unterwasserstandes das Rad nicht gleich eintaucht, „watet", wie man sagt, denn da gewöhnlich die Abflussrichtung des Unterwassers beim oberschlächtigen Rade der Umdrehungsrichtung des letzteren entgegengesetzt ist, hat das Waten im Unterwasser erhebliche Arbeitsverluste zur Folge.

Würde das ganze in einem Schaufelraum befindliche Wasser in der tiefsten Lage auf einmal mit der absoluten Geschwindigkeit c_2 ausfliessen, so wäre, da c_2 beim Auftreffen auf den Wasserspiegel vernichtet wird, $\frac{c_2^2}{2g} + H_2$ das durch den Ausfluss aus dem Rade verloren gehende Gefälle. Das Wasser tritt aber nicht auf einmal und nicht erst im tiefsten Punkte des Rades aus, sondern der Ausfluss beginnt schon, sobald der Wasserspiegel einer Zelle die äussere Kante der Radschaufel erreicht, in der Höhe h_a über dem tiefsten Radpunkte und hört erst auf in der Höhe h_u, wenn die im äusseren Endpunkte der Schaufelkurve an diese gezogene Tangente mit der Wasserspiegellinie zusammenfällt, also beinahe horizontal liegt (siehe Fig. 36). Der Ausfluss erfolgt allmählich in der Zeit, in welcher der Schaufelraum aus der h_a entsprechenden in die h_u entsprechende Lage kommt. Eine genaue Berechnung des Gefälleverlustes beim Austritt des Wassers aus dem Rade würde verlangen, dass für eine grössere Anzahl nicht zu weit voneinander entfernter Schaufellagen (innerhalb h_a und h_u) der Verlust beim Uebergang aus einer Lage in die nächste bestimmt und dann der Gesamtverlust als Summe aller Einzelverluste festgestellt würde, wobei noch zu bedenken wäre, dass zur Erzeugung einer Ausflussgeschwindigkeit der Wasserspiegel im Schaufelraum, in der Weise wie bei einem Ueberfall, etwas über die Schaufelkante liegen muss. Dieses Verfahren gibt Bach in seinem Werke „Die Wasserräder" an, auf welches in dieser Hinsicht zu verweisen ist. Weniger genau, etwas zu gross, aber den praktischen Bedürfnissen für gewöhnliche Fälle genügend, erhält man den Gefälleverlust beim Ausfluss des Wassers aus dem Rade in folgender Weise. Man bestimmt ausser h_a und h_u noch die Höhe h_m über dem tiefsten Radpunkte, welche derjenigen Schaufellage entspricht, in der bei halber Zellenfüllung der Wasserspiegel mit der äusseren Schaufelkante abschneidet.

Fig. 36.

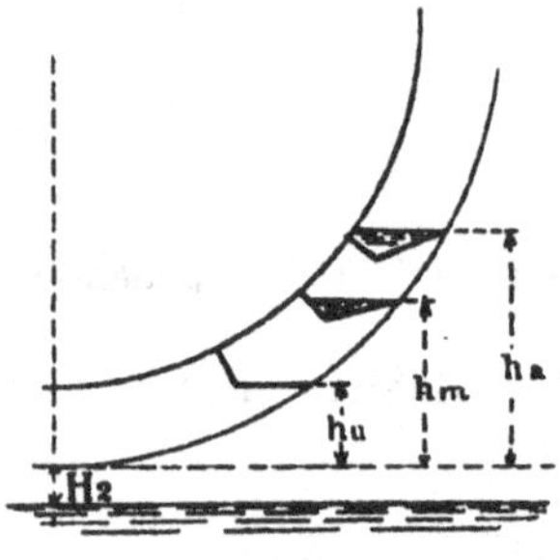

Da nun h_2 der Mittelwert von h_a, h_m und h_u sein soll, also die Höhe über dem tiefsten Radpunkt vorstellt, in welcher die ganze Zellenfüllung auf einmal ausfliessen müsste, um den gleichen Arbeitsverlust wie beim allmählichen Ausfluss zu ergeben, so muss, wenn man annimmt, dass der allmähliche Ausfluss gleichmässig mit der Abnahme von h_a auf h_m einesteils und von h_m auf h_u anderenteils erfolgt, sein

$$q\, h_2 = \frac{q}{2}\left(\frac{h_a + h_m}{2}\right) + \frac{q}{2}\left(\frac{h_m + h_u}{2}\right) \quad \text{oder}$$

$$h_2 = \frac{h_m}{2} + \frac{h_a + h_u}{4} \quad \ldots \quad 34.$$

Die Bestimmung der Höhen h_a, h_m und h_u erfolgt durch Zeichnung. Man zieht nach dem äusseren Endpunkte E eines Schaufelschnittes (siehe Fig. 37) eine Gerade J E, welche mit der Schaufellinie einen Wasserquerschnitt f (entsprechend q) begrenzt. Im Mittelpunkte A dieser Geraden J E errichtet man eine Senkrechte, auf welcher der Punkt P bestimmt wird, indem man aus M einen Kreis mit dem Radius $MP = \frac{895}{U^2}$ schlägt. Da gewöhnlich aber der Platz auf der Zeichnung hierzu nicht ausreicht, zieht man von einem genügend nahe an M auf A M gelegenen Punkte A_1 eine Parallele zur Senkrechten in A und findet den auf M P gelegenen Punkt P_1, indem man von M aus einen Kreis mit dem Radius $MP_1 = \frac{895}{U^2} \cdot \frac{A_1 M}{A M}$ schlägt. Nun kann man den durch MP_1 bestimmten Durchmesser ziehen, welcher den unteren Radumfang in P_2 schneidet, fällt man jetzt auf $P_1 P_2$ von E ein Lot, dessen Fusspunkt auf $P_1 P_2$, E_1 heisse, so ist $P_2 E_1 = h_a$. Genau so verfährt man zur Bestimmung von h_m, nur muss dabei die Wasserspiegellinie $\frac{f}{2}$ abgrenzen. Die Höhe h_u wird gefunden, indem man an den äusseren Endpunkt der Schaufelkurve eine Tangente an diese zieht und verfährt wie vorher, aber den Punkt A mit dem Endpunkt E der Schaufelkurve zusammenfallen lässt.

Fig. 37.

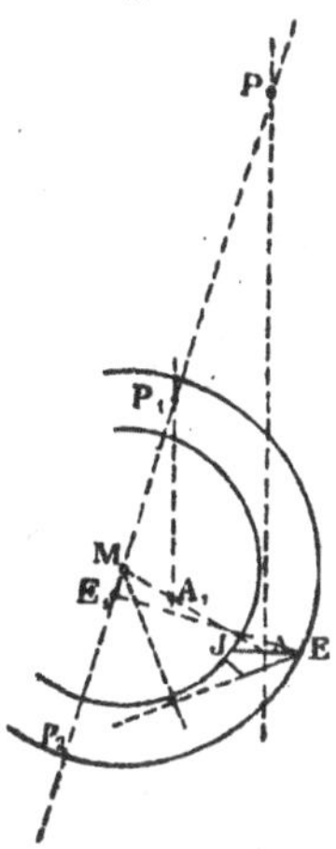

Die absolute Geschwindigkeit c_2, mit welcher das Wasser das Rad verlässt, ist die Resultante der relativen Ausflussgeschwindigkeit w_2 und der Umfangsgeschwindigkeit v, w_2 ist nicht bekannt, kann aber, da es im Vergleich zu v sehr klein ist, ruhig vernachlässigt werden, so dass wir setzen dürfen

$$c_2 = v.$$

Es beträgt also das durch die absolute Ausflussgeschwindigkeit verloren gehende Gefälle $\frac{v_2}{2g}$ und da der Ausfluss in der mittleren Höhe $H_2 + h_2$ über dem Unterwasser erfolgt, beträgt das Ganze beim Ausfluss des Wassers in Verlust kommende Gefälle

$$y_2 = \frac{v^2}{2g} + H_2 + h_2 \quad . \; . \; . \; . \; 35.$$

e) **Der Arbeitsverlust durch Zapfenreibung.**

Sind d_1 und d_2 in Metern die Durchmesser der beiden Endzapfen einer Wasserradwelle, L_1 und L_2 in Kilogramm die von den betreffenden Zapfen auf die Lager ausgeübten Zapfendrucke, so ist die Arbeit der Zapfenreibung

$$A_z = \frac{L_1 \mu \pi d_1 U}{60} + \frac{L_2 \mu \pi d_2 U}{60}$$

$$= \frac{\mu \pi U}{60} (L_1 d_1 + L_2 d_2) \quad . \quad . \quad . \quad . \quad 36.$$

Setzt man hierin nach Bach für stählerne und schmiedeeiserne Zapfen auf Bronze $\mu = \frac{1}{16}$ und für π seinen Zahlenwert ein, so ergibt sich sehr angenähert

$$A_z = 0{,}0033 (L_1 d_1 + L_2 d_2) U \quad . \quad . \quad . \quad . \quad 36a.$$

Ist y_z der Gefällebetrag, welcher zur Leistung von A_z in Betracht kommt, so muss

$$y_z Q = A_z \text{ sein}$$

oder
$$y_z = \frac{A_z}{Q} \quad . \quad . \quad . \quad . \quad 37.$$

Zur Bestimmung von L_1 und L_2, deren Grössen ja auch für d_1 und d_2 massgebend sind, muss man die auf die Wasserradwelle wirkenden Kräfte nach Grösse, Richtung und Lage kennen. Diese Kräfte sind: das Gewicht des Wasserrades und der Welle G, das Gewicht des Zahnrades auf der Welle oder des Zahnkranzes am Rad R, das Gewicht des Wassers im Rade W und der Zahndruck K.

W und K lassen sich aus den anzunehmenden oder berechneten Hauptabmessungen des Wasserrades leicht ermitteln, zur genauen Bestimmung von G und R muss der fertige Entwurf vorliegen. Will man, ohne diesen erst zu machen, einen Näherungswert von A_2 und y_2 berechnen, so muss man G und R nach bekannten Ausführungen und nach Erfahrung schätzen.

Einen guten Anhalt für sorgfältig bemessene eiserne Räder normaler und nicht übermässig schwerer Bauart geben nachstehende Formeln von Bach („Die Wasserräder")

$$G = 540\, a \sqrt{(2\, r\, b)^3} \text{ bis } 580\, a \sqrt{(2\, r\, b)^3} \quad . \quad . \quad . \quad . \quad 38,$$

wenn ein vom Rade getrenntes besonderes Zahnrad auf der Welle angeordnet ist und

$$G + R = 700\, a \sqrt{(2\, r\, b)^3} \text{ bis } 750\, a \sqrt{(2\, r\, b)^3} \quad . \quad . \quad . \quad . \quad 39,$$

wenn der Zahnkranz am Rade selbst befestigt ist.

f) Sonstige Arbeitsverluste.

Ausser den schon besprochenen Gefälleverlusten, welche sich wenigstens annähernd genau einzeln berechnen liessen, kommen noch einige Verluste mehr untergeordneter Art vor, deren rechnerische Einzelbestimmung unthunlich ist. Es wird beim Eintritt des Wassers in das Rad ein kleiner Teil desselben auch bei guter Konstruktion verspritzt; infolge Adhäsion des Wassers an den Radschaufeln fliesst nicht alles Wasser aus, wenn ein Schaufelraum in der tiefsten Lage ankommt, sondern es wird eine kleine Menge noch ein Stück wieder gehoben, ferner kommt der Luftwiderstand in Betracht u. s. w.

Alle diese Verluste mögen zusammen bewertet sein durch einen Gefällebetrag y_s, diesen kann man nach Grashof annehmen bei eisernen Rädern zu

$$\left.\begin{array}{ll} & y_s = 0{,}01\,H \text{ bis } 0{,}02\,H \\ \text{und bei hölzernen Rädern zu} & y_s = 0{,}02\,H \text{ bis } 0{,}04\,H \end{array}\right\} \quad \ldots\ldots \quad 40.$$

g) Wirkungsgrad.

Die Nutzleistung des oberschlächtigen Wasserrades ergibt sich nach dem Vorangegangenen zu

$$N = \frac{\gamma\,Q\,(H - y_0 - y_1 - y_2 - y_z - y_s)}{75}$$

und da die absolute Leistung $N_a = \frac{\gamma\,Q\,H}{75}$ ist, folgt der Wirkungsgrad

$$\eta = \frac{H - y_0 - y_1 - y_2 - y_z - y_s}{H} \quad \ldots\ldots \quad 41.$$

Die Bedingungen, unter denen er möglichst gross wird, ergeben sich aus der Betrachtung der für die Einzelverluste festgestellten Werte; bei der Bestimmung der Radabmessungen u. s. w. wird näher darauf eingegangen werden.

Zur vorläufigen angenäherten Schätzung des Wirkungsgrades oberschlächtiger Wasserräder kann man nachstehende Formel benutzen, welche unter Zugrundelegung gebräuchlicher Durchschnittsverhältnisse aus Gleichung 41 folgt. (Nach Grashof, theoret. Masch.-Lehre, Bd. III)

$$\eta = 0{,}8 + \frac{H}{80} - 0{,}018\,v^2 - \frac{0{,}094\,v^2 + 0{,}48}{H} \quad \ldots\ldots \quad 42.$$

Man sieht, dass der Wirkungsgrad um so kleiner ist, je kleiner das Gefälle ist und um so grösser (natürlich in gewissen Grenzen), je kleiner die Umfangsgeschwindigkeit des Rades gewählt werden kann. Für sehr kleine Gefälle ist das oberschlächtige Wasserrad ungeeignet. Die Veränderung der Aufschlagwassermenge bei einem gegebenen Rade hat innerhalb recht weiter Grenzen wenig Einfluss auf den Wirkungsgrad. Das kommt daher, dass bei Zunahme von Q über die normale Grösse zwar y_1 abnimmt, weil der Wasserspiegel in den Zellen höher zu liegen kommt, dagegen y_2 zunimmt, weil der Ausfluss aus dem Rade in grösserer Höhe über dem tiefsten Radpunkte beginnt; umgekehrt wächst, wenn Q unter die normale Grösse sinkt, y_1, weil dann das Auftreffen des Wassers im Rade tiefer erfolgt, aber y_2 nimmt gleichzeitig ab, weil bei geringerem Zelleninhalt der Ausfluss erst in einer tieferen Lage beginnt. A_z ist verhältnismässig um so bedeutender, je mehr Q vermindert wird.

Hiernach eignet sich das oberschlächtige Wasserrad recht wohl für veränderliche Aufschlagmengen.

§ 11. Verfahren bei der Berechnung eines oberschlächtigen Wasserrades, Wahl der Grundgrössen u. s. w.

Von Haus aus gegeben, oder durch örtliche Messung beziehentlich Berechnung bestimmt, sind Q, H_0, c_0 und c_3. Mitunter, wo Wasser im Ueberfluss zu Gebote steht, ist auch N gegeben, woraus aber Q nach § 9, Gleichung 3, bei Annahme eines passenden Wertes von η zu finden ist.

Der Gang der Berechnung der Wasserräder kann nun folgender sein, wobei zunächst die durch Fig. 30 veranschaulichte Art des Wasserausflusses aus dem Gerinne vorausgesetzt werde.

I. Bestimmung von H erfolgt nach Gleichung 1, § 9, welche lautet

$$H = H_0 + \frac{c_0^2 - c_3^2}{2g}.$$

II. Annahme von H_2. Das Rad soll, wenn möglich, auch bei etwas erhöhtem Stande des Unterwassers nicht in diesem waten, dementsprechend ist H_2 zu wählen, gewöhnlich

$$H_2 = 0{,}050 \text{ Meter bis } 0{,}1 \text{ Meter} \quad . \; . \; . \; . \; 43,$$

aber auch mehr oder weniger. Bei niedrigen Gefällen spielt ein grösseres H_2 natürlich eine dem Wirkungsgrade nachträglichere Rolle wie bei hohen Gefällen.

III. Annahme von v. Da der Austrittsverlust y_2 (siehe § 10, Gleichung 35) nicht unbeträchtlich von der Grösse der Umfangsgeschwindigkeit v abhängt, wird man danach streben, v möglichst klein zu machen, aber es ist auch zu bedenken, dass, je kleiner v ist, desto grösser (bei bestimmtem k und a) nach Gleichung 4, § 9, die Radbreite b sein muss. Je grösser b ist, desto schwerer wird das Rad u. s. w., desto bedeutender wird also auch der Preis. Auch die Grösse und das Gewicht der Zahnräder zur Fortpflanzung der Bewegung wachsen mit abnehmendem v und beeinflussen Preis und Wirkungsgrad der Anlage ungünstig.

Die besten Resultate werden, wie bewährte Ausführungen gezeigt haben, mit

$$v = 1{,}5 \text{ bis } 2{,}2 \text{ Meter} \quad . \; . \; . \; . \; 44$$

erzielt. Man wird, sofern nicht die Umdrehungszahl der zu betreibenden Maschinen anderes erfordert, die kleineren Werte von v bei kleineren Werten von H, die grösseren Werte von v bei grösseren Werten von H anwenden.

IV. Annahme von k. Je grösser k, desto kleiner wird nach Gleichung 4, § 9, bei gegebenem v der Wert a b und da a nur in engen Grenzen schwankt, desto kleiner im allgemeinen b, desto leichter und billiger also das Wasserrad. Je grösser k, desto mehr werden die Schaufelräume angefüllt und desto höher muss also der in Fig. 33 mit S bezeichnete Punkt liegen, um so kleiner werden H_e, w_e und y_1 sein, aber in desto grösserer Höhe über dem tiefsten Radpunkte wird der Ausfluss aus dem Rade beginnen. Der Verlust y_2 wächst mit k. Als brauchbarer Wert ist je nach Umständen zu nehmen

$$k = {}^1/_4 \text{ bis } {}^1/_2 \quad \ldots . \; 45.$$

V. Annahme von a. Ein grosses a bedingt bei bestimmtem v und k ein schmales, also billiges Rad; aber auch einen grösseren Wert von y_1 wie ein kleineres a u. s. w. Die gebräuchlichen Werte von a liegen zwischen a = 0,25 Meter und a = 0,4 Meter. Bach („Die Wasserräder") empfiehlt zur Bestimmung von a folgende Formel

$$a = {}^1/_6 \sqrt[3]{H} \text{ bis } {}^1/_4 \sqrt[3]{H} \quad \ldots . \; 46.$$

Die kleineren Werte wende man besonders bei kleinen Wassermengen und auch bei niederen Gefällen an, die grösseren Werte von a dagegen bei grösseren Wassermengen und bei hohen Gefällen.

VI. Berechnung von b und b_0. Nachdem Q, v, k und a bekannt sind, folgt b aus Gleichung 4, § 9, zu $b = \frac{Q}{k\,a.v}$ und hieraus nach § 10, Gleichung 32

$$b_0 = b - 2 \cdot 0{,}2 \text{ bis } b - 2 \cdot 0{,}1.$$

VII. Wahl von c. Da mit c natürlich auch c_e und folglich y_1 wächst, wird man es klein zu halten suchen, eine gewisse Grösse ist aber unerlässlich, damit das Wasser, wenn auch nicht stossfrei, so doch wenigstens ohne beträchtliche Gefälleverluste durch Stoss gegen den Schaufelrücken in das Rad fliesst; c muss grösser als v sein. Vielfach wird die Grösse von c indirekt bestimmt durch die Annahme $c_1 = 1{,}75\,v$ bis $2\,v$, wir wollen hier den Angaben Bachs entsprechend setzen

$$c = 2{,}5 \sqrt{v} \quad \ldots . \; 47.$$

VIII. Berechnung von y_0 nach Gleichung 8, § 10, welche lautet: $y_0 = \zeta \frac{c^2}{2\,g}$, worin $\zeta = 0{,}12$ bis $0{,}20$.

IX. Berechnung von h nach Gleichung 7 a, § 10, aus welcher folgt $h = \frac{c^2}{2\,g} + y_0$.

X. Bestimmung der Strahldicke s nach Gleichung 10, § 10, welche lautet: $s = \frac{Q}{c\, b_0}$.

XI. Wahl des Winkels δ. Je grösser δ, desto weiter liegt der in Fig. 30 mit B bezeichnete Punkt, wo das Wasser in das Rad tritt, vom Radscheitel ab. Die Betrachtungen, welche in § 10 bei Bestimmung des Eintrittsverlustes y_1 anzustellen waren, zeigen, dass H_e und damit y_1 um so bedeutender ausfallen müssen, je weiter B in der Umdrehungsrichtung des Rades vom Scheitel desselben entfernt ist. Es ist deshalb wohl das Richtigste, B in den Scheitel zu verlegen, also

$$\delta = o \; . \; . \; . \; . \; 48$$

zu machen. Bach hat darauf hingewiesen, dass durch eine Verlegung des Punktes B ein wenig rückwärts vom Scheitel in manchen Fällen noch beachtliche Verbesserungen des Wirkungsgrades, sogar gegenüber der Scheitellage zu erreichen sind. Die älteren Vorschriften empfehlen $\delta = 10^0$ zu wählen, hauptsächlich damit das Angehen des Rades in der gewünschten Richtung gesichert ist. Die Sicherheit des Angehens kann man aber leicht auch bei der Lage des Punktes B im Scheitel und rückwärts von demselben erreichen, durch Anbringung einer besonderen Anlassvorrichtung, welche das Wasser zunächst in einem geeignet tief gelegenen Punkte in das Rad führt.

XII. Wahl des Winkels α. Der Winkel, welchen die absolute Eintrittsgeschwindigkeit c_1 mit v im Punkte B (Fig. 32) bildet, heisse ψ und es ist $\psi = \alpha - \delta$.

Je kleiner ψ ist, desto kleiner wird bei gegebenem c_1 auch der Winkel RST, Fig. 33, desto kleiner mithin w_e und y_1; desto besser entspricht eine für die Verringerung des Austrittsverlustes günstige Schaufelform auch dem stossfreien Eintritt. Da nun $\delta = o$ oder wenigstens sehr klein sein soll, muss einem kleinen ψ ein kleines α entsprechen. Das kleine α bedingt, wie Gleichung 16, § 10, zeigt, ein kleines h_1, dieses darf aber nicht beliebig klein werden, damit noch ein genügender Spielraum $\triangle$ (siehe Fig. 30) zwischen dem Rad und dem Gerinne bezw. Einlaufblech bleibt. Vorbehältlich späterer Abänderung bei Bedarf wähle man

$$\alpha - \delta = 10^0 \text{ bis } 15^0 \; . \; . \; . \; . \; 49,$$

woraus α mit dem unter XI gewählten Werte von δ folgt. Ist $\delta = o$, so empfiehlt es sich $\alpha = 12$ bis 15^0 zu machen.

XIII. Bestimmung von c_1 und H_1, c_1 ergibt sich aus Gleichung 13, § 10, welche lautet: $c_1 = \frac{c}{\cos \alpha}$, dann folgt H_1 nach Gleichung 12, § 10, zu $H_1 = \frac{c_1^{\,2}}{2g} + y_0$.

XIV. Bestimmung der Lage des Punktes B (Fig. 30). Nach den Gleichungen 15 und 16, § 10, ist, in Bezug auf Fig. 30

$$A\,B' = \frac{c_1{}^2 \sin 2\,\alpha}{2\,g}$$

und $$A\,A' = h_1 = H_1 - h = \frac{c_1{}^2 \sin^2 \alpha}{2\,g}.$$

XV. Bestimmung des Radhalbmessers r. Da, wie auch ein Blick auf Fig. 30 zeigt,

$$H_1 + r \cos \delta + r + H_2 = H_0 \text{ ist,}$$

muss sein $$r = \frac{H_0 - H_1 - H_2}{(1 + \cos \delta)} \quad \ldots \; 50.$$

Nach dieser Gleichung kann man also r mit Hilfe der bisher ermittelten Grössen berechnen, für $\delta = o$ lautet sie

$$r = \frac{H_0 - H_1 - H_2}{2} \quad \ldots \; 51.$$

Zwischen dem Gerinneboden, bezw. dem als Fortsetzung desselben bis nahe an das Rad dienenden Einlaufblech, muss zur Sicherheit noch ein genügender Spielraum $\triangle$ (siehe Fig. 30) bleiben. Der nach Gleichung 50 oder 51 berechnete Wert von r ist darauf zu prüfen, ob dies der Fall ist. Der Gerinneboden oder das Einlaufblech habe die Stärke m, deren Wert durch Festigkeitsrücksichten bestimmt ist und je nach der Radbreite bei Anordnung eines Einlaufbleches zu

$$m = 0{,}004 \text{ bis } 0{,}01 \text{ Meter} \quad \ldots \; 52$$

angenommen werden kann.

Der Spielraum $\triangle$ darf um so kleiner sein, je genauer das Rad rund läuft und je genauer auf der ganzen Breite derselbe Durchmesser eingehalten ist, ausserdem ist zu berücksichtigen, ob Eisansatz in Betracht kommt oder nicht. Bei sehr genau gearbeiteten eisernen oberschlächtigen Wasserrädern mittlerer Grösse (3 m Radius und 2 m Breite), bei denen Eisansatz nicht zu befürchten ist (Radstube geheizt), kann man sich nach Bach begnügen mit

$$\triangle = 0{,}005 \text{ Meter} \quad \ldots \; 53,$$

in den gewöhnlich vorkommenden Fällen dürfte sich empfehlen

$$\left.\begin{array}{ll} \text{bei eisernen Rädern} & \triangle = 0{,}02 \text{ bis } 0{,}03 \text{ Meter} \\ \text{bei hölzernen Rädern} & \triangle = 0{,}03 \text{ bis } 0{,}05 \text{ Meter} \end{array}\right\} \quad \ldots \; 54$$

zu machen.

Nach Fig. 30 muss nun sein

$$h + \frac{s}{2} + m + \triangle + \sqrt{r^2 - (A'B)^2} = H_1 + r \cos \delta \quad \ldots \; 55,$$

ergibt sich bei Einsetzung der Zahlenwerte in obige Gleichung die rechte Seite kleiner wie die linke, so hat man entweder h (also auch c) zu verkleinern und erforderlichenfalls α dabei etwas zu vergrössern und die Rechnung mit den veränderten Werten zu wiederholen oder man behält h bei und ändert H_1, also c_1, woraus dann der entsprechende Wert von α folgt nach Gleichung 10, § 13, aus

$$\cos \alpha = \frac{c}{c_1}.$$

Ist die rechte Seite von Gleichung 55 nur wenig grösser wie die linke, so fällt $\triangle$ eben grösser als angenommen aus und man würde nur ändern (durch Verkleinerung von H_1), wenn der Unterschied sehr bedeutend wäre.

XVI. Bestimmung der Umdrehungszahl U. Die Zahl der Umdrehungen in einer Minute kann mit den bestimmten Werten von v und r nun nach Gleichung 6, § 9, ermittelt werden zu

$$U = 9{,}55 \frac{v}{r}.$$

Der erhaltene Zahlenwert wird in den seltensten Fällen ohne weiteres eine ganze Zahl sein, letzteres ist aber in Rücksicht auf die Transmission (einfache Uebersetzungsverhältnisse) sehr erwünscht und man rundet deshalb den berechneten Wert von U nach oben oder unten entsprechend ab. Hätte sich z. B. ergeben $9{,}55 \frac{v}{r} = 4{,}6$, so würde man setzen $U = 5$.

XVII. Endgültige Festsetzung von v. Dem unter XVI schliesslich festgesetzten Werte von U entspricht ein Wert von v, welcher etwas von dem ursprünglich (unter III) angenommenen abweicht, er ergibt sich aus $v = \frac{U \cdot r}{9{,}55}$.

Da die Annahme von v unter III und die Bestimmung von c unter VII mit einer gewissen Willkür erfolgt, hat man im allgemeinen nicht nötig, die bisherigen sonstigen Annahmen und Rechnungswerte zu ändern. In manchen Fällen wird man höchstens kontrollieren, wie sehr sich bei bestimmtem b der Füllungskoeffizient ändert, indem man k berechnet aus Gleichung 4, § 9, zu

$$k = \frac{Q}{a \cdot b\, v},$$

erscheint k zu gross, so ändert man b und die davon abhängigen Grössen.

XVIII. Bestimmung der Schaufelteilung, Schaufelzahl, Armzahl. Auf Grund der bisherigen Annahmen und Rechnungsergebnisse kann man jetzt in der Zeichnung eines Schnittes normal zur Radachse sowohl die Lage des Radmittelpunktes zum Gerinne etc., den äusseren Radumfang und die Punkte A und B (siehe Fig. 30 und 33) bestimmen. Man zeichnet nun die durch A und B gehende Parabel als Mittellinie des Strahlschnittes in genügender Erstreckung über B hinaus und kann weiter die obere und untere Begrenzungslinie des Strahlschnittes bestimmen, indem man in genügend vielen Punkten der Parabel A B senkrecht nach oben und unten $\frac{s}{2}$ abträgt, denn da in horizontaler Richtung die Strahlgeschwindigkeit überall die gleiche — nämlich c — ist, muss auch der vertikale Strahlquerschnitt überall der gleiche sein. Senkrecht zur Strahlmittellinie nimmt natürlich der Strahlquerschnitt von A nach B ab, weil die absolute Strahlgeschwindigkeit von A bis B wächst. Aus der Zeichnung kann nun die Grösse i (siehe Fig. 27) entnommen werden und danach nehme man (nach Bach) die Schaufelteilung e an zu

$$e = \frac{4}{3} i \text{ bis } \frac{3}{2} i \quad \ldots\ldots 56.$$

Grashof empfiehlt

$$e = 0{,}75\,a + 0{,}1 \quad \ldots\ldots 57.$$

Mit dem so nach Gleichung 56 oder 57 vorläufig bestimmten Werte von e erhält man aus Gleichung 5, § 9, die Schaufelzahl $z = \frac{2\pi r}{e}$.

z muss natürlich eine ganze Zahl und soll auch ein einfaches vielfaches der Armzahl sein, letztere bestimme man nach der Regel

$$\text{Armzahl} = 2r + 2 \quad \ldots\ldots 58.$$

Hat man hiernach den endgültigen Wert von z gewählt, so bestimmt man den endgültigen Wert von e aus $e = \frac{2\pi r}{z}$.

XIX. Bestimmung der Schaufelform. Die Schaufelform soll zwei Ansprüchen genügen, sie soll so beschaffen sein, dass gar kein Stoss des Wassers gegen den Schaufelrücken stattfindet oder doch wenigstens nur ein kleiner Teil des eintretenden Wassers davon betroffen wird, und sie soll ferner so beschaffen sein, dass der Ausfluss des Wassers über die äussere Schaufelkante erst in einer möglichst tiefen Lage derselben beginnt. Beide Forderungen lassen sich nicht zugleich vollkommen erfüllen, sondern man muss sich damit begnügen, einen Mittelweg zu gehen.

Eine brauchbare Schaufelform für eiserne (Blech-) Schaufeln erhält man in der durch Fig. 38 veranschaulichten Weise. Man zieht $J J_1$ radial, macht ferner

$$\left.\begin{array}{l} J_1 E = 1{,}3\ e \\ J\ F = 0{,}33\,a \end{array}\right\} \text{ bis } \left.\begin{array}{l} 1{,}25\,e \\ 0{,}4\ a \end{array}\right\}$$

legt durch E und F einen Kreisbogen vom Radius

$$r_s = 2 \cdot FE \text{ bis } 3FE$$

und rundet die bei F entstehende Ecke zweckentsprechend ab; a und e haben die bekannten Bedeutungen.

Fig. 38.

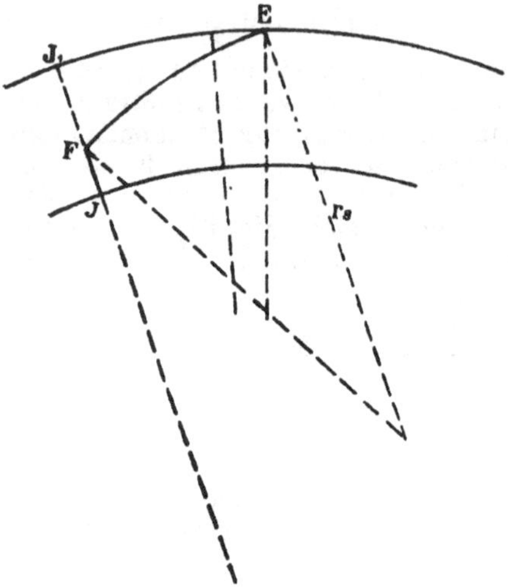

Fig. 39.

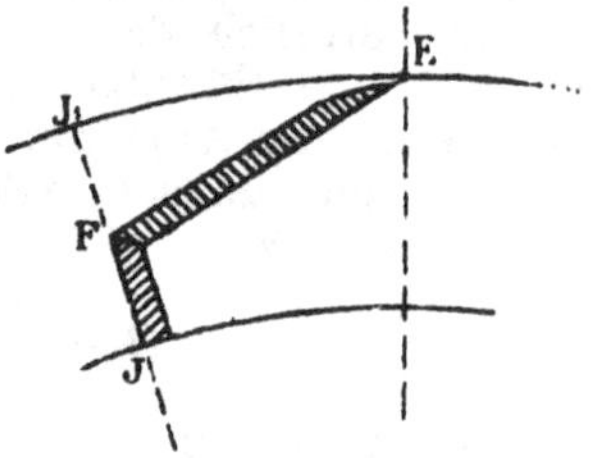

Hölzerne Schaufeln bilde man in der durch Fig. 39 dargestellten Weise. Es soll sein

$$J\,F = 0{,}4\ a \text{ bis } 0{,}5\,a$$
$$J_1\,E = 1{,}25\,e.$$

Man nennt das Stück JF die Riegelschaufel und FE die Stossschaufel.

XX. Bestimmung des Wirkungsgrades. Der Gefälleverlust y_0 ist unter VIII schon bestimmt worden, y_1 wird berechnet nach Gleichung 31, § 10, nach Bestimmung von w_e in der dort unter Bezug auf Fig. 33 besprochenen Weise, y_2 folgt aus Gleichung 35, § 10. Nachdem man h_2 durch Ermittelung von h_m, h_s und h_u (siehe Gleichung 34 und Fig. 37) bestimmt hat. Für v ist natürlich der unter XVII festgestellte Wert einzusetzen. Hinsichtlich der Bestimmung von y_z und y_s ist nur auf das darüber in § 10 Gesagte zu verweisen. Nach Berechnung aller Einzelverluste folgt η aus Gleichung 41, § 10, welche etwas anders geschrieben lautet

$$\eta = 1 - \frac{y_0 + y_1 + y_2 + y_z + y_s}{H}.$$

Liegt der durch Fig. 31 dargestellte Ausfluss aus dem Gerinne vor, so erleidet der Gang der Rechnung nur wenig leicht verständliche Abänderungen. Nachdem man wie vorher unter I bis VI verfahren ist, folgt zunächst die Wahl von δ und α, sowie die Annahme von φ (gewöhnlich nahezu $\varphi = \alpha$). Hieran schliesst sich wie vorher unter VII die Bestimmung von c, nur hat man zu setzen $c \cdot \cos\varphi = 2{,}5\sqrt{v}$, im übrigen ist wie vorher zu verfahren.

§ 12. Das rückenschlächtige Wasserrad.

(Räder mit Koulisseneinlauf.)

Das rückenschlächtige Wasserrad ist im wesentlichen dadurch gekennzeichnet, dass das Wasser dem Rade durch einen besonderen Einlaufapparat in bestimmter Richtung in einer Höhenlage zwischen Radachse und Radscheitel zugeführt wird und in der Regel im Untergraben vom Rade in einer mit der Raddrehung übereinstimmenden Richtung abfliesst. Das rückenschlächtige Wasserrad wird als freihängendes Rad, wie das oberschlächtige und als Kropfrad ausgeführt, es eignet sich für mittlere Gefälle (5 bis 8 m), für mittlere auch wechselnde Wassermengen. Als Kropfrad ausgeführt kann es von vorzüglichem Wirkungsgrade sein. Wegen der mit der Raddrehung übereinstimmenden Bewegungsrichtung des abfliessenden Wassers eignet es sich innerhalb gewisser Grenzen auch für wechselnden Unterwasserstand. Die Wasserwirkung ist die gleiche wie beim oberschlächtigen Wasserrade.

Wenn das rückenschlächtige Rad als freihängendes Rad gebaut wird, so gelten im wesentlichen die beim oberschlächtigen Rad gegebenen theoretischen Grundlagen. Nachstehend soll deshalb das Kropfrad ins Auge gefasst werden. Die im weiteren gebrauchten Bezeichnungen stimmen, abgesehen von wenigen weiter unten genannten Ausnahmen mit den in § 10 aufgeführten überein und sind dort nachzusehen.

Folgende wichtige Bezeichnungen sind abweichend bez. neu hinzu kommend:

Q_1 die Wassermenge, welche aus der obersten Koulisse fliesst.
Q_2 die Wassermenge, welche aus der mittleren Koulisse fliesst.
Q_3 die Wassermenge, welche aus der untersten Koulisse fliesst.
α der Winkel, welchen die Richtung der absoluten Einflussgeschwindigkeit c_1 mit dem Radumfang bildet.
y_r der Gefälleverlust durch den Wasserverlust im Kropfe.
y_u der Gefälleverlust infolge Wasserreibung am Kropf.
h_a die Eintauchtiefe des Rades.
h_2 die Höhe, um welche der Wasserspiegel im untersten Schaufelraum über dem Unterwasserspiegel liegt.
c_3' die Geschwindigkeit, mit welcher das Wasser seinen Abfluss im Untergraben unmittelbar am Rade beginnt.

Die Bedeutung sonstiger einzelner Bezeichnungen ist in folgendem stets mit erklärt.

a) Ausfluss aus den Koulissen.

Der Koulissenapparat besteht gewöhnlich aus 3 Koulissen übereinander, welche so dimensioniert sind, dass die beiden oberen für den Ausfluss der normalen Wassermenge genügen, die dritte noch hinzu geöffnet wird beim grössten Wasserverbrauch. Es sind nun zunächst die allgemeinen Bedingungen für die Konstruktion der Koulissen festzustellen, unter denen der Ausfluss des Wassers in gegebener Menge mit vorgeschriebener Geschwindigkeit und Richtung erfolgt.

Dabei soll zunächst die Betrachtung auf eine Koulisse (z. B. die obere) beschränkt sein, bei mehreren Koulissen ist ja die Sache im Prinzip die gleiche für jede. Soll das Wasser im Punkte B mit der absoluten Geschwindigkeit c_1 in das Rad treten, so muss der Punkt B um die Höhe

$$H_1 = \frac{c_1{}^2}{2g} + y_0 - \frac{c_0{}^2}{2g} \quad \ldots \quad 59$$

Fig. 40.

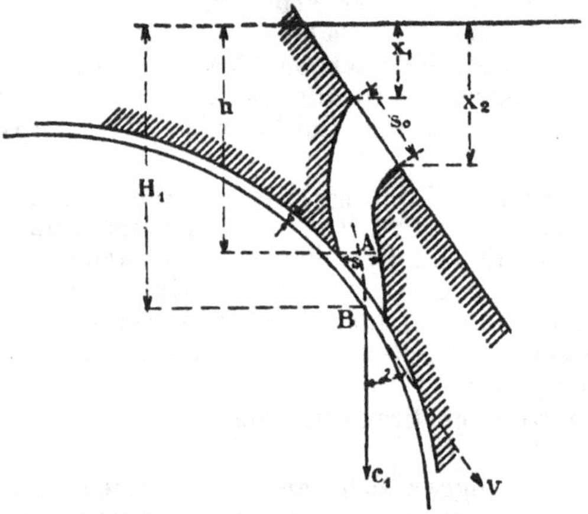

unter dem Oberwasserspiegel, wie er sich beim Gange des Rades einstellt, liegen. Hierin ist y_0 der Gefälleverlust auf dem Wege vom Oberwasserspiegel bis zum Punkte B, zu ermitteln aus

$$y_0 = \frac{\zeta\, c_1{}^2}{2g} \quad \ldots \quad 60$$

mit $\zeta = 0{,}12$ bis $0{,}15$ (nach Bach) bei so sorgfältiger Ausführung der Koulisse, dass dem Wasser keine gröberen Bewegungshindernisse geboten werden. Sofern c_0 ganz oder sehr wesentlich in Verlust kommt, infolge Kontraktion beim Eintritt in die Koulissen, ist y_0 entsprechend höher zu wählen.

Der Schwerpunkt A der normal zum Strahl zu nehmenden Ausflussmündung der Koulisse liegt, wie Fig. 40 zeigt, in einer

Höhe h unter dem Oberwasserspiegel, welcher kleiner ist als H_1, das Wasser fliesst bei A mit der Geschwindigkeit

$$c = \sqrt{2g(h - y_0)} \quad \ldots \quad 61.$$

Die durch den Querschnitt bei A fliessende Wassermenge folgt dann aus

$$Q_1 = \varphi b_0 s \sqrt{2g(h - y_0)} \quad \ldots \quad 62$$

oder die erforderliche Strahlstärke

$$s = \frac{Q_1}{\varphi b_0 \sqrt{2g(h - y_0)}} \quad \ldots \quad 63.$$

In diesen Gleichungen 62 und 63 ist φ der Kontraktionskoeffizient für den Ausfluss der Koulisse. Je sorgfältiger bei der Konstruktion der Koulisse auf Parallelismus der Wasserbahnen hingearbeitet wird, desto grösser wird φ gewählt werden dürfen; bei sehr guten Anordnungen darf $\varphi = 1$ gesetzt werden.

Es ist nun nicht genügend zu wissen, dass die Ausflussmündung der Koulisse nach Grösse und Höhenlage den Anforderungen des Wasserdurchganges entspricht, sondern es muss geprüft werden, ob das auch bei der Eintrittsöffnung der Koulisse der Fall ist. Ist s_0 die normale Weite der Einflussöffnung und sind x_1 und x_2 die Abstände der oberen und der unteren horizontalen Begrenzung vom Oberwasserspiegel, so muss, wenn die Konstruktion genügend sein soll,

$$Q_1 = \mu s_0 b_0 \frac{2}{3} \sqrt{2g} \frac{\sqrt{x_1^3} - \sqrt{x_2^3}}{x_1 - x_2} \quad \ldots \quad 64$$

sein, worin μ der Ausflusskoeffizient aus dem Gerinne in die Koulisse ist. Man kann nach Bach bei unbedeutender Kontraktion

$$\mu = 0{,}9 \quad \ldots \quad 65$$

setzen.

Sind wie gewöhnlich mehrere Koulissen angeordnet, so geht man von der Bestimmung und Aufzeichnung der obersten aus und schliesst die der anderen an, wobei selbstredend sich für c_1, H_1, h, s, s_0, x_1 und x_2 bei jeder Koulisse andere Werte ergeben.

Die Form der Einlaufkanäle soll, wie schon gesagt, einen möglichst kontraktionslosen Ausfluss gestatten und weiter die Bedingung erfüllen, dass jeder der aus den Koulissen tretenden Strahlen den Radumfang unter dem gleichen Winkel α schneide.

Zur bequemen und sicheren Gestaltung so beschaffener Koulissen dient nachstehendes, von Bach in seinem Werke „Die Wasserräder" angegebenes Verfahren.

In Fig. 41 ist, wie bisher, B der Punkt des äusseren Radumfanges (in einem Schnitt senkrecht zur Radachse), in welchem das Wasser mit der Geschwindigkeit c_1 in das Rad tritt. Da c_1 unter dem Winkel α gegen den Radumfang beziehentlich die im Punkte B an diesen gezogene Tangente geneigt sein soll, muss eine in B zu c_1 errichtete Senkrechte Tangente an einem Kreise vom Radius $r \sin \alpha$ sein, an welcher Stelle des äusseren Radumfanges B auch liege. Die Länge der Tangente zwischen B und dem Tangentialpunkt O_1 aber muss $B O_1 = r \cos \alpha$ sein. Man schlägt um B einen Kreis vom Radius $\frac{s_1}{2}$ und von O_1 aus zwei diesen Kreis tangierende Kreise, sowie einen Kreis durch B_1. Der eine dieser Kreise (mit dem kleinsten Radius) schneidet den Kropfkreis in C; man zieht $O_1 C$, die Verlängerung dieser Graden

Fig. 41.

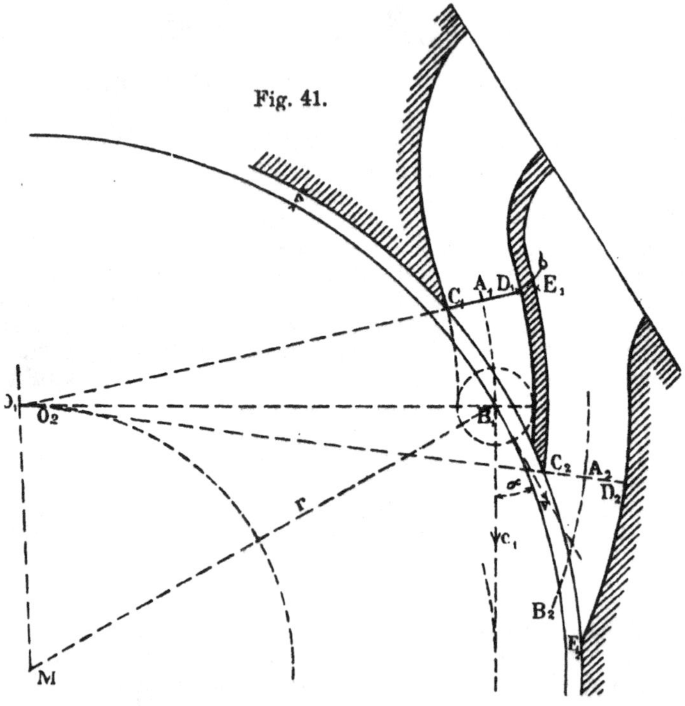

schneidet den Kreis durch B_1 in A_1 und den dritten Kreis in D_1. A_1 ist der Mittelpunkt der Ausflussmündung der oberen Koulisse, der Kreisbogen $D_1 F_1$ gibt die Form an, welche das Koulissenblech nach der Austrittsseite hin haben muss. Man macht nun weiter $D E = \sigma$, also gleich der Blechstärke (4 bis 8 mm), schlägt mit dem Radius $O_1 E_1$ einen Kreis um O_1, welcher den Kropfkreis in C_2 schneidet, dann zieht man durch C_2 eine Tangente $C_2 O_2$ an den schon erwähnten Kreis, macht auf dieser Tangente $C_2 D_2 = s_2$ und $C_2 A_2 = A_2 D_2$, schlägt durch A_2 und D_2 Kreise von O_2, von denen der durch A_2 den Radumfangkreis in B_2 und der durch D_2 den Kropfkreis in F_2 schneidet. A_2 ist der Mittelpunkt der Ausflussöffnung der zweiten Koulisse, B_2 der sonst allgemein mit B bezeichnete Punkt des Wassereintrittes in das Rad, $D_2 E_2$ die Begrenzungslinie des zweiten Koulissenbleches nach dem Austritt hin. Bei der dritten Koulisse hat man ebenso zu verfahren. Soll der Winkel α bei den verschiedenen Koulissen eine verschiedene Grösse haben, so ist natürlich für jede Koulisse der Radius des Tangentenkreises ein anderer. Nachdem man die Gestalt der Koulissen nach der Ausflussseite hin bestimmt hat, vervollständigt man sie nach der Seite des Wassereintrittes durch stetige Kurven und beachtet das vorher über die Kontrolle der Höhenlage und Grösse der Einmündungen Gesagte.

b) Eintritt des Wassers in das Rad.

Die Verhältnisse sind hier ganz ähnliche wie beim oberschlächtigen Rade, nur insofern tritt beim rückenschlächtigen Wasserrade mit Kropf eine Abweichung ein, als durch letzteren der beim oberschlächtigen Rade wesentlich in Betracht kommende verfrühte Austritt über dem Unterwasser verhindert wird und man deshalb beim Kropfrad den Eintritt nur in Rücksicht auf möglichst geringen Eintrittsverlust anzuordnen hat. Man wählt also den Winkel α und die Grösse von c_1 so, dass w_1 mit der Richtung des äussersten Schaufelelementes zusammenfällt (Winkel zwischen v und $w_1 = \beta$), also das Wasser seine relative Bewegung im Rade längs der Schaufel ohne Stoss beginnt. Ferner gibt man der Schaufel nicht, wie vielfach geschehen, eine eckige oder kübelartige Gestalt, sondern eine stetig gekrümmte Form nach Art der in Fig. 42, wodurch man besonders bewirkt, dass das Auftreffen des Wassers im Rade möglichst nahe am Oberwasserspiegel, also mit einer möglichst kleinen Geschwindigkeit erfolgt.

Fig. 42.

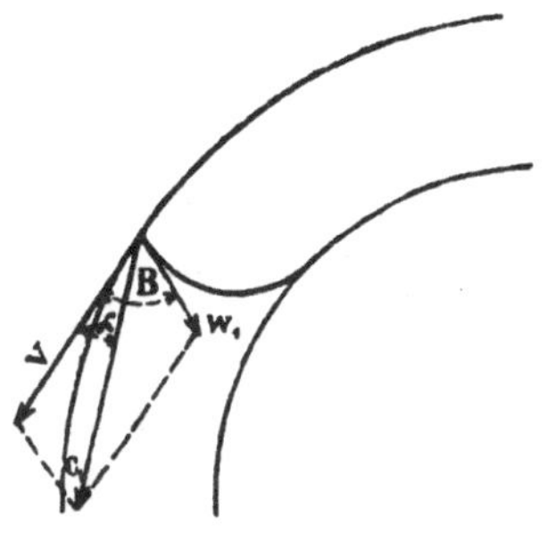

Zur Bestimmung des Gefälleverlustes beim Eintritt des Wassers in das Rad gelangen wir in folgender Weise. Wir denken uns die in Betracht kommende Wassermenge (aus einer, aus zwei oder drei Koulissen) in einem unendlich dünnen Strahl vereinigt und machen weiter die zulässige Annahme, dass der Mittelwert des Eintrittsverlustes dem Arbeitsverlust des Wasserteilchens entspricht, welches in dem Augenblicke auf dem Wasserspiegel im Rade auftrifft, in welchem die halbe Zellenfüllung im Rade zu relativer Ruhe gelangt ist. Das betreffende Teilchen tritt bei B in das Rad, wenn der Mittelpunkt J des Teilbogens des betreffenden Schaufelraumes mit B zusammenfällt (Fig. 43). Das Wasserteilchen beginnt seine Bewegung in das Rad bei B in vertikaler Richtung mit der Geschwindigkeit $c_1 \sin(\alpha + \vartheta)$, wenn unter ϑ der Winkel verstanden wird, welchen ein nach B gezogener Radius mit der Senkrechten durch die Radachse bildet.

In t Sekunden legt das Wasserteilchen unter dem beschleunigenden Einfluss der Schwere den vertikalen Weg $c_1 \sin(\alpha + \vartheta)\, t + \frac{g\, t^2}{2}$ zurück.

In Fig. 43 ist in dem Schaufelraumschnitt, dessen Teilbogenmitte J mit B zusammenfällt, die Wasserspiegelhorizontale so eingetragen, dass sie einen Wasserquerschnitt bestimmt, welcher der halben auf einen Schaufelraum kommenden Wassermenge entspricht, die Höhe, um welche dieser Wasserspiegel unter B liegt, sei bezeichnet mit h_e. Die Bewegung des Rades kann man in Rücksicht auf die Grösse des Radius auf der kurzen dem Wassereinlauf entsprechenden Strecke ohne schädlichen Fehler als geradlinig ansehen, dann lässt sich der Weg, welchen der Wasserspiegel in t Sekunden senkrecht abwärts zurücklegt, ausdrücken, durch $v \sin \vartheta\, t$. Das Wasserteilchen soll in der gleichen Zeit t von B nach S kommen, wo es den Wasserspiegel erreicht, also muss sein

Fig. 43.

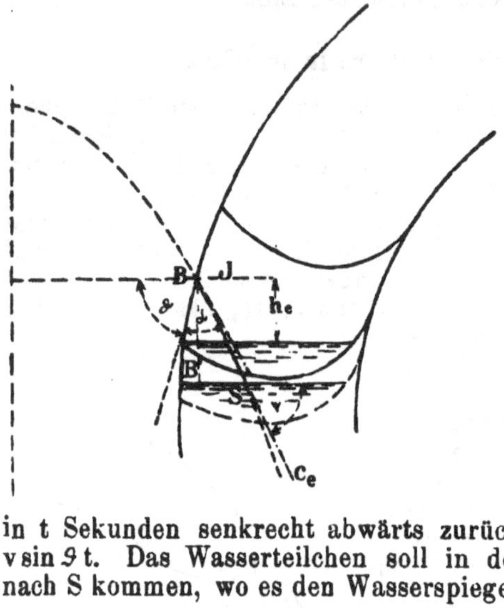

$$c_1 \sin(\alpha + \vartheta)\, t + g \frac{t^2}{2} = h_e + v \sin \vartheta\, t,$$

hieraus folgt

$$g\, t^2 + 2\, t\, [c_1 \sin(\alpha + \vartheta) - v \sin \vartheta] = 2\, h_e$$

oder wenn man die quadratische Gleichung auflöst

$$t = \frac{1}{g} \Big[\sqrt{2\, g\, h_e + [c_1 \sin(\alpha + \vartheta) - v \sin \vartheta]^2} - c_1 \sin(\alpha + \vartheta) + v \sin \vartheta \Big] \quad \ldots \quad 66.$$

Mit dem gefundenen t aber kann man H_e den Vertikalabstand des Punktes S vom Oberwasserspiegel bestimmen aus

$$H_e = H_1 + h_e + v \sin \vartheta\, t \quad \ldots \quad 67.$$

Der Horizontalabstand des Punktes S von B ergibt sich zu

$$B'S = c_1 \cos(\alpha + \vartheta)\, t \quad \ldots \quad 68.$$

Hat man S bestimmt, so folgt die absolute Geschwindigkeit c_e, mit welcher das Wasser in S ankommt, zu

$$c_e = \sqrt{2g(H_e - y_0)} \quad \ldots . \quad 69.$$

Die Neigung des Strahles im Punkte S gegen den Wasserspiegel ist dadurch bestimmt, dass die Horizontalkomponente von c_e natürlich wieder gleich $c_1 \cos(\alpha + \vartheta)$ sein muss, so dass, wenn ψ den Neigungswinkel von c_e gegen die Horizontale bezeichnet

$$\cos\psi = \frac{c_1 \cos(\alpha + \vartheta)}{c_e} \quad \ldots . \quad 70$$

sein muss.

Ist aber c_e nach Grösse und Lage bekannt, so findet man w_e durch Konstruktion des Geschwindigkeits-Parallelogrammes in bekannter Weise; im übrigen ist auf das beim oberschlächtigen Rade hinsichtlich der Ermittelung des Eintrittsverlustes Gesagte zu verweisen.

Mit w_e folgt schliesslich, da ja das Wasser relativ zum Rade in Ruhe kommen muss, also w_e vernichtet wird

$$y_1 = \frac{w_e^2}{2g} \quad \ldots . \quad 71.$$

Will man sich, ohne die etwas umfängliche Rechnung zu machen, mit einem Näherungswert begnügen, so kann man nach Grashof setzen

$$y_1 = \frac{w_1^2}{2g} + h_e \quad \ldots . \quad 71a.$$

Wenn nur eine Koulisse in Betracht kommt, ist es zweifellos, wie die Lage des Punktes B zu wählen ist, bei mehreren Koulissen seien $H_1' H_1'' H_1'''$ die Höhen der Eintrittspunkte der einzelnen Strahlen unter dem Oberwasserspiegel, dann ergibt sich, wenn $Q_1 Q_2 Q_3$ die Wassermengen der einzelnen Strahlen sind, die Lage von B aus

$$H_1 = \frac{H_1' Q_1 + H_1'' Q_2 + H_1''' Q_3}{Q_1 + Q_2 + Q_3} \quad \ldots . \quad 72.$$

Der stossfreie Eintritt am äussersten Schaufelende ist natürlich, wenn ein einheitlicher Winkel α vorgeschrieben ist, nur an einer Stelle möglich; damit möglichst Stösse gegen die Schaufelrücken vermieden werden, konstruiert man so, dass der stossfreie Eintritt der Strahlmittellinie der obersten Koulisse entspricht.

Damit beim rückenschlächtigen Rade die von dem einfliessenden Wasser verdrängte Luft aus den Schaufelräumen entweichen kann, muss man Sorge tragen, dass dies nach innen hin (durch Oeffnungen im Radboden) geschehen kann, denn insbesondere bei Kropfrädern mit Seitengetäfer ist ein seitliches Entweichen links und rechts vom einfliessenden Strahl des Einlaufapparates und Kropfes wegen nicht möglich, wenn man nicht übermässige Radbreiten anwenden will. Häufig wird gar kein eigentlicher Radboden angeordnet, sondern die inneren Teile der Schaufeln werden so gestaltet, dass sie einen genügenden Abschluss nach innen geben und ein Durchfliessen des Wassers verhindern, aber doch voneinander so viel abstehen, dass die Luft entweichen kann,

c) Arbeitsverluste des Wassers während des Verweilens im Rade.

Zwischen den Schaufeln und dem Kropfe muss in Rücksicht auf unvermeidliche Ungenauigkeiten der Ausführung und Veränderungen des Rades im Betriebe ein gewisser Spielraum $\triangle$ bleiben. Durch die deshalb zwischen Schaufeln und Kropf vorhandenen spaltförmigen Oeffnungen dringt Wasser aus einem Schaufelraum in den darunter befindlichen nächsten. Bezeichnet man mit m die Druckhöhe, unter welcher der Ausfluss erfolgt, mit n den Höhenunterschied der Wasserspiegel in den zwei auf-

Fig. 44.

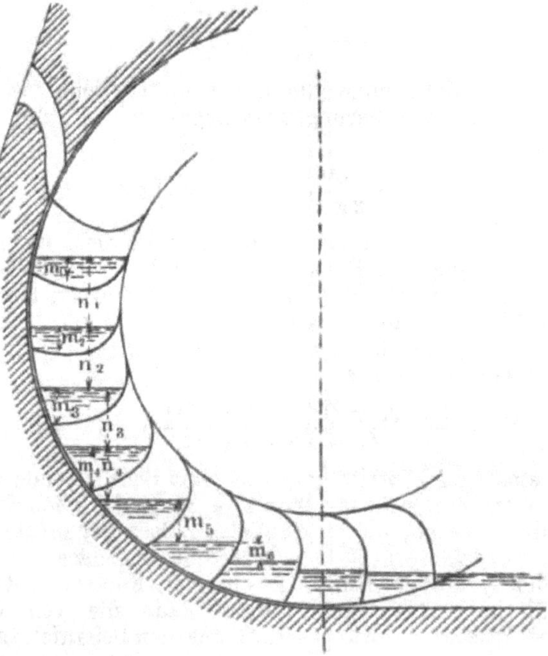

einander folgenden Schaufelräumen und die Grösse der Ausflussöffnung mit f_s, so ist $\mu f_s \sqrt{2gm}$ die Wassermenge, welche pro Sekunde aus einem Schaufelraum in den anderen fliesst, wenn μ

der entsprechende Ausflusskoeffizient ist und $\mu f_s \sqrt{2 g m n}$ die Arbeit, welche hierbei verloren geht.

Wir zeichnen wie Fig. 44 zeigt, in einem Schnitt senkrecht zur Radachse die Schaufeln so ein, dass der Mittelpunkt J des Teilbogens eines Schaufelraumes mit dem tiefsten Punkte des äusseren Radumfanges zusammenfällt. In die Schaufelräume werden die Wasserspiegel horizontal eingetragen und die hierdurch bestimmten Höhen derselben über den Schaufelspalten mit $m_1\, m_2\, m_3$ u. s. w., die Abstände der aufeinander folgenden Wasserspiegel mit $n_1\, n_2\, n_3$ u. s. w. bezeichnet. Von da an, wo der Wasserspiegel eines Schaufelraumes mit dem vorhergehenden Schaufelspalt in gleicher Höhe bezw. über demselben liegt, sind m und n identisch. Denken wir uns das Rad in Bewegung, so müssen die verschiedenen Werte von m und n sich bei den verschiedenen Schaufelräumen so lange ändern, bis jeder Schaufelraum in die Anfangslage des vorangegangenen gekommen ist, da aber die einzelnen Schaufeln so nahe bei einander liegen, dass die Schwankungen der Werte von n und m besonders in den wichtigen höheren Lagen nicht sehr gross sind, begehen wir keinen erheblichen Fehler, wenn wir so rechnen, als ob der Ausfluss aus den Schaufelräumen konstant unter den durch eine Zeichnung nach Fig. 44 gegebenen Druckhöhen u. s. w. erfolgte.

Wenn y_r den Gefälleverlust bezeichnet, welcher der ganzen pro Sekunde im Kropf in Verlust kommenden Arbeit entspricht, muss sein:

$$Q\, y_r = \mu\, f_s \left(n_1 \sqrt{2 g m_1} + n_2 \sqrt{2 g m_2} + \ldots . + m_5 \sqrt{2 g m_5} + \ldots .\right)$$

oder

$$y_r = \frac{\mu f_s}{Q} \left(n_1 \sqrt{2 g m_1} + n_2 \sqrt{2 g m_2} + \ldots + m_5 \sqrt{2 g m_5} + \ldots\right) \ldots 73.$$

Hierin ist bei Rädern mit Seitengetäfer

$$f_s = \triangle\, b \quad \ldots . \; 74$$

und μ nach Bach, je nach Gestalt der Schaufelenden

$$\mu = 0{,}8 \text{ bis } 0{,}95 \quad \ldots . \; 75.$$

In Fig. 45, 46 und 47 (nach Bach) sind die entsprechenden Grössen von μ eingeschrieben.

Fig. 45.

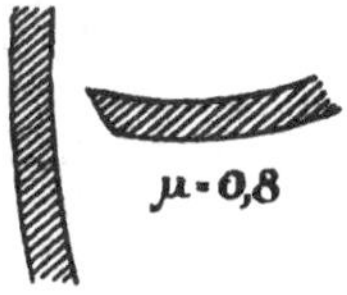

Fig. 46.

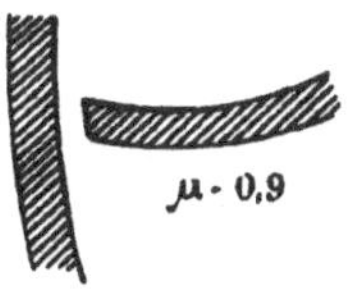

Fig. 47.

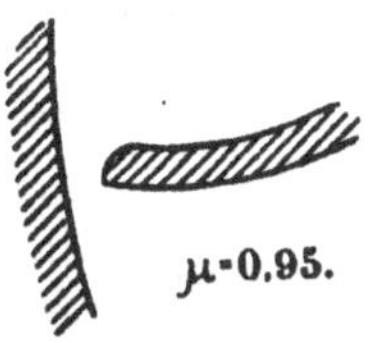

Bei Rädern ohne Seitengetäfer, also mit offenen Stirnflächen, sind bei jedem Schaufelraum die an den Stirnseiten vorhandenen

Schaufelspalten zu beachten und für den Ausfluss aus diesen die der Schaufelform und Lagen entsprechenden Gefälle in Betracht zu ziehen.

Ausser dem Verlust y_r durch den Ausfluss aus den Schaufelspalten entsteht bei der Drehung des Rades durch Bewegung des Wassers an den Kropfwandungen hin noch ein Verlust infolge der dabei auftretenden Reibung. Der diesem Verluste entsprechende Gefällebetrag sei bezeichnet mit y_u.

Zur Bestimmung von y_u diene folgende Gleichung:

$$y_u = \frac{\rho\, l\, b\, v^3}{Q \cdot 1000} \quad \ldots\ldots \quad 76.$$

Hierin setze man:

$$\left.\begin{array}{ll} \text{bei glatter Zementwandung oder Wand aus gehobelten Brettern} & \rho = 0{,}25 \\ \text{bei Wandung aus Quadermauerwerk} & \rho = 0{,}40 \end{array}\right\} \quad \ldots\ldots \quad 77.$$

d) Austritt des Wassers aus dem Rade.

Man findet in Bezug auf die Lage des Rades zum Unterwasser und den Austritt des Wassers aus dem Rade drei verschiedene Anordnungen.

Fig. 48.

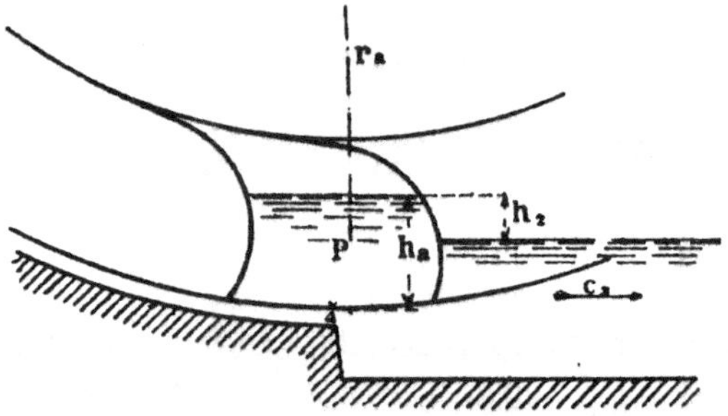

Fig. 49.

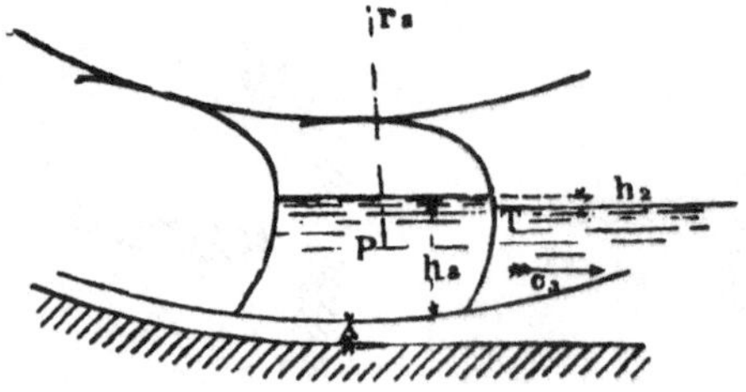

Das Rad kann frei über dem Unterwasser hängen, dann gilt das beim oberschlächtigen Rade über den Wasseraustritt Gesagte oder es kann mehr oder weniger in das Unterwasser tauchen, das ist der Fall bei Kropfrädern und dann kann das Abflussgerinne entweder mit einem Absatz an den Kropf anschliessen, wie Fig. 48 zeigt oder wie in Fig. 49 dargestellt, eine direkte

Fortsetzung des Kropfmantels bilden. In dem durch Fig. 48 dargestellten Falle beginnt das Wasser seine Fortbewegung im Abflussgerinne bereits am Rade mit der Geschwindigkeit c_3, welche meist wesentlich kleiner als die Umfangsgeschwindigkeit des Rades ist; um den durch dieses Verhältnis bedingten Druck der Schaufeln gegen das Unterwasser auf ein thunlichst kleines Mafs zu beschränken, ist der Gerinneabfall angebracht.

Bezeichnet man mit r_a den Abstand des Schwerpunktes P des Wasserquerschnittes eines in tiefster Lage befindlichen Schaufelraumes von der Radmitte, mit h_a die Eintauchtiefe, d. h. die Höhe des Unterwasserspiegels über dem tiefsten Radpunkte und mit h_2 die Höhe des Wasserspiegels im untersten Schaufelraum über dem Unterwasserspiegel, so entspricht das dem Wasser im untersten Schaufelraum, infolge seiner Lage und Geschwindigkeit, noch eigene Arbeitsvermögen einem Gefälle von

$$h_2 + \frac{v^2 \left(\frac{r_a}{r}\right)^2}{2g}.$$

Der Widerstand, welchen die Radschaufel bei ihrem Fortschreiten in dem weniger rasch bewegten Unterwasser überwinden muss, beträgt bei der eingetauchten Fläche $b\,h_a$ Quadratmeter $\gamma\, b\, h_a\, \delta \frac{(v - c_3)^2}{2g}$ Kilogramm und da sich die Schaufel mit der Geschwindigkeit v bewegt, beträgt die Arbeit zur Ueberwindung dieses Widerstandes pro Sekunde $\gamma\, b\, h_a\, \delta \frac{(v - c_3)^2 v}{2g}$ Meterkilogramm und entspricht, da sie von einer Wassermenge Q geleistet wird, einem Gefälle $\frac{\gamma\, b\, h_a\, \delta\, (v - c_3)^2 v}{\gamma Q \cdot 2g}$, worin $\gamma = 1000$ und δ ein Koeffizient ist, welcher $= 1{,}5$ zu setzen ist.

Der Verlust beim Austritt des Wassers aus dem Rade, welcher einem Gefälle y_2 entspricht, folgt, da nur das der Geschwindigkeit c_3 entsprechende Arbeitsvermögen für die Fortbewegung des Wassers nutzbar gemacht wird, aus

$$y_2 = h_2 + \frac{v^2 \left(\frac{r_a}{r}\right)^2}{2g} - \frac{c_3^2}{2g} + \frac{b\, h_a\, \delta\, (v - c_3)^2 v}{2gQ} \quad \ldots . \; 78.$$

Macht man hierin $h_a = o$, so verschwindet zwar das letzte Glied, aber desto grösser ist h_2, macht man dieses $= o$, so wächst das letzte Glied erheblich, der Verlust schwankt also zwischen nicht sehr weiten Grenzen.

Wählt man hingegen die Anordnung nach Fig. 49, so sind vorteilhaftere Bedingungen für die Kleinheit von y_2 möglich. Das Wasser beginnt hier seine Fortbewegung im Untergraben mit einer Geschwindigkeit, sie heisse c_3', welche grösser als c_3, die sonst im Untergrabenende herrschende, und nur wenig kleiner als v ist.

Wäre $c_3' = v$, so erführe, abgesehen von dem Umstande, dass v in verschiedenen Abständen von der Radachse verschieden ist, die Bewegung der Schaufel im Unterwasser gar keinen Widerstand und es müsste, sofern das Volumen der eingetauchten Radteile ausser acht zu lassen wäre, der Wasserspiegel im untersten Schaufelraum in gleicher Höhe mit dem Wasserspiegel im Abflusskanal stehen. Der Ausdruck $\frac{\gamma b h_a \delta (v - c_3)^2 v}{2 g Q}$ in Gleichung 78 würde verschwinden, weil an Stelle von c_3 nun $c_3' = v$ einzusetzen wäre, womit er in o übergeht. Da auch $h_2 = o$ würde, müsste $y_2 = v^2 \left(\frac{r_a}{r}\right)^2 - \frac{c_a^2}{2g}$ sein, also wesentlich kleiner als bei Anordnung eines Gerinneabfalles und die Anordnung mit direktem Uebergang des Kropfmantels in den Gerinneboden ist deshalb entschieden richtiger. Hierbei muss

$$(h_a + \triangle) c_3' = \frac{Q}{b} \quad \ldots . \; 79$$

sein, woraus sich die Eintauchtiefe

$$h_a = \frac{Q}{b c_3'} - \triangle \quad \ldots . \; 80$$

ergibt.

Den Wert von h_2 findet man dann aus der Zeichnung, indem man den Wasserspiegel in die tiefst stehende Zelle so einträgt, dass der Wasserquerschnitt der auf einen Schaufelraum kommenden Wassermenge entspricht. Die Geschwindigkeit c_3' wird man so zu wählen suchen, dass sie der Umfangsgeschwindigkeit des Rades im Punkt T, Fig. 49, annähernd gleicht.

Die Berechnung von y_2 ist im übrigen dann nach Gleichung 78 zu bewirken, nur ist eben im letzten Gliede statt c_3 nur c_3' zu setzen, also

$$y_2 = h_2 + \frac{\left[v \cdot \frac{r_a}{r}\right]^2}{2g} - \frac{c_3^2}{2g} + \frac{\gamma b h_a \delta (v - c_3')^2 v}{2 g Q} \quad \ldots . \; 81.$$

Fig. 50.

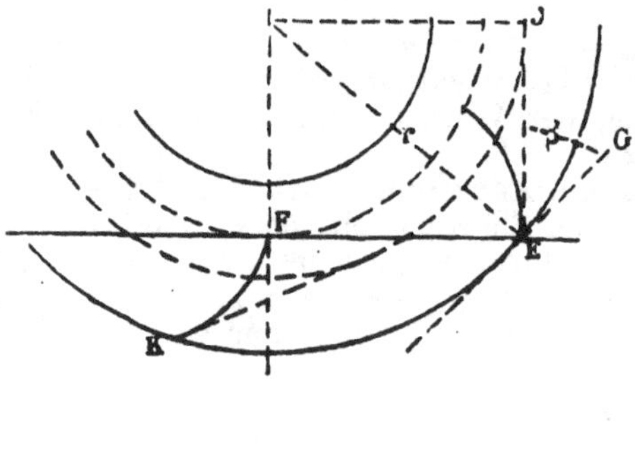

Damit nun ausser dem Verlust y_2, welcher an sich unvermeidlich ist, nicht noch ein weiterer dadurch entsteht, dass die Schaufeln beim Austritt aus dem Unterwasser dieses zu heben suchen, schöpfend wirken, müssen die Schaufeln so gestaltet sein, dass in jeder Schaufelstellung (soweit sie im Unterwasser liegt) das an der Eintauchstelle befindliche Schaufelelement senkrecht zum Wasserspiegel steht. Dieser Bedingung entspricht die Krümmung der Schaufel nach einer Evolvente, deren Grundkreis die Horizontale des Unterwasserspiegels tangiert; es genügt aber auch ein annähernd gleicher Kreisbogen. In Fig. 50 ist E F der Unterwasserspiegel, M F der Radius des Evolventengrundkreises, F K die Evolvente, E ist der Punkt, wo die Schaufel das Unterwasser völlig verlässt, die Tangente an das dort befindliche Schaufelelement muss senkrecht zu F E stehen; fällt man von M aus ein Lot M J auf diese Senkrechte zu F E, so gibt M J den Radius eines Kreises um M an, zu dem die Tangenten an alle äusseren Schaufelenden wiederum Tangenten sind. Der Winkel J E G, welchen die äussersten Schaufelelemente mit dem Radumfang bilden, ist β und da

$$\sphericalangle JEG = \sphericalangle MEF = \beta,$$

muss sein

$$\cos \beta = \frac{EF}{EM} = \frac{EF}{r} \quad \ldots \; 82.$$

Die Strecke E F kann man in jedem einzelnen Falle aus der Zeichnung entnehmen.

e) Arbeitsverlust durch Zapfenreibung.

Hierüber gilt natürlich das beim oberschlächtigen Rade Gesagte prinzipiell unverändert. Es ist die Arbeit der Zapfenreibung A_z zu ermitteln nach Gleichung 36a und das ihr entsprechende Gefälle y_z nach Gleichung 37: $y_z = \frac{A_z}{Q}$. Zur Bestimmung des Radgewichtes G gibt Bach nachstehende Formel für Räder mit Seitengetäfer und Tragkränzen aus Gitterwerk

$$G = 330\,a\sqrt{(2\,b\,r)^3} \text{ bis } 360\,a\sqrt{(2\,b\,r)^3} \quad \ldots \; 83,$$

kleine Räder fallen etwas schwerer aus.

f) Sonstige Arbeitsverluste.

Ausser den schon genannten wesentlichen Arbeitsverlusten kommen noch eine Anzahl weniger bedeutende Arbeitsverluste vor, zu denen besonders auch der Luftwiderstand gehört. Das Gefälle, welches diesen sämtlichen nebensächlichen Verlusten entspricht, soll wie beim oberschlächtigen Rade mit y_s bezeichnet werden und kann nach den dort unter Nr. 40 angegebenen Gleichungen geschätzt werden zu

$$y_s = 0{,}01\,H \text{ bis } 0{,}02\,H \text{ bei eisernen Rädern},$$
$$y_s = 0{,}02\,H \text{ bis } 0{,}04\,H \text{ bei hölzernen Rädern}.$$

g) Wirkungsgrad.

Die Nutzleistung N des rückenschlächtigen Wasserrades finden wir nach dem Vorhergehenden bei Kropfrädern zu

$$N = \frac{\gamma Q}{75}(H - y_0 - y_1 - y_r - y_u - y_2 - y_z - y_s) \quad \ldots\ldots 84.$$

Der Wirkungsgrad η ergibt sich aus

$$\eta = \frac{H - y_0 - y_1 - y_r - y_u - y_2 - y_z - y_s}{H} \quad \ldots\ldots\ldots 84\,b.$$

Der Wirkungsgrad rückenschlächtiger Räder kann bei sehr guten Konstruktionen $\eta = 0{,}75$ bis $0{,}80$ erreichen, Räder älterer Bauart werden freilich meist nicht mehr als $\eta = 0{,}6$ bis $0{,}65$ geben.

§ 13. Verfahren bei der Berechnung eines rückenschlächtigen Wasserrades mit Koulisseneinlauf.

Die Grössen Q, H_0, c_0, c_3 sind bekannt beziehentlich vor Beginn der eigentlichen Berechnung zu ermitteln, der Gang der Berechnung kann dann in folgender Weise durchgeführt werden.

I. Bestimmung von H nach Gleichung 1 in § 9, welche lautet:

$$H = H_0 + \frac{c_0^2 - c_3^2}{2g}.$$

II. Annahme von r. Die Wahl von r ist in gewissem Grade willkürlich, für die Herabminderung des Eintrittsverlustes y_1 ist ein grosser Wert von r günstig, andererseits bedingen grosse Radien auch schwere und teure Räder. Grashof empfiehlt für rückenschlächtige Räder r etwas kleiner als $^2/_3$ H zu machen, bei weniger hohen Gefällen freilich dürfte eher zu raten sein, r etwas grösser als $^2/_3$ H zu nehmen. Nach Bach soll allgemein bei Rädern mit Koulisseneinlauf

$$r = \frac{H + 3{,}5}{2} \quad \ldots\ldots 85$$

sein. Diese Formel gibt höhere Werte von r und bedingt eine in Bezug auf die Radachse niedrige Lage des Einlaufes, welche sich mehr derjenigen nähert, welche die mittelschlächtigen Räder charakterisiert.

III. Vorläufige Wahl von v. Im grossen und ganzen gilt auch hier das beim oberschlächtigen Rade über den Einfluss von v Gesagte. Hinsichtlich des Gefälleverlustes y_r ist ein grosses v insofern günstig, als dadurch die Radbreite und damit die Grösse f_s verkleinert wird. Man kann bei rückenschlächtigen Rädern recht wohl etwas grössere Werte von v als beim oberschlächtigen Wasserrade anwenden und

$$v = 1,6 \text{ bis } 2,2 \text{ m} \quad \ldots \quad 86$$

wählen, wobei die grösseren Werte am besten für höhere Gefälle, die kleineren für niedrigere Gefälle passen.

IV. Bestimmung der Umdrehungszahl U. Nach Gleichung 6 des § 9 ist $U = 9,55 \frac{v}{r}$, U soll möglichst eine ganze Zahl sein, man rundet deshalb den durch obige Gleichung gefundenen Wert entsprechend ab und schliesst hieran

V. die endgültige Bestimmung von v, welches aus

$$v = \frac{U \cdot r}{9,55} \text{ folgt.}$$

VI. Bestimmung der Radtiefe a. Je kleiner man v wählte, desto grösser möchte a sein, auch hängt a davon ab, ob das Rad mitunter in hohem Stauwasser arbeiten muss oder nicht. Ist das der Fall, so muss a grösser als sonst sein, damit bei hohem Wasserstande die gewöhnlich sogar gesteigerte Aufschlagwassermenge in den untersten Schaufelräumen auch noch Platz hat und nicht in das Radinnere gedrängt wird.

Bach gibt zur Annahme von a eine Formel an, welche mit den hier gebrauchten Bezeichnungen

$$a = 0,5 \sqrt[3]{\frac{r}{H}} \text{ bis } 0,63 \sqrt[3]{\frac{r}{H}} \quad \ldots \quad 87$$

lauten würde.

Bei der durch Fig. 49 dargestellten Anordnung des Wasserabflusses wird in normalen Fällen, wenn nicht bedeutende Schwankungen des Unterwasserstandes zu befürchten sind

$$a = 2 h_a \text{ bis } 3 h_a \quad \ldots \quad 88$$

sein können; nach Bestimmung von h_a prüfe man den angenommenen Wert von a in dieser Hinsicht.

VII. Wahl von k. Je grösser k, desto schmäler und billiger wird das Rad, desto kleiner wird auch der Verlust y_1. In Bezug auf den Gefälleverlust y_r besteht der Einfluss von k darin, dass bei wachsendem k die Radbreite b abnimmt mit ihr die Schaufelspaltfläche f_0, dagegen nehmen die in Fig. 44 mit m bezeichneten Druckhöhen zu. Die Zunahme der Ausflussmenge durch die Schaufelspalten erfolgt aber nur proportional $\sqrt{m}$ und deshalb sinkt bei wachsendem k (abnehmendem b) y_r etwas. Zu hoch darf man mit k natürlich nicht gehen, wenn der Uebertritt des Wassers in das Radinnere sicher vermieden werden soll.

Wenn das Rad sehr wechselnde Wassermengen verarbeiten soll, wird man für die normale mittlere Wassermenge

$$k = 0,35 \quad \ldots \quad 89$$

setzen können, aber nachträglich noch prüfen, ob bei der grössten Wassermenge noch

$$k = 0,60 \text{ ist} \quad \ldots \quad 90.$$

Wenn es sich um weniger schwankende Wassermengen handelt, kann man

$$k = 0{,}40 \text{ bis } 0{,}50 \quad \ldots \quad 91$$

nehmen.

Bei grossen Werten von k darf man nicht vergessen, dass von dem Schaufelkranzraum ein gewisser Teil durch die Konstruktionsteile eingenommen wird, dass also, auch wenn es sonst zulässig wäre, nicht $k = 1$ werden kann.

VIII. **Bestimmung von b und b_0.** Nach Gleichung 4 in § 9 ist $b = \frac{Q}{k\,a\,v}$. Die Strahlbreite b_0 nehme man etwas schmäler als b, etwa

$$b_0 = b - 0{,}10 \text{ Meter bis } b - 0{,}15 \text{ Meter} \quad \ldots \quad 92.$$

IX. **Bestimmung der Schaufelteilung, Schaufelzahl und Armzahl.** Je mehr Schaufeln das Wasserrad hat, desto weniger Wasser kommt auf einen Schaufelraum, desto kleiner werden in gewissem Grade die in Fig. 44 mit m und n bezeichneten Höhen, desto kleiner wird also auch der Gefälleverlust y_r, desto grösser freilich auch das Radgewicht und mit ihm der Reibungsverlust und die Kosten.

Die Schaufelteilung wird in der Regel

$$e = 0{,}35 \text{ bis } 0{,}50 \text{ Meter betragen} \quad \ldots \quad 93.$$

Die kleinen Werte von e passen für kleinere Gefälle und eiserne Schaufeln, die grösseren für hohe Gefälle und Schaufeln von Holz, jedoch ohne dass man sich gerade an eine bestimmte Regel zu binden braucht.

Mit einem vorläufig angenommenen Werte von e folgt die Schaufelzahl z aus

$$z = \frac{2\pi r}{e}.$$

Dieser Wert soll eine ganze Zahl und ein Vielfaches der Armzahl sein, welche man nach der in § 11 gegebenen Formel 58 bestimme.

Hat man den Wert von z entsprechend abgerundet, so folgt der endgültige Wert von e aus

$$e = \frac{2\pi r}{z}.$$

Findet man bei der späteren Bestimmung von y_r, dass e zu gross, also z zu klein ist, so ändert man die Werte nachträglich ab.

X. **Bestimmung von c_3'.** Nach dem im vorigen Paragraphen Gesagten soll c_3' wenig verschieden von v sein und etwa der Radgeschwindigkeit gleichen, welche an dem in Fig. 49 mit T bezeichneten Punkte vorhanden ist. Da man h_a noch nicht kennt, also T in der Zeichnung noch nicht genau bestimmen kann, es überhaupt ja nicht auf einen ganz streng bestimmten Wert ankommt, kann man c_3' mit genügender Annährung ermitteln aus

$$c_3' = \frac{v(r - a k)}{r} \quad . \; . \; . \; . \; 94.$$

Der Teil des Abflussgerinnes unmittelbar am Rad ist c_3' entsprechend zu entwerfen und muss allmählich in den Teil übergehen, wo das Wasser mit der Geschwindigkeit c_3 fliesst.

XI. Wahl von $\triangle$. Je sorgfältiger das Rad ausgeführt ist, desto kleiner darf $\triangle$, der Spielraum zwischen Kropf und Gerinne sein. Bei sehr gut ausgeführten eisernen Rädern, deren Wellen in verstellbaren Lagern laufen, darf man, eine ebenfalls sehr genaue Ausführung des Kropfes vorausgesetzt, mit $\triangle$ bis 0,005 heruntergehen. In gewöhnlichen Fällen wird man bei immerhin guter Ausführung

$$\left.\begin{array}{ll} \text{für eiserne Räder} & \triangle = 0{,}010 \text{ bis } 0{,}015 \text{ Meter} \\ \text{für hölzerne Räder} & \triangle = 0{,}020 \text{ bis } 0{,}025 \text{ Meter} \end{array}\right\} \quad . \; . \; . \; . \; 95$$

nehmen können.

XII. Bestimmung der Eintauchtiefe h_a. Jetzt kann die Eintauchtiefe bestimmt werden durch Gleichung 80, welche lautet

$$h_a = \frac{Q}{b\, c_3'} - \triangle.$$

XIII. Bestimmung der Schaufelform und des Winkels β. Nachdem h_a ermittelt ist, kann man $r - h_a$ die Höhe der Radachse über dem Unterwasser bestimmen und anfangen, das Rad aufzuzeichnen.

In einem senkrecht zur Radachse geführten Schnitt durch den Schaufelkranz zeichnet man den Unterwasserspiegel ein, bestimmt die in Fig. 50 mit F und E bezeichneten Punkte und kann dann β ermitteln aus Gleichung 82: $\cos \beta = \frac{EF.}{r}$

Die Form des äusseren Schaufelteiles erhält man durch Aufzeichnung der Evolvente FK und Ermittelung eines annähernd gleichen Kreisbogens; nach innen lässt man eine passende zuerst etwas gestreckte und dann gegen den Radboden wieder stärker gekrümmte Kurve (nach Fig. 48, 49) anschliessen.

XIV. Wahl des Winkels α. Der Winkel α zwischen v und c_1 soll möglichst klein sein, damit w_e und y_1 möglichst klein werden, ein sehr kleines α hat aber den Nachteil, dass der Einlaufbogen sehr lang wird und insbesondere bei Anordnung mehrerer Koulissen die unterste sehr tief unter den Oberwasserspiegel zu liegen kommt, dann ist aber der Vorteil, den sonst ein kleines α hat, hinfällig, weil c_1 unnütz gross wird.

Man findet

$$\alpha = 22_0 \text{ bis } 30_0 \quad \ldots . \quad 96.$$

Die kleineren Werte von α dürften besonders für höhere Gefälle und kleinere Wassermengen anwendbar sein, die grösseren also bei niedrigeren Gefällen und grossen Wassermengen. Im Durchschnitt wird man $\alpha = 26^0$ machen.

XV. Bestimmung der Eintrittsgeschwindigkeit c_1 für die oberste Koulisse. Die Winkel α und β, sowie die Umfangsgeschwindigkeit v sind jetzt bekannt, damit ist auch c_1 keine willkürliche Grösse mehr, sondern muss dem Gesetze $\frac{c_1}{v} = \frac{\sin\beta}{\sin(\beta - \alpha)}$ entsprechen. Also ist

$$c_1 = \frac{v \sin\beta}{\sin(\beta - \alpha)} \quad \ldots . \quad 97.$$

XVI. Bestimmung von y_0 für die oberste Koulisse. Nach Gleichung 60 ist

$$y_0 = \frac{\zeta c_1^2}{2g}$$

mit $\zeta = 0{,}12$ bis $0{,}15$, bei sorgfälltig gebildeten Koulissen.

XVII. Bestimmung von H_1 für die oberste Koulisse. Nach Gleichung 59 ist

$$H_1 = \frac{c_1^2}{2g} + y_0 - \frac{c_0^2}{2g},$$

wobei das im § 12, betreffend c_0 Gesagte zu beachten ist.

XVIII. Konstruktion der Koulissen. Da die Höhe h (siehe Fig. 40) erst bekannt ist, wenn der Punkt A bestimmt ist, kann s nicht genau voraus berechnet werden, sondern ist anzunehmen. Je kleiner man s wählt, desto besser wird man eine sichere Führung des Wassers erreichen, andererseits ist es erwünscht, dass die oberste Koulisse bei der normalen geringsten Aufschlagwassermenge gerade ausreicht. Zu klein darf man s nicht machen, um Verstopfung der Koulisse zu verhüten.

Die Werte von s werden je nach Umständen von s = 0,050 Meter bis s = 0,010 Meter schwanken. Der kleinste Wert ist nur bei reinem Wasser (ohne erheblichen Laubgang u. s. w.) zulässig. In den gewöhnlichen Fällen wird man bei der oberen Koulisse mit s = 0,070 bis 0,080 Meter auskommen, die unteren aber meist etwas weiter machen dürfen.

Hat man s für die oberste Koulisse gewählt, so zeichnet man dieselbe nach dem in § 12 beschriebenen, durch Fig. 41 dargestellten Verfahren auf. Sobald der Punkt A_1 bestimmt ist, kann man die Wassermenge, welche durch die Koulisse fliesst, berechnen nach Gleichung 62, welche lautet

$$Q_1 = \varphi\, b_0\, s \sqrt{2g(h_1 - y_0)}.$$

Ergibt sich Q_1 zu sehr abweichend von dem gewünschten Werte, so ist je nach Erfordernis und Möglichkeit entweder die Strahlstärke s oder die Rad- und Strahlbreite zu ändern.

Nachdem man die oberste Koulisse entworfen hat, folgen in der bekannten Weise (siehe Fig. 41 in § 12) die anderen, man berechnet Q_2 und Q_3 und hat zu beachten, dass $Q_1 + Q_2 + Q_3$ der grössten in Betracht kommenden Wassermenge mindestens gleich sein muss.

Dass der Entwurf darauf hin geprüft werden muss, ob die Wassermengen Q_1, Q_2, Q_3 unter den gegebenen Verhältnissen auch oben in die Koulissen einfliessen können (siehe § 12), ist wiederholt zu betonen.

Die Stärke der Koulissenbleche nehme man in gewöhnlichen Fällen je nach der Breite zu 4 bis 8 mm an, die Seitenwangen müssen breit genug sein, um genügende Festigkeit zu bieten und in dauerhafter Weise mit dem Gerinne verbunden zu werden, 0,35 m dürfte die normale Grösse sein.

XIX. Berechnung des Wirkungsgrades. Der Verlust y_0 wurde schon unter XVI bestimmt. Der Gefälleverlust y_1 ist nach der in § 12 in Bezug auf Fig. 43 erläuterten Weise zu ermitteln. Bemerkt sei noch folgendes: Man wird bei genaueren Rechnungen y_1 sowohl für die oberste Koulisse allein, als auch für die beiden oberen zusammen und schliesslich bei Benutzung aller drei Koulissen ermitteln. Je nachdem ist, wie schon in § 12 erklärt, die Höhe H_1, um welche der in Betracht zu ziehende Eintrittspunkt unter dem Oberwasserspiegel liegt, eine verschiedene.

Beim Ausfluss aus der obersten Koulisse ist

$$H_1 = H_1'$$

Beim Ausfluss aus den beiden oberen Koulissen ist

$$H_1 = \frac{H_1' Q_1 + H_1'' Q_2}{Q_1 + Q_2} \qquad \ldots \; 98.$$

Beim Ausfluss aus allen drei Koulissen

$$H_1 = \frac{H_1' Q_1 + H_1'' Q_2 + H_1''' Q_3}{Q_1 + Q_2 + Q_3}$$

Zur Bestimmung von y_r ermittelt man aus der Zeichnung in der durch Fig. 44 erläuterten Weise die verschiedenen Werte von m und n und setzt sie in die Gleichung 73 ein.

An die Bestimmung von y_r schliesst sich unter Benutzung derselben Zeichnung diejenige von y_2 nach Gleichung 81 an (vergl. auch Fig. 49). Der Gefälleverlust y_u wird nach Gleichung 76 berechnet. Hinsichtlich der Gefälleverluste y_z und y_s gilt das in § 12 Gesagte. Wenn man y_z vor einer genaueren Gewichtsberechnung schätzungsweise berücksichtigen will, so nehme man $y_z = 0{,}012\,H$ bis $0{,}015\,H$. Sind alle Einzelverluste bestimmt, so folgt η aus Gleichung 84b, welche lautet

$$\eta = \frac{H - y_0 - y_1 - y_r - y_u - y_2 - y_z - y_s}{H}.$$

§ 14. Das mittelschlächtige bez. tiefschlächtige Wasserrad (Räder mit Ueberfalleinlauf). Verfahren bei der Berechnung.

Unter einem mittelschlächtigen Rade soll nach früherem ein solches verstanden werden, bei dem das Wasser in Höhe der Radachse oder etwas darunter eintritt und unter tiefschlächtigen Rädern mögen solche gemeint sein, bei denen das Wasser zwar unterhalb der Radachse in das Rad eintritt, aber doch noch so hoch über den Unterwasserspiegel, dass wenigstens ein nicht unerheblicher Teil der Wasserwirkung im Rade in der Gewichtswirkung des niedersinkenden Wassers besteht. Ein strenger Unterschied zwischen mittel- und tiefschlächtigen Wasserrädern ist nicht zu machen, die theoretischen Grundlagen für die Berechnung sind für beide Arten die gleichen und zwar im wesentlichen dieselben wie beim rückenschlächtigen Rade.

Hinsichtlich der Wasserwirkung kommt besonders bei kleinen Gefällen die Wirkung infolge der Gechwindigkeit mit in Betracht und weil bei kleinen Gefällen die Gefälleverluste beim Eintritt und Austritt des Wassers nicht wesentlich kleiner als bei mittleren und hohen Gefällen ausfallen, bleibt der Wirkungsgrad in solchen Fällen etwas gegen den der vorher behandelten Räder für höhere Gefälle zurück, gewöhnlich wird er zwischen 0,6 und 0,7 liegen, sehr gute und sachgemässe Konstruktion der Räder vorausgesetzt.

Mittel- und tiefschlächtige Räder kommen zwar auch als freihängende Zellenräder vor, aber wenn von einem guten Wirkungsgrade die Rede sein soll, müssen sie als Kropfräder gebaut werden.

Vielfach werden sie dann als an den Stirnseiten offene Räder ausgeführt, dann muss das Gerinne seitlich möglichst nahe anschliessen und man wird im allgemeinen besser thun, geschlossene Stirnkränze anzuwenden, so dass dicht an das Rad reichende Wasserbänke unnötig sind.

Hinsichtlich des Wassereintrittes in das Rad kommt sowohl die Anwendung des Koulisseneinlaufes, als auch des Ueberfallschützens und des Spannschützens in Betracht.

Wird, was wohl höchstens beim mittelschlächtigen Rade manchmal der Fall ist, der Koulisseneinlauf angewandt, so gelten vollständig die beim rückenschlächtigen Wasserrade in §§ 12 und 13 gegebenen theoretischen Grundlagen und Berechnungsverfahren. Etwas anders wird die Sache beim Ueberfallschützen und Spannschützen.

Die beim Einfluss des Wassers über einen Ueberfallschützen obwaltenden Verhältnisse mögen in Beziehung auf Fig. 51 besprochen worden.

Der Ueberfallschützen ist oben mit einem Leitblech $A_0\,A\,A_1$ versehen, dessen Gestalt mit der unteren Fläche des Wasserstrahles übereinstimmen soll.

Je mehr Wasser überfliessen soll, desto grösser muss s_0 (Fig. 51) sein, desto tiefer muss die Schütze stehen, je weniger Wasser überfliessen soll, desto höher. In jeder Lage ist die Gestalt des Strahles eine andere, das Leitblech kann nur für eine

Fig. 51.

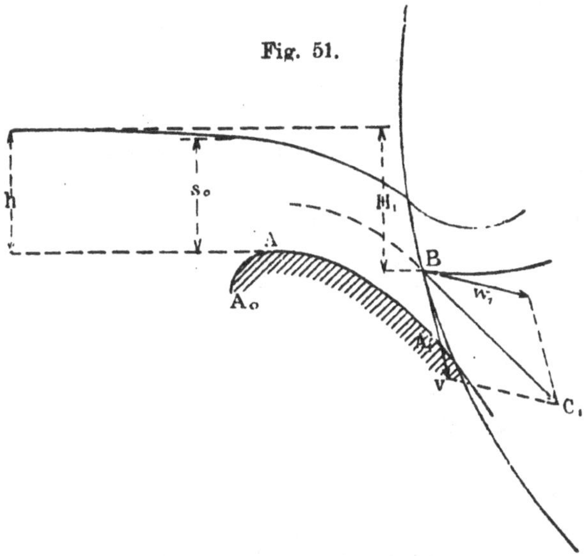

annähernd passen und das soll die Lage des Ueberfallschützens sein, welche der normalen Wassermenge entspricht. Freilich kann auch für diese von einer genauen, sicheren Gestaltung des Leitbleches deshalb keine Rede sein, weil über die Gestalt des Strahles keine ausreichenden Untersuchungen vorliegen.

Bezeichnet h die Höhe, um welche der Scheitel des Ueberfalles unter dem Oberwasserspiegel liegt, gemessen an einer Stelle, wo die durch den Ueberfall bedingte Absenkung des Wasserspiegels noch nicht bemerkbar ist, h_0 das der Geschwindigkeit c_0 entsprechende Gefälle, also $h_0 = \frac{c_0^2}{2g}$, Q die normale Wassermenge, b_0 die Strahlbreite, μ den Ausflusskoeffizienten und g die Beschleunigung der Schwere, so ist nach § 3, Gleichung 46

$$Q = \mu b_0 \sqrt{2g}\left[\sqrt{(h+h_0)^3} - \sqrt{h_0^3}\right] \quad \ldots \quad 99.$$

Der Koeffizient μ ist für Ueberfälle der hier in Betracht kommenden Art nicht genau bekannt, doch kann man mindestens

$$\mu = 0{,}52 \quad \ldots \quad 100$$

annehmen, dann folgt aus Gleichung 99

$$h = \sqrt[3]{\left(\frac{Q}{\mu b_0 \sqrt{2g}} + \sqrt{h_0^3}\right)^2} - h_0 \quad \ldots \quad 101$$

oder wenn man für μ und $\sqrt{2g}$ die Werte einsetzt

$$h = \sqrt[3]{\left(\frac{Q}{2{,}3\,b_0} + \sqrt{h_0^3}\right)^2} - h_0.$$

Betreffs der Gestalt des Strahles kann, freilich nicht ohne gewisse Willkür angenommen werden, dass die Dicke desselben über dem Ueberfallscheitel

$$s_0 = 0{,}9\,h \quad .\ .\ .\ .\ 102$$

betrage und dass die Mittellinie des Strahles der Parabel sehr nahe gleichkommt, welche der freien Bewegung des mittleren Wasserfadens entspricht.

Der Scheitel der betreffenden Parabel müsste also um $\frac{0{,}9\,h}{2} =$ 0,45 h über dem Scheitel des Leitbleches liegen und die Geschwindigkeit des Wassers daselbst würde

$$c = \varphi\sqrt{2g\left(h - \frac{s_0}{2}\right)} = \varphi\sqrt{2g \cdot 0{,}55\,h} \quad .\ .\ .\ .\ 103$$

sein, wobei $\varphi = 0{,}95$ zu setzen wäre.

Der horizontale Weg eines in der Strahlmitte fliessenden Wasserteilchens beträgt in t Sekunden c t Meter, der vertikale Weg in derselben Zeit $\frac{1}{2} g t^2$. Durch Wahl eines passenden t (z. B. t = 0,3 Sekunden) bestimmt man die Abstände eines Punktes der Parabel vom Scheitel und kann dann diese konstruieren.

Trägt man für eine genügende Anzahl Punkte $\frac{s_0}{2}$ von der Parabel aus senkrecht nach unten ab, so erhält man die Gestalt des Leitbleches.

Die Richtung der Gleitbahnen für den Ueberfallschützen ist so zu wählen, dass das Leitblech in allen Stellungen möglichst dicht am Rade liegt, ohne es bei der Verstellung zu berühren.

Der Punkt B (siehe Fig. 51), in welchem das Wasser in das Rad tritt, ist bestimmt durch den Schnitt der Strahlmittellinie mit dem äusseren Radumfangskreise. Je weiter weg vom Ueberfall die Radmitte liegt und je kleiner r ist, desto tiefer liegt B, desto grösser werden H_1 und damit c_1, y_0 und y_1. Der Winkel α ist bestimmt durch die Tangenten im Punkte B, an den Radumfang einerseits und die Strahlmittellinie andererseits. Er ist um so grösser, je weniger tief B unter der Radachse liegt, da aber kleine Werte von α erwünscht sind, wird man danach streben, die Radachse hoch zu legen, was wieder, um zu tiefe Lagen von B unter dem Oberwasserspiegel zu vermeiden, im Verhältnis zum Gefälle grosse Werte von r fordert, man findet

$$r = 1{,}5\,H \text{ bis } 2\,H \quad .\ .\ .\ .\ 104.$$

Der Winkel α ist nach vorstehendem bei Rädern mit Ueberfalleinlauf nicht so in das Belieben des Konstrukteurs gestellt, wie beim Koulisseneinlauf. Der Winkel β, welchen die äusseren Schaufelenden mit dem Radumfang bilden, wird auch hier so zu wählen sein, dass die Schaufeln dem Unterwasser senkrecht entsteigen (siehe § 12 und Fig. 50), im allgemeinen wird dann die relative Eintrittsgeschwindigkeit, deren Grösse und Lage von der Grösse der Umfangsgeschwindigkeit v, der Eintrittsgeschwindigkeit c_1 und des Winkels α abhängen, nicht genau in die Richtung des äussersten Schaufelelementes fallen, der Eintritt erfolgt nicht ganz stossfrei. Durch passende Wahl von r und der Höhenlage der Radachse, sowie eventuelle geringe Korrektur von v kann man aber durch wiederholtes Probieren völlig befriedigende Verhältnisse erzielen, grösser als v sollte w_1 nicht sein.

Die Bestimmung von c_1 erfolgt nach der schon mehrfach benutzten Gleichung

$$c_1 = \sqrt{(H_1 - y_0) 2 g} \quad \ldots\ldots \quad 103,$$

worin

$$y_0 = 0{,}1\, H_1 \text{ bis } 0{,}12\, H_1 \quad \ldots\ldots \quad 106.$$

Die genaue Richtung von c_1 findet man, indem man im Punkte B (Fig. 51) die Tangente an die Parabel zieht, dieselbe muss die durch den Scheitelpunkt der Parabel gelegte Vertikale genau so hoch über dem Scheitel schneiden, als B unter dem Scheitel liegt.

Die Bestimmung des Gefälleverlustes y_1 beim Eintritt des Wassers in das Rad erfolgt ganz so, wie es beim rückenschlächtigen Wasserrad in Bezug auf Fig. 43 in § 12 besprochen wurde.

Eine besonders zu erwähnende Art der tiefschlächtigen Räder mit Ueberfalleinlauf sind die sogen. Zuppinger-Räder, so genannt nach dem Baurat Zuppinger, dem wir die Einführung derselben verdanken. Diese Räder, welche besonders für stark wechselnde Unterwasserstände, kleine Gefälle und grosse Wassermengen geeignet sind, zeichnen sich durch grosse Radtiefen aus. Bei ihnen ist $a = \frac{1}{2}\, r$ bis $\frac{2}{3}\, r$.

Der Einfluss des Wassers in das Rad bei Anwendung eines Spannschützens erfolgt in ganz ähnlicher Weise, wie bei einer einzigen Koulisse, nur dann tritt eine Abweichung ein, wenn der Schützen vom Rade weit absteht, in letzterem Falle ist das über den Eintritt bei Ueberfallschützen Gesagte entsprechend mit zu berücksichtigen.

Während nun beim Ueberfalleinlauf der kleinsten Wassermenge der höchste Schützenstand und die kleinsten Werte von h und H_1 entsprechen, ist es beim Spannschützen umgekehrt, dessen tiefster Stand entspricht der kleinsten Wassermenge. Beim Spannschützen wächst also y_1 mit abnehmender Wassermenge erheblich. Das ist aber gerade unerwünscht und man wird deshalb den Ueberfalleinlauf überall vorziehen, wo er sich anbringen lässt und nicht lokale Verhältnisse zur Benutzung des Spannschützen zwingen.

Das Verfahren bei der Berechnung eines mittel- bezw. tiefschlächtigen Wasserrades soll nachstehend nur für den Fall, dass ein Ueberfallschützen angewandt wird, erläutert werden, weil erstens dieser Fall der wichtigere ist und zweitens die Abweichungen bei Anwendung des Spannschützens so unerhebliche sind, dass die entsprechende Abänderung des Verfahrens keinerlei Schwierigkeiten bereiten dürfte.

Der Gang der Berechnung kann etwa folgender sein, wobei die in § 12 und 13 bez. 10 und 11 aufgeführten Bezeichnungen gelten.

I. Bestimmung von H nach Gleichung 1 in § 9

$$H = H_0 + \frac{c_0^2 - c_3^2}{2g}.$$

II. Annahme von r. Nach Gleichung 104 soll sein $r = 1{,}5\,H$ bis $2\,H$, unter Umständen auch mehr.

III. Vorläufige Wahl von v. Obschon bezüglich v das in § 13 unter III Gesagte auch hier gilt, wird man besonders bei kleinen Gefällen sich doch mit etwas geringeren Werten von v begnügen, um die Gefälleverluste beim Ein- und beim Austritt des Wassers nicht zu gross im Verhältnis zum Gefälle zu erhalten. Ohne dass man sich an eine Regel streng zu binden braucht, kann man im Mittel setzen

$$v = 1{,}2 \text{ bis } 1{,}6 \text{ Meter} \quad \ldots\ldots \quad 107.$$

IV. Bestimmung der Umdrehungszahl. $U = 9{,}55 \frac{v}{r}$ und Abrundung auf eine ganze Zahl.

V. Endgiltige Bestimmung von v. $v = \frac{U\,r}{9{,}55}$.

VI. Bestimmung der Radtiefe a. Hier ist das in § 13 unter VI sowie oben im vorliegenden Paragraphen Gesagte zu beachten. Man kann die im § 13 unter 87 angegebene Formel $a = 0{,}5 \sqrt[3]{\frac{r}{H}}$ bis $0{,}63 \sqrt[3]{\frac{r}{H}}$ benutzen, oder auch bei Rädern, welche der Zuppingerschen Art nahe kommen, $a = \frac{1}{2} r$ bis $\frac{2}{3} r$ wählen, jedenfalls muss auch beim höchsten Unterwasserstande a soviel grösser als die Eintauchtiefe h_a sein, dass das Aufschlagwasser völlig im Schaufelkranze Platz hat.

VII. Wahl von k. Es gilt das gleiche wie in § 13 unter VII aufgeführt.

VIII. Bestimmung von b und b_0. Nach Gleichung 4 in § 9 ist $b = \frac{Q}{k\,a\,v}$; b_0 sei ein wenig kleiner als b, etwa $b_0 = b - 0{,}10$ bis $b - 0{,}15$.

IX. Bestimmung der Schaufelteilung, Schaufelzahl, Armzahl. Auch hier gilt das in § 13 unter IX Gesagte.

X. Bestimmung von c_3'. Die Ermittelung von c_3' erfolge nach der in § 13 unter X gegebenen Regel nach Gleichung 94

$$c_3' = \frac{v(r - a \cdot k)}{r}.$$

Bei Rädern mit sehr grossen Werten von $\frac{a}{r}$ und a k ist zu überlegen, ob nicht ein Gerinneabfall anzubringen ist, weil dann die Umfangsgeschwindigkeiten des eingetauchten Schaufelteiles innen und aussen sehr verschieden sind.

XI. Wahl des Spielraumes $\triangle$. Es gilt hier das in § 13 unter XI Gesagte ebenfalls und es ist deshalb darauf zu verweisen.

XII. Bestimmung der Eintauchtiefe h_a. Nach Gleichung 80 (§ 12) ist $h_a = \frac{Q}{b\,c_3{}^1} - \triangle$.

XIII. Bestimmung der Schaufelform und des Winkels β. Es ist genau so zu verfahren, wie in § 13 unter XIII angegeben wurde.

XIV. Bestimmung der Ueberfallhöhe h und der Gestalt des Leitbleches u. s. w. Man ermittele h aus Gleichung 101, welche lautet

$$h = \sqrt[3]{\left(\frac{Q}{2{,}3\,b_0} + \sqrt{h_0{}^3}\right)^2} - h_0$$

hat dann $s_0 = 0{,}9\,h$, und verzeichnet die Strahlmittellinie und die Gestalt des Leitbleches nach dem, was am Anfange dieses Paragraphen in Bezug auf Fig. 51 in dieser Hinsicht gesagt wurde.

XV. Bestimmung von H_1 c_1 α u. s. w. Die Höhe, um welche die Radachse über dem Unterwasser liegen muss, ist $r - h_a$, zieht man in der Zeichnung im Abstande $r - h_a$ über dem Unterwasserspiegel eine Horizontale, so muss auf dieser der Mittelpunkt der Radachse liegen. Man nimmt nun H_1 an, es soll möglichst klein sein, muss aber doch auch zu den sonstigen Grössen passen, in der Regel kann etwa $H_1 = 0{,}35$ bis 0,50 Meter sein, je kleiner h, desto kleiner kann H_1 werden, natürlich muss $H_1 > h$ sein, zu einem kleinen v passt ein kleines H_1 u. s. w. Hierdurch ist der auf der Strahlmittellinie liegende Punkt B (Fig. 51) vorläufig bestimmt, man schlägt von ihm aus mit dem Radius r einen Kreis, dessen Schnitt mit der Horizontalen im Abstand $r - h_a$ über dem Unterwasserspiegel den Radmittelpunkt festlegt.

Dem angenommenen Werte von H_1 entspricht ein vorläufiger Wert von $y_0 = 0{,}1\,H$ bis 0,12 und ein vorläufiger Wert von $c_1 = \sqrt{(H_1 - y_0)\,2\,g}$. Man zeichnet den Radumfangskreis, trägt im Punkt B c_1 nach Grösse und Richtung an, ebenso v, womit α und w_1 bestimmt sind, durch das Parallelogramm der Geschwindigkeiten. Fällt w_1 sehr nahe in die Richtung des äussersten Schaufelelementes und ist es kleiner als v, so können die Werte von H_1 und r beibehalten werden, anderenfalls ist entsprechend zu ändern.

XVI. Berechnung des Wirkungsgrades. Der Verlust y_0 wurde unter XV mit bestimmt, der Gefälleverlust y_1 beim Eintritt des Wassers in das Rad wird (Fig. 51) in gleicher Weise bestimmt, wie es in § 12 in Bezug auf Fig. 43 erläutert wurde. Auch die Verluste y_r y_2 y_u y_z und y_s werden genau so ermittelt, wie beim rückenschlächtigen Kropfrade in § 12 und 13 erklärt; der Wirkungsgrad folgt dann schliesslich nach Gleichung 84, welche lautet

$$\eta = \frac{H - y_0 - y_1 - y_r - y_u - y_2 - y_z - y_s}{H}.$$

§ 15. Das gewöhnliche unterschlächtige Wasserrad.

Beim gewöhnlichen unterschlächtigen Wasserrade, welches hauptsächlich bei sehr kleinen Gefällen (bis 1 Meter) vorkommt, tritt das Wasser nahe an der tiefsten Stelle in das Rad ein, mit einer Geschwindigkeit, welche dem ganzen Gefälle so nahe entspricht, als dies in Rücksicht auf Reibungs- u. s. w. Verluste möglich ist. Entweder wird das Rad mit Spannschützen versehen, oder es läuft in freiem Strome, wie bei Schiffmühlen. Die Wirkung des Wassers beruht auf dem Stoss des rasch fliessenden

Fig. 52.

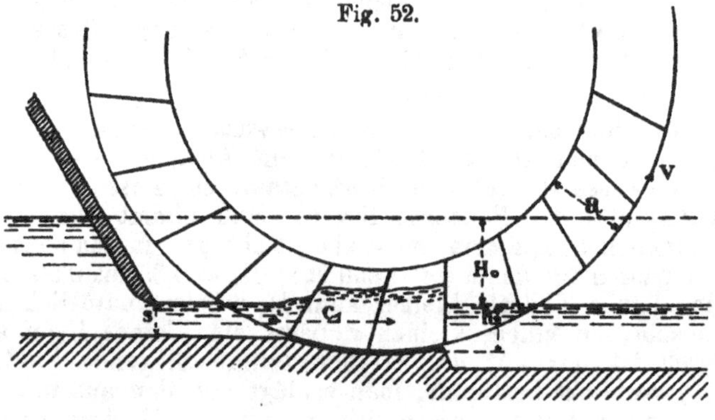

Wassers gegen die langsamer rotierenden Schaufeln. Wie schon am Schlusse des § 9 erklärt wurde, ist selbst im günstigsten Falle hierbei nur ein Wirkungsgrad $\eta = 0{,}5$ möglich, welcher in Wirklichkeit beim unterschlächtigen Wasserrad noch viel kleiner ausfällt, weil ein Teil des Wassers unbenutzt zwischen Rad und Gerinne durchfliesst, weil die Zapfenreibung und dergleichen mehr in Betracht kommt, so dass höchstens auf $\eta = 0{,}25$ bis $0{,}35$

zu rechnen ist. In der Regel kann man aber an Stelle des gewöhnlichen unterschlächtigen Wasserrades entweder ein besseres Wasserrad oder eine Turbine anwenden und man wird deshalb heute nur sehr selten auf Erbauung eines unterschlächtigen Wasserrades älterer Art zurückkommen. Deshalb sollen nachstehend nur die Hauptregeln für die Berechnung angegeben werden, ohne auf eine genauere Herleitung und Begründung einzugehen.

Die Bezeichnungen sind aus der Fig. 52 zu ersehen und sind, soweit sie dort nicht vorkommen, die gleichen wie in den vorhergehenden Paragraphen.

Beim unterschlächtigen Wasserrad mit Spannschützen und kleinem Kropf an der tiefsten Stelle (siehe Fig. 52) mache man

$$r = 2 \text{ Meter bis } 3{,}5 \text{ Meter} \quad \ldots . \ 108.$$

Die Kranztiefe

$$a = 0{,}35 \text{ Meter bis } 0{,}45 \text{ Meter} \quad \ldots . \ 109.$$

Die Neigung des Schützen, welcher so nahe als möglich an das Rad herangerückt wird, gegen die Vertikale wird bestimmt durch den Winkel

$$\vartheta = 30^{\circ} \quad \ldots . \ 110.$$

Die Schaufelteilung kann annähernd bestimmt werden aus

$$e = 0{,}75 \cdot a + 0{,}1 \text{ Meter} \quad \ldots . \ 111.$$

Der Kropfbogen soll zwei Schaufelteilungen umfassen.

Die Schaufeln sind eben und sollen so gegen den Radumfang geneigt sein, dass sie beim Austritt aus dem Kropf senkrecht stehen.

Die Eintrittsgeschwindigkeit in das Rad, c_1, welche auch sehr nahe gleich der Ausflussgeschwindigkeit unter dem Schützen ist, kann man, da c_0 gewöhnlich sehr klein ist und zum grössten Teile verloren geht, berechnen aus

$$c_1 = \varphi \sqrt{2 g H_0} \quad \ldots . \ 112,$$

worin $\varphi = 0{,}95$ gesetzt werden darf.

Den Füllungskoeffizienten nehme man an zu

$$k = 0{,}5 \quad \ldots . \ 113.$$

Die günstigste Umfangsgeschwindigkeit entspricht dem Werte

$$v = 0{,}4 \sqrt{2 g H_0} = 1{,}77 \sqrt{H_0} \quad \ldots . \ 114.$$

Die Radbreite b folgt wie bisher aus $b = \frac{Q}{k \cdot v \cdot a}$.

Die Strahlbreite aus $b_0 = b - 0{,}1$ Meter bis $b - 0{,}15$ Meter.

Die Strahlstärke s ist bestimmt durch die Gleichung

$$\mu \cdot s\, b_0 \sqrt{2 g H_0} = Q \quad \ldots . \ 115$$

oder

$$s = \frac{Q}{\mu\, b_0 \sqrt{2 g H_0}} \quad \ldots . \ 116,$$

worin nach Tabelle 5 im § 1 für einen Neigungswinkel $\vartheta = 30^0$, $\mu = 0{,}75$ zu setzen ist.

Der Spiegel des aus dem Rad abfliessenden Wassers soll, wie Fig. 52 andeutet, in gleicher Höhe mit dem des zufliessenden Wasserstromes liegen, was die Anordnung eines Gerinneabfalles bedingt. Hinsichtlich der Abflussgeschwindigkeit c_3' gilt das in den vorangehenden Paragraphen Gesagte.

Der Boden des Zuflussgerinnes soll vom Schützen bis an das Rad eine Neigung von $^1/_{20}$ haben.

Häufig geht das Gerinne ohne jeden Kropf gerade unter dem Rade fort und wird dann Schnurgerinne genannt. Eine besondere Art der unterschlächtigen Räder mit Schnurgerinne sind die Pansterräder, so genannt nach den Pansterzeugen. Das sind Hebevorrichtungen, vermittelst welcher die Höhenlage der Radachse, dem Unterwasserstand entsprechend, derart verändert werden kann, dass das Rad nicht zu tief eintaucht. Dass bei solchen Rädern, die wohl kaum noch neu erbaut werden, der Wirkungsgrad infolge des grossen Spielraumes zwischen Rad und Gerinne, welcher bei Hebung der Achse entstehen muss, ein besonders schlechter ist, ist selbstverständlich.

§ 16. Das Poncelet-Rad.

Der minderwertige Wirkungsgräd unterschlächtiger Räder hat den französischen Ingenieur Poncelet zur Erfindung der nach ihm benannten Wasserräder veranlasst, bei denen das Wasser auch nur drch das der Geschwindigkeit entsprechende Arbeitsvermögen wirkt, wie beim gewöhnlichen unterschlächtigen Rade, aber nicht wie bei diesem durch Stoss, sondern durch steten Druck infolge allmählicher Geschwindigkeitsentziehung an gekrümmten Schaufeln.

Diese Räder waren zur Zeit ihrer Erfindung (1826) von grösserer Bedeutung, jetzt werden sie infolge des langsamen Ganges und der verhältnismässig grossen Kosten kaum noch gebaut und es soll deshalb von der Darlegung der sehr interessanten, aber auch etwas weitläufigen Theorie derselben abgesehen werden und nur die für die Konstruktion wichtigsten Resultate derselben mitgeteilt werden. Die betreffenden Angaben sind dem das Poncelet-Rad ganz ausführlich behandelnden § 28 des III. Bandes der Grashofschen „Theoretischen Maschinenlehre" entnommen. Zu eingehenderem Studium des Poncelet-Rades mag man sich an diese Quelle oder auch an Weissbach-Hermanns „Handbuch der Ingenieur- und Maschinenmechanik", Band II, Abteilung 2, halten.

Das Poncelet-Rad ist für Gefälle von 0,5 Meter bis 2 Meter gebaut worden, sein Hauptanwendungsgebiet liegt jedoch zwischen 0,75 bis 1,5 Meter Gefälle, der Wirkungsgrad soll $\eta = 0{,}60$ bis 0,65 sein. Das Wasser wird durch eine Spannschütze und mit der vollen möglichen Geschwindigkeit in das Rad geleitet; der

Wasserspiegel des abfliessenden Stromes soll in gleicher Höhe mit dem des zufliessenden stehen. Das Gerinne ist mit einem kleinen Kropfe versehen, welcher ungefähr zwei Schaufelteilungen umfasst. Die Schaufeln sind derartig gekrümmt, dass das Wasser

Fig. 53.

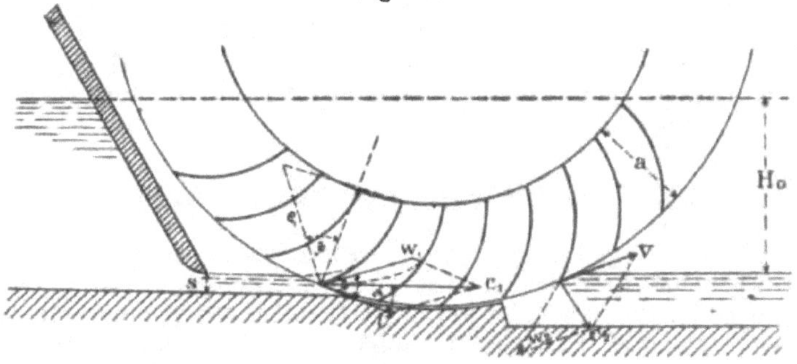

seine Bewegung längs der Schaufel ohne Stoss beginnt, so hoch daran in die Höhe fliesst, als es bei der obwaltenden Geschwindigkeit und den Bewegungswiderständen möglich ist und dann dieselbe Bewegung rückwärts macht. Der Punkt, in welchem das Wasser dann wieder aus dem Rade tritt, liegt annähernd in gleicher Höhe wie der Punkt, in welchem es eintrat, die relative

Gefälle $H =$	0,5 bis 1 Meter	1 bis 1,5 Meter	1,5 bis 2 Met.
Radius des äusseren Radumfanges $r =$	H + 1 Meter	H + 1	H + 1
Umfangsgeschwindigkeit $v =$	$0{,}5\sqrt{2gH}$	$0{,}5\sqrt{2gH}$	$0{,}5\sqrt{2gH}$
Schaufelzahl $z =$	32 + 8 H	32 + 8 H	32 + 8 H
Absolute Eintrittsgeschwindigkeit des Wassers $c_1 =$	$0{,}97\sqrt{2gH}$	$4{,}1\sqrt{H}$	$4{,}1\sqrt{H}$
Höhe der Schützenöffnung $s =$	0,06 r	(0,04 + 0,02 H) r	0,08 r
Kranztiefe $a =$	0,1 + 0,4 H Met.	0,2 + 0,3 H	0,25 + 0,3 H
Breite des einfliessenden Strahles $b_0 =$	$\frac{Q}{c_1 s}$	$\frac{Q}{c_1 s}$	$\frac{Q}{c_1 s}$
Winkel zwischen c_1 und v $\alpha =$	$(12 + 4H)^0$	$(14 + 2H)^0$	18^0
Schaufelwinkel, Winkel zwischen w_1 und v $\beta =$	$(2\alpha + 1 - H)^0$	2α	36^0
Radius der Schaufelkrümmung $\varrho =$	0,2 + 0,6 H Met.	0,8 Meter	1 Meter
Neigung des Gerinnebodens	$2{,}5^0$	2^0	$\left(1 + \frac{H}{2}\right)^0$

Geschwindigkeit w_2 beim Austritt ist nur wenig verschieden von der relativen Geschwindigkeit w_1 beim Eintritt, die absolute Austrittsgeschwindigkeit c_2 aber ist wesentlich kleiner als die absolute Einflussgeschwindigkeit c_1. Die Geschwindigkeit c_3', mit welcher im Untergraben der Abfluss beginnt, soll der Horizontalkomponente von c_2 nahezu gleich sein. (Siehe auch Fig. 53.)

Die zur Bestimmung der einzelnen Radabmessungen erforderlichen Resultate der Theorie sind in der Tabelle auf Seite 115 enthalten. Die Bezeichnungen sind aus Fig. 53 zu ersehen bezw. die früheren.

§ 17. Regulierung der Wasserräder.

Die Arbeitsleistung eines Wasserrades muss dem Arbeitsverbrauch des betriebenen Werkes so entsprechen, dass die Umdrehungszahlen der Triebwerkswellen höchstens innerhalb gewisser von der Betriebsart abhängiger Grenzen schwanken. Andererseits darf, wenigstens nicht längere Zeit, der Wasserverbrauch die Zuflussmenge nicht übersteigen. Treten also zeitweilig längere Perioden eines die normale Leistung übertreffenden Arbeitsbedarfes ein, so darf das Wasserrad bei normalem Gange nicht die volle verfügbare Wassermenge verbrauchen, wenn der Betrieb auf das Wasserrad allein und nicht etwa noch auf eine Dampfmaschine etc. angewiesen ist.

Kann man nun das bei normaler oder unter normaler Leistung übrige Wasser in einem Sammelteiche zurückhalten, so ist die Möglichkeit, Verluste an Arbeitsvermögen hintan zu halten da, muss man aber in der Zeit des durchschnittlichen normalen Arbeitsbedarfes das überschüssige Wasser durch das Freigerinne weglaufen lassen, so entstehen dadurch Arbeitsverluste, welche nicht unbedeutend sein können und im übrigen charakteristisch für solche Motoren sind, welche ein Arbeitsvermögen nutzbar machen, dessen jeweilige Grösse nicht vom Menschen willkürlich bestimmt werden kann.

Während wir bei der Dampfmaschine das Arbeitsvermögen nach Bedarf erzeugen, beziehentlich aus einer Form in die andere umwandeln, können wir beim hydraulischen Motor höchstens in wenigen günstigen Fällen von der Natur gebotenes Arbeitsvermögen kürzere Zeit aufspeichern, in der Regel muss es entweder annähernd ganz so verbraucht werden wie es geboten wird oder der nicht gebrauchte Teil wird unnütz vernichtet.

Tritt eine Periode geringeren Wasserzuflusses ein, so muss, wenn nicht ein Motor anderer Art den Fehlbetrag an Arbeit ersetzt, natürlich der Arbeitsverbrauch des Betriebes beschränkt werden. Damit er möglichst wenig beschränkt werde, ist es wichtig, dass der Wirkungsgrad des Wasserrades auch bei einer kleineren Aufschlagwassermenge als die normale ein möglichst hoher sei. In dieser Hinsicht haben im grossen und ganzen alle Wasserräder die gute Eigenschaft, dass der Wirkungsgrad innerhalb der praktischen Grenzen wenig von der Veränderung der Zuflussmenge abhängt. Die Spannschützen sind noch am wenigsten vorteilhaft, weil bei ihnen das Auftreffen des Wassers im Rade gerade dann besonders tief unter dem Oberwasserspiegel erfolgt, wenn die Wassermenge am kleinsten ist. Beim oberschlächtigen Rade macht das keinen sonderlichen Eindruck und wird aufgewogen durch den späteren Beginn des Ausflusses aus dem Rade, bei den tiefschlächtigen Rädern dagegen ist der Nachteil merklicher. Vollkommener sind in dieser Beziehung der Koulisseneinlauf und der Ueberfalleinlauf. Der Koulissenschützen muss natürlich so angeordnet sein, dass bei kleinster Wassermenge nur die oberste Koulisse geöffnet ist. Der Ueberfalleinlauf wäre überhaupt am besten, wenn man die Gestalt des überfliessenden Strahles etwas zuverlässiger bestimmen könnte und die Form des Leitbleches der Strahlform bei verschiedenen Ueberfallhöhen genau entspräche.

Wenn hier unter Regulierung einstweilen immer nur die Anpassung der Aufschlagmenge an den Arbeitsbedarf oder das Zuflussquantum verstanden wird, so kann man wohl sagen, dass in arbeitsökonomischer Beziehung die Möglichkeit einer vollkommenen Regulierung geboten ist, in Rücksicht auf Einhaltung der gewünschten Umdrehungszahlen sieht die Sache etwas weniger gut aus. Hydraulische Motoren lassen sich in dieser Hinsicht nicht so leicht beeinflussen wie Dampfmaschinen, die Trägheit der bewegten Wassermassen erschwert das rasche Erreichen einer neuen Gleichgewichtslage durch die Regulierung der Zuflussmenge ausserordentlich und man darf bei hydraulischen Motoren, wenigstens für den Fall grösserer Schwankungen im Arbeitsverbrauch, weder zu viel fordern noch versprechen.

Das hier über die Regulierung Gesagte mag einstweilen genügen, es wird später noch weiter davon die Rede sein und Gelegenheit genommen werden, das Vorstehende zu ergänzen.

§ 18. Die Anordnung der Kraftübertragung und der Einzelteile bei Wasserrädern.

Die Uebertragung der Kraft vom Wasserrad auf das zu treibende Werk erfolgt, sofern nicht, wie bei Pochwerken, Hämmern u. s. w., die zu treibende Maschinenwelle mit der Wasserradwelle direkt verkuppelt ist, oder, wie bei Pumpwerken, die Kurbel auf der Wasserradwelle sitzt, in der Regel durch Zahnräder. Gewöhnlich ist dabei die Umdrehungszahl der zu treibenden Welle so gross, dass eine mehrfache Uebersetzung vom Langsamen in das Schnelle erforderlich ist und zwischen Wasserradwelle und Transmission noch ein oder zwei, häufig auch noch mehr Vorgelegewellen eingeschaltet werden. Das Zahnrad auf der Wasserradwelle, meistens ein Stirnrad, macht man immer möglichst gross und man hat deshalb vielfach die durch Fig. 1, Taf. 8, schematisch dargestellte Anordnung gewählt, bei welcher der Zahnkranz an den einen Stirnkranz des Wasserrades, oder auch an das eine Armsystem desselben angeschraubt ist. Hierbei sucht nun die im Zahnkranz wirkende Kraft den einen Stirnkranz des Wasserrades samt seinem Armsystem gegen den anderen zu verdrehen, woraus wieder eine ungünstige Beeinflussung der Haltbarkeit folgt. Man vermeidet diese, indem man, wie die schematische Fig. 2, Taf. 8, zeigt, auf beiden Stirnseiten einen Zahnkranz anbringt. Letztere Konstruktion ist aber verhältnismässig sehr kostspielig und hat, ebenso wie die erstgenannte, immer noch den Nachteil, dass die Zahnkränze dem Wasser zu sehr ausgesetzt sind und sich deshalb rascher als sonst nötig abnutzen. Die beste Anordnung ist deshalb immer noch die durch Fig. 3, Taf. 8, angedeutete, bei welcher ein völlig vom eigentlichen Wasserrad gesondertes Zahnrad mit eigenem Armsystem auf der Welle so sitzt, dass es dem Wasser entzogen ist.

Was die sonstige Anordnung der Vorgelege betrifft, so ist besonders danach zu streben, dass der Zahndruck die Wasserradwelle zu entlasten sucht und die Vorgelegewelle in ihrem Lager festhält, so dass diese nicht zum Schlagen geneigt werden kann. Die Anforderung erfüllt die in Fig. 4, Taf. 8, angegebene Anordnung, bei welcher der vom Widerstand leistenden Getriebe ausgeübte Zahndruck nach oben wirkt.

Die Abmessungen der Zahnräder sind nach den für wichtige Triebwerksräder giltigen Regeln der Maschinenbaukunde zu ermitteln, deren Besprechung nicht Gegenstand dieses Buches ist.

Die Wasserräder selbst werden, wie schon früher erwähnt, teilweise ganz aus Holz, teilweise aus Holz und Eisen und teilweise ganz aus Eisen hergestellt. Welche Bauart die richtigste ist, wird meistens eine Geldfrage sein, bei deren Entscheidung die örtlichen Verhältnisse oft ausschlaggebend sind. In Rücksicht auf den Wirkungsgrad und die Haltbarkeit sind wenigstens Schaufeln aus Eisenblech besonders bei Zellenrädern sehr erwünscht. Die Bauart mit steifen auf Zug und Biegung beanspruchten Armen ist jetzt wohl die vorherrschende, bei älteren Rädern findet man wohl auch das sogenannte Suspensionsprinzip angewandt, welches darin besteht, dass das Rad durch verhältnismässig schwache Stangen (die dann nur auf Zug beansprucht sind) so mit der Welle verbunden ist, dass es an dieser gleichsam aufgehangen ist. Die in der gerade unten befindlichen Radhälfte sitzenden Arme haben dann das Gewicht des ganzen Rades zu tragen, vorausgesetzt, dass die Radkränze starr genug sind. Das Suspensionsprinzip ist stets mit der durch Fig. 2, Tafel 8, dargestellten Zahnkranzanordnung verbunden, die Welle ist dann allerdings nicht auf Verdrehung beansprucht, aber die Zahnradanordnung ist, wie oben gezeigt, nicht so besonders empfehlenswert.

Die hölzernen Schaufeln — Tannenholz, Kiefer, Eiche — werden 25 bis 40 mm stark gemacht, je breiter desto stärker natürlich. Damit der Wasserstoss gegen die äusseren Schaufelkanten möglichst beschränkt wird, werden die Schaufel in der durch Fig. 39 gezeichneten Weise zugeschärft. Zur Befestigung der hölzernen Schaufel in den hölzernen Radkränzen sind in letztere 15 bis 20 mm tiefe Nuten eingestemmt, in welche die Schaufeln eingesetzt werden, die Kränze werden durch eiserne Anker von 15 bis 20 mm Durchmesser verschraubt, so dass die Schaufeln fest zwischen ihnen sitzen.

Eiserne Schaufeln werden in der Regel aus Schmiedeeisenblech hergestellt und erhalten dann, je nach Breite und Schaufelform, eine Dicke von 3 bis 7 mm, 4 mm ist ein häufig anzutreffender Wert. Eiserne Schaufeln werden mit hölzernen Kränzen verschraubt und zwar unter Zuhilfenahme von Winkeleisen, welche an die Schaufeln angenietet werden, bei eisernen Kränzen erfolgt die Verbindung in der Regel lediglich durch Nietung.

Die hölzernen Kränze der Zellenräder werden aus einzelnen Stücken — Felgen — zusammengesetzt. Die einen Ring bildenden Felgen heissen zusammen eine Felgenlage. Jeder Kranz besteht aus 2 Felgenlagen, die mit verwechselten Stossfugen aufeinander liegen.

Die Stärke einer Felgenlage schwankt je nach dem Durchmesser und der Kranztiefe des Rades von 40 bis 80 mm. Die einzelnen Felgen müssen um so kürzer werden, je kleiner der Raddurchmesser und je grösser die Kranztiefe ist, ferner je schmäler die zu verwendenden Bohlen sind. Sehr lange Felgen sind nicht vorteilhaft, weil zu viel Holz verschnitten wird.

Müssen bei Anwendung von Holzschaufeln in die innere Felgenlage Nuten eingestemmt werden, so ist dies bei der Wahl der Felgenstärke derart zu berücksichtigen, dass auch an den durch Nuten geschwächten Stellen mindestens 40 mm Holzstärke bleiben.

Die Verbindung der einzelnen Felgenlagen zum Kranze erfolgt durch hölzerne Nägel oder Schrauben von 30 mm Stärke, dieselben sind unter sich 180 mm und vom Rande wenigstens 60 mm entfernt. Die hölzernen Arme werden an die Kränze angeblattet und mit eisernen Schrauben verschraubt, wie Fig. 5, Taf. 7, zeigt. Die Verbindung mit der Welle erfolgt bei hölzernen Wellen in der Weise, dass die Arme entweder durch die Welle hindurch gesteckt werden, wodurch letztere geschwächt wird, oder in der Weise, wie Fig. 8, Tafel 8, zeigt, um die Welle gelegt werden (Sattelarme), oder schliesslich, indem sie an eisernen Naben verschraubt werden.

Die eisernen Naben für Holzarme, in der Regel aus Gusseisen hergestellt, werden so angeordnet, dass die von den Armen übertragenen Kräfte durch Rippen aufgenommen werden, sowohl in radialer als tangentialer Richtung. Der feste Sitz der Arme in den Naben wird erzielt, indem man die Vertiefungen der Nabe, welche die Armenden aufnehmen, in axialer Richtung zum Rade etwas konisch gestaltet, so dass sich das gleichgestaltete Armende beim Anziehen der Befestigungsschrauben keilartig einpresst.

Als Beispiel von Naben für Holzarme diene Fig. 1, Taf. 5 (aus Bach „Die Wasserräder"). Die hölzernen Wellen werden mit Vorliebe aus Eichenholz gemacht, doch findet man, besonders bei billigen und kleinen Rädern, auch Nadelholz. Die hölzernen Wellen werden mit eisernen Zapfen versehen und mit eisernen Ringen armiert. Die gebräuchlichsten Anordnungen werden durch die Fig. 1 und 6, Taf. 9 (aus Bach „Maschinenelemente") veranschaulicht.

Die Stärke der Welle ist zu berechnen in Rücksicht auf Biegung und Verdrehung, bei den Zapfen ist die Einwirkung der Nässe auf die Abnützung zu beachten.

Eiserne Radkränze werden, sofern sie die Stirnflächen des Schaufelkranzes abschliessen, wie z. B. bei den Zellenrädern, aus Schmiedeeisenblech hergestellt. Die Blechstärke ist abhängig von den Raddimensionen und ist insbesondere auch in Rücksicht darauf genügend gross zu wählen, dass der Kranz in sich steif genug sein muss, um die Lage der Arme gegeneinander einwandfrei zu sichern.

Die vorkommenden Stärken liegen bei solchen Blechkränzen zwischen 4 und 7 mm.

Man kann bei einigermassen grösseren Rädern die Kränze nicht ungeteilt transportieren, sie werden dann in einige gleiche Teile zerlegt, die am Aufstellungsort nur zusammengefügt zu werden brauchen.

In welcher Weise die Kränze anzuordnen sind, zeigen die Tafeln ausgeführter Wasserräder.

Um die Kränze möglichst leicht halten zu können, dabei aber doch die nötige Steifheit und Festigkeit zu erzielen, hat man sie als Gitterwerk hergestellt, z. B. in der Weise, wie die Fig. 7, Taf. 8, zeigt, welche dem Werke „Die Wasserräder" von Bach entnommen ist. Professor von Bach hat derartige Räder mehrfach ausgeführt und empfiehlt die Konstruktion. Bei Rädern mit offenen Stirnseiten werden, wie auch die Beispiele auf unseren Tafeln zeigen, zur Befestigung der Schaufelstühle u. s. w. mehrere schmale Kranzringe angeordnet, die unter sich durch die Schaufeln einesteils und gitterartige Verstrebungen andererseits zusammengehalten werden.

Das eigentliche Armsystem reicht dann häufig nur bis zum inneren Kranz. Die Kranzringe solcher Räder sind wohl zuweilen auch in Gusseisen ausgeführt worden, jetzt dürfte man, wenigstens bei grösseren Durchmessern, kaum etwas anderes als Schmiedeeisen in Form von Walzeisen verwenden.

Die Arme ganz eiserner Räder werden jetzt ebenfalls in der Regel aus Schmiedeeisen (Walzeisen) hergestellt, das ist einfach, solid und billig, gusseiserne Arme sind weder so wohlfeil noch so zuverlässig. Die Naben werden dagegen am besten aus Gusseisen hergestellt, sie sollen einfache Formen haben, die nicht zu Gussspannungen neigen. Mitunter bilden die Naben gleich mit dem zugehörigen Armsystem ein Gussstück. Das kann in manchen

Fällen bei kleinen Durchmessern des Armsystems empfehlenswert sein. Fig. 4, Taf. 9, zeigt eine solche Konstruktion.

Die schmiedeeisernen Arme werden in der Regel einfach mit der Nabe vernietet, wie es die Taf. 5, 6, 7 u. s. w. zeigen. Die Nieten sollen reichlich stark genommen werden, wie Bach hervorhebt, schon in Rücksicht auf die erforderliche Stärke der Heftschrauben, welche beim Zusammenpassen der Radteile in der Werkstatt in die Nietlöcher kommen.

Eine sehr vollkommene, insbesondere für grosse, sehr sorgfältig zu arbeitende Räder geeignete Verbindung der Arme und Nabe stellen die aus Bach, „Die Wasserräder“ entlehnten Fig. 6, 7, 8, Taf. 7, dar. Die Arme werden mit der Nabe durch Keile verspannt, welche gespalten sind und nach der Einpassung aufgetrieben werden.

Die eisernen Wellen werden jetzt auch ganz vorwiegend aus Schmiedeeisen, und zwar Flusseisen, gemacht. Die Daseinsberechtigung der gusseisernen Wellen ist bei der leichten, verhältnismässig wohlfeilen Erhältlichkeit schmiedeeiserner Wellen jeder Abmessung eigentlich erloschen, höchstens können manchmal noch hohle gusseiserne Wellen in Betracht kommen.

Die gusseisernen Achsen mit gerippten Querschnitten sind, wie Bach und andere schon längst hervorgehoben haben, geradezu konstruktiv falsch.

Die Lager für Wasserradwellen sind meistens recht einfacher Art, manchmal wirklich zu einfach. Es ist empfehlenswert, gusseiserne Lager mit Sohlplatten zu verwenden. Die Lager können zwar offen sein in Hinsicht auf die stete Anpressung der Welle nach unten, aber schon die Rücksicht auf gute Erhaltung der Zapfen lässt die Anordnung von leichten Deckeln erforderlich erscheinen.

Bei Kropfrädern, wo es wegen thunlichster Beschränkung der Schaufelspaltweiten auf genaue Lagerung ankommt, verwendet man Lager mit verstellbarer Unterschale. Fig. 2, Taf. 9, zeigt ein solches Lager, wie es Bach in seinen Maschinenelementen angibt. Bei diesem wird die gusseiserne Unterschale durch einen darunter liegenden verstellbaren, schmiedeeisernen Keil gehoben oder gesenkt. Der Keil läuft oben und unten auf Bronzeleisten, die Mutter zur Stellschraube des Keiles ist ebenfalls aus Bronze. Näheres ist in der angegebenen Quelle zu finden.

Der sogenannte Radboden, welcher bei manchen Rädern den Schaufelkranz nach innen abschliesst, ist am besten stets aus Holz zu machen, auch bei sonst ganz eisernen Rädern. Blechböden sind weniger angenehm wegen des grösseren Lärmes, welchen das aufschlagende Wasser und dergleichen hervorruft, immerhin sind Blechböden sehr häufig. Die Stärke der hölzernen Böden empfiehlt Bach bei Eichenholz zu 25 bis 30 mm, bei Kiefernholz 30 bis 35 mm zu wählen.

Vierter Teil.

Die Turbinen.

§ 19. Wirkung des Wassers in den Turbinen.

Das Wasser wirkt in den Turbinen nicht, wie z. B. im wesentlichen beim oberschlächtigen und rückenschlächtigen Wasserrad durch sein Gewicht, auch nicht wie bei den einfachen unterschlächtigen Rädern durch Stoss, ein solcher soll wenigstens bei guten Turbinen möglichst vermieden werden, sondern durch allmähliche Abgabe des ihm infolge seiner Geschwindigkeit innewohnenden Arbeitsvermögens. Diese Wirkung kommt dadurch zu stande, dass man das Wasser aus einem feststehenden Leitapparat, in geeigneter Richtung, mit der vollen, bei dem Gefälle der betreffenden Wasserkraftanlage möglichen Ausflussgeschwindigkeit oder wenigstens mit einem erheblichen Teile derselben, gegen zweckentsprechend gekrümmte Schaufeln eines in Umdrehung befindlichen Laufrades, dem die Arbeit aufnehmenden und übertragenden Bestandteile der Turbine, strömen lässt. Das Wasser wird durch die Schaufeln gezwungen, die Richtung seiner Bewegung stetig zu ändern, übt dabei einen Druck auf die Schaufeln aus und fliesst schliesslich nach dem Durchströmen der von den Schaufeln im Laufrad gebildeten Kanäle von diesem mit einer Geschwindigkeit ab, welche gegen die dem ganzen Gefälle entsprechende Ausflussgeschwindigkeit um so kleiner ist, je mehr Arbeit dem Wasser in der Turbine entzogen wurde.

Die Geschwindigkeit, mit welcher das Wasser aus dem Leitapparat, Leitrade, tritt, nennt man die absolute Ausflussgeschwindigkeit aus dem Leitrade. Hat diese absolute Ausflussgeschwindigkeit die volle bei dem betreffenden Gefälle mögliche Grösse, so nennt man die Turbine eine Druck-(Aktions-)Turbine, erfolgt dagegen der Ausfluss aus dem Leitrade mit nur einem Teile der möglichen Geschwindigkeit, so hat man es mit einer Ueberdruckturbine (auch Reaktionsturbine genannt) zu thun, weil dann dem

Wasser nach dem Austritt aus dem Leitrad noch ein hydraulischer Ueberdruck innewohnt.

Die Geschwindigkeit, mit welcher das Wasser an den rotierenden Laufradschaufeln entlang strömt, nennt man relative Geschwindigkeit, beim Eintritt in das Laufrad also relative Eintritts-, beim Austritt relative Austrittsgeschwindigkeit. Die Geschwindigkeit, mit welcher das Wasser das Rad thatsächlich verlässt, mit der es in den Raum um die bezw. unter der Turbine strömt, nennt man absolute Ausflussgeschwindigkeit aus dem Laufrade, sie ist die Resultante aus der relativen Austrittsgeschwindigkeit und der Umfangsgeschwindigkeit.

Bei den Druckturbinen behält, abgesehen von Reibungsverlusten und der Höhe des Laufrades bei Axialturbinen, das Wasser die relative Eintrittsgeschwindigkeit bei, es füllt, wie später noch weiter gezeigt wird, die Kanäle des Laufrades im allgemeinen nicht an allen Stellen voll aus.

Bei den Ueberdruckturbinen dagegen muss wegen des beim Eintritt in das Laufrad vorhandenen Ueberdruckes das Wasser die Kanäle überall ausfüllen, und weil bei diesen Turbinen die senkrecht zur Schaufelkurve gemessenen wassererfüllten Querschnitte abnehmen nach dem Austritt zu, muss die relative Geschwindigkeit beim Durchfluss durch das Laufrad wachsen. In diesem Anwachsen der relativen Geschwindigkeit bethätigt das nicht zur Erzeugung der absoluten Ausflussgeschwindigkeit aus dem Leitrade und zur Ueberwindung von Reibung u. dergl. verbrauchte Gefälle seine Wirkung.

Fig. 10, Taf. 2, stellt Leit- und Laufkanal einer Druckturbine, Fig. 12, Taf. 2, dasselbe bei einer axialen Ueberdruckturbine, Fig. 9 und Fig. 11, Taf. 2, stellen die zugehörigen Kranzquerschnitte von Leit- und Laufrad dar. In diesen Figuren ist A B die absolute Ausflussgeschwindigkeit aus dem Leitrade, A C und E H sind die hier gleichen Umfangsgeschwindigkeiten des Laufrades an der Eintritts- und der Austrittsseite, A D ist die relative Eintritts-, E G die relative Austrittsgeschwindigkeit, E F die absolute Austrittsgeschwindigkeit aus dem Laufrade. Die Figuren zeigen die vorstehend besprochenen Geschwindigkeits- und Querschnittsänderungen ohne weitere Erläuterung.

§ 20. Allgemeine Anordnung und Arten der Turbinen.

Jede Turbine, wenigstens der jetzt noch gebräuchlichen, vollkommenen Systeme, muss also nach vorhergehendem einen Leitapparat besitzen, welcher den Abschluss der Wasserzuleitung bildet, ferner besteht sie aus einem Laufrad, dessen Schaufeln die Kraftwirkung des Wassers vermitteln. Das Laufrad selbst sitzt fest auf einer mit ihm rotierenden Welle, welche zur Weiterleitung und Abgabe der Arbeit dient und in geeigneter Weise gelagert ist. Den Zwischenraum zwischen Leit- und Laufrad, der aus praktischen Gründen nicht verschwindend gemacht werden kann, nennt man Spalt.

Schon im vorigen Paragraphen ist auf die Einteilung der Turbinen in Druck- und Ueberdruckturbinen hingewiesen worden, ausserdem können die Turbinen noch verschiedener Art sein in Bezug auf Anordnung des Leitrades und Laufrades, in Bezug auf ihre Aufstellungsart u. s. w.

Die Fig. 1 bis 7, Taf. 2, stellen die gebräuchlichen Anordnungen in Vertikalschnitten schematisch dar; das Leitrad ist bezeichnet mit a, das Laufrad mit b, die Welle mit w, die Wasserzuleitung mit o, das Unterwasser mit u.

Wenn man das Wasser in der Richtung der Turbinenachse durch die Turbine führt, wenn sich also z. B. bei senkrechter Achse die Laufradkanäle unter den Leitkanälen hinbewegen, so nennt man die betreffende Turbine axial beaufschlagt, Axialturbine (Fig. 1, 2, 3, Taf. 2). Fliesst dagegen das Wasser in radialem Sinne hindurch, umgibt also der Schaufelkranz des Laufrades konzentrisch den des Leitrades, oder umgekehrt, so heisst die Turbine innen bezw. aussenschlächtige Radialturbine (Fig. 4, 5, 6, sowie Fig. 7, Taf. 2). Man kann nun dem Laufrad auf seinem ganzen Umfange Wasser aus dem Leitrade zuführen, dann ist die Turbine eine Vollturbine, oder man kann die Anordnung so treffen, dass nur auf einem Teile des Umfanges der Zufluss stattfindet, dann liegt eine Partialturbine vor (Vollturbine z. B. Fig. 1 u. s. w., Partialturbine Fig. 5, Taf. 2). Eine viel gebräuchliche Aufstellungsart, bei manchen Turbinen die günstigste, ist im allgemeinen die, dass sie unmittelbar frei über dem Unterwasser ausgiesst (Fig. 1, Taf. 2), jedoch lässt man auch die Turbine im Unterwasser umgehen (Fig. 3, Taf. 2) und stellt sie besonders in der neueren Zeit sehr häufig auch verhältnismässig hoch über dem Unterwasser auf, mit dem sie dann durch ein bis zum Leitapparat reichendes, das Laufrad umschliessendes Rohr in Verbindung steht. Dieses Rohr taucht natürlich in das Unterwasser soweit ein, dass Schwankungen im Stande desselben nicht etwa die Mündung freilegen und der Luft, die abgesperrt bleiben soll, Zutritt gewähren. Bei einer solchen Turbine — Rohrturbine genannt — wirkt das Gefälle vom Unterwasserspiegel bis zum Laufrad saugend, es dürfte theoretisch so gross sein, dass die Wassersäule dem Druck der Atmosphäre das Gleichgewicht hält, also normal ca. 10,3 Meter, thatsächlich muss es aber kleiner sein, etwa 8 Meter höchstens. Fig. 7, Taf. 2, stellt eine aussenschlächtige Radialturbine obiger Aufstellungsart dar.

Ueber die Vorteile dieser Aufstellungsart wird später noch näher in § 28 die Rede sein.

Der Einbau der Turbinen erfolgt bei niederen Gefällen in unmittelbar an den Obergraben anschliessende gemauerte oder gezimmerte, mitunter auch aus Eisenblech hergestellte, oben offene Kammern; siehe Fig. 1, 7 und 4, Taf. 2. Bei grösseren

Gefällen führt man den Turbinen das Wasser vom Obergraben mittels einer Rohrleitung zu, der Leitapparat ist dann von einem geschlossenen Gehäuse (Kessel, Haube etc.) umgeben, an welches die Rohrleitung anschliesst (Fig. 2 und 3, Taf. 2) oder er bildet nur, wie bei manchen Partialturbinen, einen erweiterten mit Leitschaufeln versehenen Teil der Rohrleitung (Fig. 5 und 6, Taf. 2). Gewöhnlich werden die Turbinen mit stehender Welle gebaut (Fig. 1, 2, 4, 6, 7, Taf. 2), jedoch sind auch solche mit liegender Welle nicht selten (Fig. 3 und 5, Taf. 2). Letztere Bauart, in Verbindung mit Anwendung eines Saugrohres, ermöglicht oft besonders günstige Gesamtanordnungen und ist in neuerer Zeit mit Recht sehr in Aufnahme gekommen.

Leitrad und Laufrad werden meist aus Gusseisen hergestellt, die Schaufeln werden entweder ebenfalls aus Gusseisen gemacht, einzeln, oder aber vorwiegend mit dem Rade in einem Guss gefertigt, oder sie werden aus Eisen- bezw. Stahlblech gebogen und mit eingegossen. In besonderen Fällen werden Laufrad und Leitrad auch aus Bronze, Kanonenmetall etc. hergestellt, aber selten. Die stehenden Wellen der Turbinen sind entweder massive schmiedeeiserne, oder hohle gusseiserne Wellen. Die Hauptlagerung und Stützung erfolgt bei den massiven Wellen durch im Unterwasser befindliche Spurzapfen, oder über dem Oberwasserspiegel angeordnete Ring- oder Kammzapfen. Die hohlen gusseisernen Wellen bekommen immer oben befindliche Spurzapfen, eine Tragstange, deren Achse mit der Wellenachse zusammenfällt und die sich auf einem im Untergraben befindlichen Fundament erhebt, bildet die Unterlage für das Spurlager. Näheres hierüber ist noch in späteren Kapiteln zu besprechen. Fig. 7, Taf. 2, zeigt die Anordnung bei massiver, Fig. 1, Taf. 2, bei hohler Welle. Liegende Wellen werden bei Turbinen wohl ausnahmslos als volle schmiedeeiserne bezw. stählerne Wellen hergestellt.

Theorie der Turbinen.

§ 21. Bezeichnungen.

Zum fortdauernden Gebrauch bei den folgenden Ermittelungen sollen zunächst die Bezeichnungen der wichtigsten für die Berechnung der Turbinen in Betracht kommenden Grössen zusammengestellt werden. Der Leser vergleiche dabei einesteils die schon erwähnten Fig. 10 und 12, Taf. 2, welche die Bezeichnungen der Geschwindigkeiten und Winkel enthalten, anderenteils die Fig. 1, 2, 3, Taf. 3, welche die Gefällebezeichnungen bei den verschiedenen Aufstellungsarten veranschaulichen. Es soll nun bezeichnen:

H das für die Turbine in Betracht kommende Gefälle.

H_0 das Gefälle vom Unterwasser- bis zum Oberwasserspiegel bei der in normalem Gange befindlichen Turbine.

H_1 die Höhe, in welcher der Aufluss aus dem Leitrad über dem Unterwasser erfolgt.
H_2 die Höhe, in welcher der Ausfluss aus dem Laufrade über dem Unterwasser erfolgt.
h_1 der Ueberdruck (über den Atmosphärendruck), welchen das Wasser unmittelbar nach Verlassen des Leitrades, also im Spalt noch besitzt.
h_2 den Ueberdruck (über den Atmosphärendruck), welchen das Wasser nach dem Austritt aus dem Laufrad noch besitzt.
c_0 die Geschwindigkeit des Aufschlagwassers im Obergraben.
c_1 die absolute Ausflussgeschwindigkeit des Wassers aus dem Leitrade.
m die sogenannte Charakteristik, d. h. der Teil des Gefälles H, welcher zur Erzeugung von c_1 verwendet wird, also $c_1 = \sqrt{2gmH}$.
c_2 die absolute Ausflussgeschwindigkeit des Wassers aus dem Laufrade.
c_3 die Geschwindigkeit des Wassers im Untergraben.
w_1 die relative Eintrittsgeschwindigkeit des Wassers in das Laufrad.
w_2 die relative Austrittsgeschwindigkeit des Wassers aus dem Laufrad.
v_1 die Umfangsgeschwindigkeit des Laufrades an der Eintrittsseite, r_1 zugehöriger Radius.
v_2 die Umfangsgeschwindigkeit des Laufrades an der Austrittsseite, r_2 zugehöriger Radius.
U die Umdrehungszahl des Laufrades pro Minute.
p das Gefälle, welches im Laufrade beschleunigend auf das Wasser wirkt.
c_p die diesem Gefälle entsprechende Geschwindigkeit $c_p = \sqrt{2gp}$.
α den spitzen Winkel, unter welchem die absolute Ausflussgeschwindigkeit aus dem Leitrade gegen den Radumfang geneigt ist, Winkel, welchen die Leitschaufeln mit dem Radumfang bilden, Winkel zwischen v_1 und c_1.
β den Winkel zwischen v_1 und w_1, Winkel, welchen die Laufradschaufeln an der Eintrittsstelle mit dem Radumfang bilden sollen.
δ den spitzen Winkel zwischen w_2 und v_2, Winkel, unter dem die Laufradschaufeln an der Austrittsstelle gegen den Radumfang geneigt sind.
y_1 den Gefälleverlust infolge der Bewegungswiderstände u. s. w., bei der Bewegung des Wassers bis zum Austritt aus dem Leitrade.
y_2 desgleichen bei der Bewegung durch das Laufrad.
y_3 desgleichen bei der Ausströmung aus dem und beim Abfluss von dem Laufrad bis zum Unterwasser.
f_1 die wirkliche freie Ausflussfläche des Leitrades, gemessen bei Axialturbinen in der Ebene des mittleren Austrittsumfanges, bei Radialturbinen in der entsprechenden Cylinderfläche.

f_2 die wirkliche freie und wassererfüllte Ausflussfläche des Laufrades, in gleicher Weise bestimmt wie f_1.

k der Koeffizient der Radausweitung $k = \frac{f_1}{f_2}$.

z_1 die Zahl der Leitkanäle, s_1 Dicke der Leitschaufeln an der Austrittsstelle.

z_2 die Zahl der Laufradkanäle, s_2 Dicke der Laufradschaufeln an der Eintritts-, s_3 an der Austrittsstelle.

b die lichte Breite des Leitrades an der Ausflussseite.

b_1 und b_2 die lichten Breiten des Laufrades an der Einfluss- und an der Ausflussseite.

e die lichte Weite eines Leitkanales, gemessen im Austrittsumfange des Leitrades.

e_2 die lichte Weite eines Laufradkanales, gemessen im Austrittsumfange des Laufrades.

Q die verfügbare Wassermenge in Kubikmetern.

γ Gewicht eines cbm Wasser = 1000 kg.

φQ die wirksame Wassermenge; also $(1 - \varphi) Q$ den Verlust durch Ausfluss aus dem Spalt.

x die Grösse der Spaltöffnung.

N_0 die verfügbare Leistung in Pferdestärken (PS) $= \frac{QH}{75}$.

N die Nutzleistung
η der Wirkungsgrad $\Big\}$ $N = \eta N_0$.

ε der hydraulische Wirkungsgrad.

ρ der Teil der verfügbaren Leistung, welcher durch Reibung der Turbinenwelle, Zapfen etc. aufgebraucht wird, also z. B. ρN_0 der betreffende Betrag in Pferdestärken.

$g = 9{,}81$ m pro Sekunde, die Beschleunigung der Schwere.

Alle Geschwindigkeiten verstehen sich in Metern pro Sekunde, alle Gefällegrössen, Druckhöhen und hydraulische Widerstände in Metern-Wassersäule, alle Turbinendimensionen in Metern, alle Flächen in Quadratmetern, alle Wassermengen in Kubikmetern und die Winkel im Gradmafs.

§ 22. Beziehungen zwischen den Gefällegrössen, den Geschwindigkeiten, Schaufelwinkeln und Radabmessungen.

Das Wasser fliesst im Obergraben mit der Geschwindigkeit c_0 zu, bringt also einen Arbeitsinhalt mit, welcher einem Gefälle von $\frac{c_0^2}{2g}$ entspricht, im Untergraben nimmt es dagegen bei seiner Geschwindigkeit c_3 ein Arbeitsvermögen mit hinweg, welches einem Gefälle $\frac{c_3^2}{2g}$ entspricht, also steht zur Verwertung in der Turbine ein Gesamtgefälle zur Verfügung, welches sich ergibt zu

$$H = H_0 + \frac{c_0^2 - c_3^2}{2g} \quad \ldots \ldots 1.$$

a) Bewegung des Wassers bis zum Ausfluss aus dem Leitrade.

Beim Einfluss in die Turbinenkammer, in das Leitrad und beim Durchfluss durch dieses treten Bewegungswiderstände u. s. w. auf, welche einen Gefälleverlust y_1 verursachen, der übrige Teil des bis zum Ausfluss aus dem Leitrad vorhandenen Gefälles wird zerlegt in das zur Erzeugung der Ausflussgeschwindigkeit c_1 dienende Gefälle m H und die hydraulische Druckhöhe h_1. Es gilt also folgende Gleichung:

$$\frac{c_1^2}{2g} + h_1 = \frac{c_0^2}{2g} + H_0 - H_1 - y_1 \quad \ldots . \; 2$$

oder auch

$$m H + h_1 = \frac{c_0^2}{2g} + H_0 - H_1 - y_1 \quad \ldots . \; 2a.$$

Man erinnere sich hier und bei den folgenden Aufstellungen von Gleichungen immer der im ersten Teil unter Nr 55 gegebenen Gleichungen für die Bewegung des Wassers in Rohrleitungen, sowie der dort vorhergehenden Erklärungen, In obiger Gleichung 2 bezw. 2a ist $\frac{c_0^2}{2g} + H_0 - H_1$ die hydrostatische Druckhöhe für die Austrittsmündung des Leitrades, denn würde diese geschlossen, so käme das Wasser im Obergraben zum Stillstand und stände darin um $\frac{c_0^2}{2g}$ höher als bei der Bewegung, sofern man das für den Obergraben erforderliche Gefälle hier nicht in Betracht zieht. Man kann also Gleichung 2 folgendermassen lesen:

Geschwindigkeitshöhe der Ausflussgeschwindigkeit + hydraulische Druckhöhe an der Ausflussstelle = hydrostatischer Druckhöhe daselbst — Widerstandshöhe für die Bewegung vom Wasserspiegel bis zum Ausfluss.

b) Ausfluss aus dem Leitrade.

Es werde angenommen, dass die Breite b der Kanäle im Verhältnis zum mittleren Radius bei Axialturbinen klein genug ist, dass man auch bei diesen ohne Fehler den Flächeninhalt der von den Turbinenkränzen eingeschlossenen Ringfläche zu

Fig. 54.

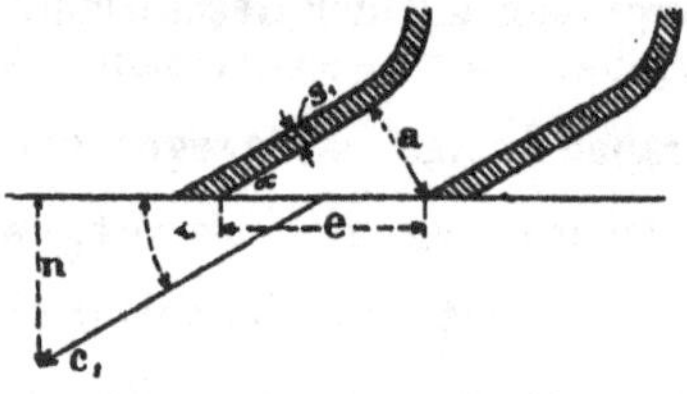

Fig. 55.

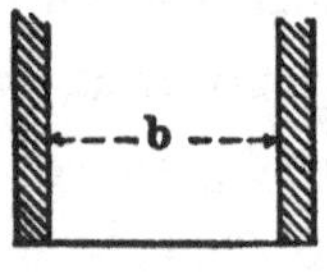

$2 r \pi$ b berechnen darf. Fig. 54 ist der Schnitt eines Leitkanals in der Mitte des Schaufelkranzes, Fig. 55 der Kranzquerschnitt.

Die Weite eines Kanales gemessen senkrecht zur Schaufelrichtung sei a, dann ist die Wassermenge q, welche durch einen Kanal fliesst, $c_1 \cdot a \cdot b$. Bezeichnet e die lichte Weite eines Leitkanales gemessen im Radumfange, so ist $a = e \cdot \sin \alpha$, mithin $q = c_1 \cdot e \sin \alpha \cdot b$ oder $c_1 \sin \alpha \cdot e \cdot b$. Die Grösse $c_1 \sin \alpha$ ist nun nichts anderes als die Geschwindigkeit, mit welcher das Wasser bei Axialturbinen in axialer, bei Radialturbinen in radialer Richtung aus dem Leitrad strömt, sie werde, da sie weiter unten noch gebraucht wird, mit n bezeichnet,

$$c_1 \sin \alpha = n \quad .\ .\ .\ .\quad 3a.$$

Das Leitrad hat z_1 Kanäle, mithin ist die gesamte pro Sekunde durchfliessende Wassermenge $Q = z_1 \cdot c_1 \sin \alpha \cdot e \cdot b = z_1 \cdot n \cdot e \cdot b$. Nehmen wir nun einstweilen an, dass die Fläche $e \cdot b$ wirklich voll zur Geltung komme, so ist $z_1 \cdot e \cdot b = f_1$ und also

$$Q = c_1 \sin \alpha \cdot f_1 = n \cdot f_1 \quad .\ .\ .\ .\quad 3.$$

c) **Eintritt in das Laufrad.**

Der Eintritt in das Laufrad soll im Interesse des bestmöglichen Wirkungsgrades stossfrei erfolgen. Das Wasser muss beim Eintritt in das Laufrad die Umfangsgeschwindigkeit v_1 annehmen und fliesst mit der relativen Geschwindigkeit w_1 an der Schaufel ein. Der stossfreie Eintritt ist gesichert, wenn der Winkel β, welchen die Laufradschaufel mit dem Eintrittsumfang bildet (siehe Fig. 8 und 9, Taf. 2), sich deckt mit dem Winkel, welchen nach dem Gesetz vom Parallelogramm der Geschwindigkeiten w_1 und v_1 einschliessen. Fig. 56 zeigt dieses Parallelogramm.

Fig. 56.

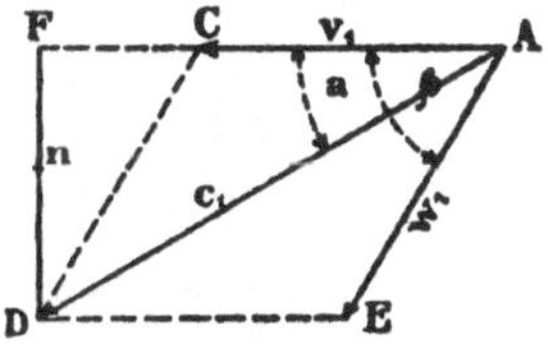

Es geht aus dieser Figur sofort hervor

$DF = c_1 \sin \alpha = n$,

$DC = EA = w_1$,

$\sphericalangle FCD = \sphericalangle CAE = \beta$,

$DF = w_1 \sin \beta = n$,

mithin $w_1 \sin \beta = c_1 \sin \alpha = n$ oder

$$w_1 = c_1 \frac{\sin \alpha}{\sin \beta} = \frac{n}{\sin \beta} \quad .\ .\ .\ .\quad 4,$$

ferner $AC = v_1 = AF - CF = FD(\cot \alpha - \cot \beta)$ oder

$$v_1 = c_1 \sin \alpha (\cot \alpha - \cot \beta) \quad .\ .\ .\ .\quad 5.$$

Setzt man $CF = \triangle$, so kann man auch folgende Beziehung feststellen

$$w_1^2 = n^2 + \triangle^2 \quad .\ .\ .\ .\quad 5a.$$

d) **Durchfluss durch das Laufrad.**

Beim Eintritt in das Laufrad hat das Wasser den Ueberdruck h_1 (über die Atmosphäre), beim Austritt dagegen h_2, also ist eine Druckdifferenz $h_1 - h_2$ vorhanden, ausserdem fällt das

Wasser im Laufrad um den Betrag $H_1 - H_2$, mithin wirkt im Laufrad ein Gefälle von $h_1 - h_2 + H_1 - H_2$ auf das Wasser ein; während ein Gefälle y_2 durch Bewegungswiderstände und andere Verluste aufgezehrt wird.

Bei Axialturbinen ergibt sich aus obigen Betrachtungen für w_2 die Gleichung

$$\frac{w_2^2}{2g} = \frac{w_1^2}{2g} + h_1 - h_2 + H_1 - H_2 - y_2 \quad \ldots . \quad 6a.$$

Bei Radialturbinen kommt nun noch ein anderer Umstand in Betracht. Nach den Lehren der theoretischen Mechanik wirkt die Zentrifugalkraft auf das durch die Kanäle strömende Wasser in der Weise ein, dass das Arbeitsvermögen der relativen Bewegung sich ändert um einen Betrag, welcher bemessen wird durch eine Gefällegrösse von $\frac{v_2^2 - v_1^2}{2g}$, d. h. wenn man absieht von der Einwirkung des Ueberdruckes, so ist

$$\frac{w_2^2}{2g} - \frac{w_1^2}{2g} = \frac{v_2^2 - v_1^2}{2g}.$$

Für Radialturbinen geht also die Gleichung 6a über in

$$\frac{w_2^2}{2g} = \frac{w_1^2}{2g} + \frac{v_2^2 - v_1^2}{2g} + h_1 - h_2 + H_1 - H_2 - y_2 \quad \ldots . \quad 6.$$

Bei Axialturbinen ist $v_2 = v_1$ anzunehmen, dann geht Gleichung 6 in 6a über. Gleichung 6 stellt den allgemeinen Fall dar und soll in der Folge allein weiter verwendet werden.

Der Wert $h_1 - h_2 + H_1 - H_2 - y_2$ werde bezeichnet mit p, so dass also

$$\frac{w_2^2}{2g} = \frac{w_1^2}{2g} + \frac{v_2^2 - v_1^2}{2g} + p \quad \ldots . \quad 6b.$$

Ist c_p die Geschwindigkeit, welche einem Gefälle p entspricht, mithin $p = \frac{c_p^2}{2g}$, so geht, wenn man ausserdem die ganze Gleichung mit 2g multipliziert, diese über in

$$w_2^2 = w_1^2 + v_2^2 - v_1^2 + c_p^2 \quad \ldots . \quad 7.$$

e) **Austritt aus dem Laufrade.**

In der Richtung der Schaufelenden hat das Wasser bei seinem Austritt die Geschwindigkeit w_2, in der Richtung des Radumfanges die diesem eigene Geschwindigkeit v_2, die absolute Ausflussgeschwindigkeit aus dem Laufrad c_2, also die Geschwindigkeit, mit welcher der Raum um das Laufrad durchströmt wird, ergibt sich nach dem Gesetze vom Parallelogramm der Geschwindigkeiten als Resultante von w_2 und v_2; c_2 soll nicht nur möglichst klein, sondern auch gegen den Austrittsumfang senkrecht gerichtet sein. Ein anders gerichtetes c_2 wird eben auch nur im Betrage der senkrechten Komponente für den Abfluss verwendet, die andere Komponente wird nutzlos geopfert.

Der Bedingung des senkrechten Austrittes entspricht die Gleichung

$$w_2^2 = v_2^2 + c_2^2 \quad \ldots \quad 8$$

und

$$\sin \delta = \frac{c_2}{w_2} \quad \ldots \ldots \ldots \quad 8a.$$

Beide Gleichungen ergeben sich unmittelbar bei Betrachtung der Fig. 57.

Fig. 57.

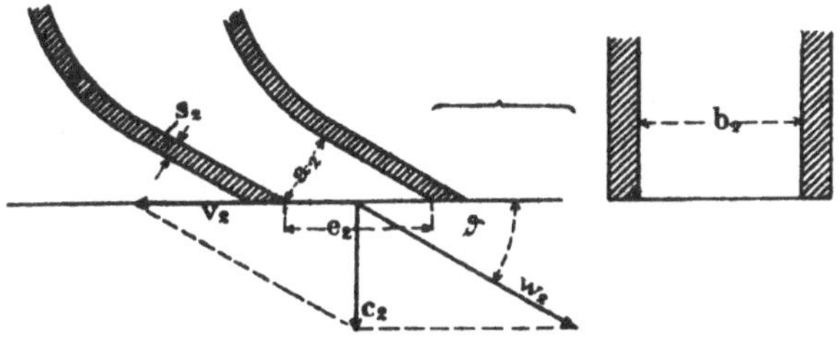

Es sei nun entsprechend den Bezeichnungen u. s. w. bei der Betrachtung des Ausflusses aus dem Leitrade a_2 die Laufradkanalweite senkrecht zur Schaufel, e_2 die lichte Weite im Austrittsumfange und b_2 die lichte Breite des Kanales an der Austrittsseite, dann ist, wenn noch z_2 die Zahl der Laufradkanäle bedeutet,

$$Q = z_2 \cdot a_2 \cdot b_2 \cdot w_2 = z_2 \cdot e_2 \sin \delta \cdot b_2 \cdot w_2,$$

weil aber $\sin \delta \cdot w_2 = c_2$ ist, und $z_2 \cdot e_2 \cdot b_2 = f_2$ muss auch sein

$$Q = f_2 \cdot c_2 \quad \ldots \quad 9.$$

f) Abfluss von der Turbine.

Das mit c_2 aus der Turbine tretende Wasser hat noch ein dem Gefälle $\frac{c_2^2}{2g}$ entsprechendes Arbeitsvermögen und an der Austrittsstelle soll der Druck h_2 herrschen. Vom Laufrad bis zum Unterwasser wirkt noch das Gefälle H_2 auf das Wasser ein, die Bewegungswiderstände und sonstigen Gefälleverluste entsprechen einem Gefällebetrag y_3, im Untergraben aber, wo das Wasser mit c_3 fliesst, muss es noch den einem Gefälle $\frac{c_3^2}{2g}$ entsprechenden Arbeitsinhalt haben, daraus folgt die Gleichung

$$\frac{c_3^2}{2g} = \frac{c_2^2}{2g} + h_2 + H_2 - y_3 \quad \ldots \quad 10.$$

g) Folgerungen aus den bisherigen Gleichungen.

Nach Gleichung 3 ist $Q = n \cdot f_1$.

Nach Gleichung 9 ist $Q = c_2 \cdot f_2$,

folglich $$1 = \frac{n}{c_2} \cdot \frac{f_1}{f_2}.$$

Der Quotient $\frac{f_1}{f_2}$ ist ein Maſs für die Ausweitung des Laufrades nach der Austrittsseite, er soll nach früherem bezeichnet werden mit k, also

$$\frac{c_2}{n} = k; \quad c_2 = n \cdot k \quad \ldots \quad 11.$$

Nach Gleichung 8 ist $w_2^2 = v_2^2 + c_2^2$.

Nach Gleichung 7 ist $w_2^2 = w_1^2 + v_2^2 - v_1^2 + c_p^2$,

mithin $$v_2^2 + c_2^2 = w_1^2 + v_2^2 - v_1^2 + c_p^2$$

oder $$v_1^2 = w_1^2 - c_2^2 + c_p^2 \quad \ldots \ldots \quad 12.$$

Nach Gleichung 4 ist $w_1 = \frac{n}{\sin \beta}$,

nach Gleichung 5 ist $v_1 = n (\cot \alpha - \cot \beta)$,

setzt man diese Werte für w_1 und v_1, sowie den Wert, welchen Gleichung 11 für c_2 gibt, in Gleichung 12 ein, so ist

$$n^2 \cot^2 \alpha - 2 n^2 \cot \alpha \cot \beta + n^2 \cot^2 \beta = \frac{n^2}{\sin^2 \beta} - n^2 k^2 + c_p^2$$

oder wegen $\frac{1}{\sin^2 \beta} = 1 + \cot^2 \beta$

$$n^2 \cot^2 \alpha - 2 n^2 \cot \alpha \cot \beta + n^2 \cot^2 \beta = n^2 + n^2 \cot^2 \beta - n^2 k^2 + c_p^2$$

oder $$2 n^2 \cot \alpha \cot \beta = n^2 \cot^2 \alpha + n^2 k^2 - n^2 - c_p^2,$$

setzt man hierin für n seinen Wert $c_1 \sin \alpha$ ein, so geht zunächst obige Gleichung über in

$$2 c_1^2 \sin \alpha \cos \alpha \cot \beta = c_1^2 \cos^2 \alpha + c_1^2 \sin^2 \alpha \, k^2 - c_1^2 \sin^2 \alpha - c_p^2,$$

wegen $2 \sin \alpha \cos \alpha = \sin^2 \alpha$ und $\cos^2 \alpha - \sin^2 \alpha = \cos 2 \alpha$ ist dann

$$c_1^2 \sin 2 \alpha \cot \beta = c_1^2 \cos 2 \alpha + c_1^2 \sin^2 \alpha \, k^2 - c_p^2,$$

mithin

$$\cot \beta = \cot 2 \alpha + \frac{1}{2} \tan \alpha \, k^2 - \frac{c_p^2}{c_1^2 \sin 2 \alpha} \quad \ldots \quad 13.$$

Die Gleichung 13 zeigt, dass für einen gegebenen Winkel α und für ein angenommenes k der Winkel β um so grösser sein muss, je grösser c_p im Verhältnis zu c_1 ist, je mehr die Turbine also mit Ueberdruck arbeitet, andererseits sieht man, dass bei gegebenem α und c_p, β um so grösser wird, je kleiner k ist, also je mehr das Laufrad nach der Austrittsseite zu ausgeweitet wird.

Hat man aber (c_1, α, k und c_p als bekannt vorausgesetzt) $\cot\beta$ bestimmt, dann kann man alle übrigen Grössen leicht berechnen; v_1 nach Gleichung 5, w_1 nach Gleichung 4, v_2 ergibt sich aus v_1 durch $v_2 = \frac{r_2}{r_1} v_1$; c_2 aus Gleichung 11, w_2 aus Gleichung 8 und Winkel δ aus Gleichung 8a.

h) Graphisches Verfahren.

Schneller als die vorstehend angegebene rechnerische Methode führt das von Prof. Herrmann, Aachen, in seinem vorzüglichen Buche „Die graphische Theorie der Turbinen und Kreiselpumpen", sowie in Weisbachs „Ingenieur- und Maschinen-Mechanik", 2. Teil, Abt. 2, angegebene Diagramm zum Ziele, es soll deshalb mit den bisher angewandten Bezeichnungen und in Anlehnung an das Vorangegangene erläutert werden.

Nach Gleichung 5a und Fig. 56 ist $w_1^2 = n^2 + \triangle^2$.

Nach Gleichung 11 ist $c_2^2 = n^2 k^2$,

setzt man diese Werte in Gleichung 12 ein, so erhält man

$$v_1^2 = n^2 + \triangle^2 - n^2 k^2 + c_p^2 \text{ oder}$$

$$v_1^2 - \triangle^2 = n^2 + c_p^2 - (n\,k)^2 \quad \ldots\ldots \quad 14.$$

Diese Gleichung kann geometrisch gelöst werden, denn bezeichnet man die rechte Seite mit M^2, so ist

$$(v_1 - \triangle)(v_1 + \triangle) = M^2,$$

mithin M die mittlere Proportionale zu v_1 und $\triangle$.

Um v_1 zu erhalten, und damit die sonst noch unbekannten Winkel und Geschwindigkeiten, hat man z. B. folgendermassen zu verfahren (siehe Fig. 4, Taf. 3): Man ziehe zwei zu einander senkrechte Gerade, trage vom Schnittpunkt F aus auf der einen $FD = n$ ab, schlage von D aus einen Kreis mit dem Radius c_1, derselbe schneidet die andere Gerade in A; dann ist Winkel $FAD = \alpha$ und $FA = v_1 + \triangle$ (vergl. Fig. 56), nun mache man FG in der Verlängerung von $AF = c_p$ (vorausgesetzt dass $\frac{c_p^2}{2g}$ eine positive Grösse, also dass der Ueberdruck die Verluste im Laufrade überwiegt), ziehe GD, welches gleich $\sqrt{n^2 + c_p^2}$, schlage über GD einen Halbkreis, trage von D aus $DH = c_2 = n\,k$ ab, schlage mit DH den Kreisbogen DJ, so ist

$$GJ = \sqrt{n^2 + c_p^2 - (n\,k)^2} = M.$$

Man mache weiter auf DF von F aus $FK = M$ und bestimme auf FA den Mittelpunkt L des Kreises, welcher durch K und A geht; dann ist $LA = v_1$.

Denn $KF^2 = FS \cdot FA$, wegen $SL = LA$ ist also $KF^2 = (LA - FL)(LA + FL)$, da $FA = (LA + FL) = v_1 + \triangle$ und $KF = M$ muss $FS = LA - FL = v_1 - \triangle$ sein oder $2\,v_1 = 2\,LA$, $LA = v_1$.

Zieht man L D, so ist damit w_1 bestimmt (denn $FD^2 + FL^2 = n^2 + \triangle^2$) und Winkel $FLD = \beta$. Aus v_1 bestimmt man $v_2 = \frac{r_2 v_1}{r_1}$, trägt von H aus $HN = v_2$ senkrecht zu DH auf, verbindet N mit D und hat damit $ND = w_2 = \sqrt{NH^2 + HD^2} = \sqrt{v_2^2 + c_2^2}$, sowie Winkel δ = Winkel HND.

Natürlich kann man noch in anderer Weise Bestimmungsgleichungen für die Turbinenelemente aufstellen und es soll zum Schlusse dieses Abschnittes deshalb noch eine rechnerische Methode ganz kurz dargestellt werden, weil die betreffenden Formeln sehr klar und übersichtlich sind, in den bedeutendsten Lehrbüchern über Turbinen verwendet werden und der Leser sie deshalb schon kennen möchte. (Vergl. Bach, „Die Wasserräder"; Grashof, „Theoret. Maschinen-Lehre", Bd. III.)

Addiert man Gleichung 2, 6 und 10, so erhält man

$$\frac{c_1^2 + w_2^2 + c_3^2}{2g} = \frac{c_0^2 + w_1^2 + c_2^2}{2g} + \frac{v_2^2 - v_1^2}{2g} + H_0 - y_1 - y_2 - y_3,$$

nach Gleichung 1 ist

$$H_0 + \frac{c_0^2 - c_3^2}{2g} = H;$$

ferner ist $H - y_1 - y_2 - y_3$ nichts anderes als das wirksame Gefälle, d. h. das Gefälle, dem die vom Wasser an das Laufrad übertragene Arbeit entspricht, also kann man setzen $H_1 - y_1 - y_2 - y_3 = \varepsilon H$ und mithin

$$\frac{c_1^2 - c_2^2}{2g} + \frac{w_2^2 - w_1^2}{2g} - \frac{v_2^2 - v_1^2}{2g} = \varepsilon H,$$

wegen $w_1^2 = c_1^2 + v_1^2 - 2 c_1 v_1 \cos\alpha$ (siehe Fig. 56) und $w_2^2 = v_2^2 + c_2^2$ (nach Gleichung 8) ist dann nach einigen einfachen Umformungen

$$\varepsilon H = \frac{c_1 v_1 \cos\alpha}{g} \quad .\ .\ .\ .\ 15.$$

Diese Gleichung zeigt in sehr schöner einfacher Weise, dass die Umfangsgeschwindigkeit einer Turbine bei gegebenem Gefälle und hydraulischem Wirkungsgrad, sowie gegebenem α um so grösser ist, je kleiner c_1 ist, also mit je grösserem Ueberdruck die Turbine arbeitet.

Aus Gleichung 15 folgt wegen $\frac{c_1}{\sin\beta} = \frac{v_1}{\sin(\beta - \alpha)}$ (siehe Figur 56), also

$$c_1 = v_1 \frac{\sin\beta}{\sin(\beta - \alpha)}$$

$$\varepsilon H = \frac{v_1^2}{2g} \frac{\cos\alpha \sin\beta}{\sin(\beta - \alpha)} \quad \text{oder } v_1 = \sqrt{g \varepsilon H \frac{\sin(\beta - \alpha)}{\cos\alpha \sin\beta}}$$

$$v_1 = \sqrt{g \varepsilon H \left(1 - \frac{\operatorname{tg}\alpha}{\operatorname{tg}\beta}\right)} \quad .\ .\ .\ .\ 16.$$

Weil nun $c_1 = \sqrt{2 g m H}$ ist, kann man Gleichung 15 auch schreiben

$$\varepsilon H = \frac{v_1 \cos\alpha}{g} \sqrt{2 g m H} \text{ oder}$$

$$v_1 = \frac{\varepsilon}{\cos\alpha} \sqrt{\frac{g H}{2 m}} \quad \ldots\ldots 17,$$

setzt man nun beide Ausdrücke (16 und 17) für v_1 gleich, so folgt schliesslich

$$\varepsilon = m \sin 2\alpha (\cot\alpha - \cot\beta) \quad \ldots\ldots 18.$$

Da ist ein bequemer Ausdruck zur Bestimmung von β. Damit sind nun alle übrigen Stücke bestimmbar und man berechnet also, nachdem man ε, α und c_1 beziehentlich ε, α und m angenommen, v_1 aus Gleichung 16; v_2 aus $v_2 = \frac{v_1 r_2}{r_1}$ β aus 18; w_1 aus Gleichung 4, w_2 aus Gleichung 6 bezw. 7, c_2 aus Gleichung 8 und δ aus Gleichung 8a.

Sollen die Voraussetzungen, also z. B. $w_2^2 = v_2^2 + c_2^2$ voll zutreffen, so ist natürlich bei der vorliegenden Methode k keine willkürliche Grösse, sondern das Verhältnis der Ausweitung wird durch die Rechnung mittelbar gefunden, indem zu den c_1, w_1 und w_2 die erforderlichen Ausflussquerschnitte bestimmt werden. Soll ein bestimmtes k oder $\frac{b}{b_2}$ eingehalten werden, so rechne man nach der ersten Methode, oder noch besser, wende das graphische Verfahren an.

Bei der Berechnung von Haus aus ein gewisses k fest zu setzen, ist deshalb empfehlenswert, weil bei bekanntem c_1 und α dadurch sofort c_2 bekannt ist (Gleichung 11), c_2 aber gibt in der Regel sofort die durch den Austritt aus dem Laufrade in Verlust geratende Geschwindigkeit an, man kann wenigstens meistens y_3 annähernd $= \frac{c_2^2}{2g}$ setzen.

(Hierüber im folgenden mehr.)

§ 23. Effektverluste, Wirkungsgrad.

Die Effektverluste bestehen aus den hydraulischen Effektverlusten, also solchen, welche die Bewegung des Wassers in der Turbine betreffen, dem Spaltverlust, das ist der Verlust an Aufschlagwasser durch den zwischen Leit- und Laufrad bleibenden Zwischenraum und den Verlusten durch Zapfenreibung, Luftwiderstand u. s. w.

a) Hydraulische Effektverluste.

Die genaue Berechnung, insbesondere der wesentlichsten hydraulischen Verluste, ist zur Zeit weder auf Grund der hydraulischen Theorien noch auf Grund von Versuchsresultaten sicher möglich, man ist zum grossen Teile auf Schätzungen angewiesen, deren verhältnismässige Richtigkeit aber durch die Gesamtresultate bei praktischen Ausführungen bestätigt erscheint.

b) Gefälleverluste bei der Bewegung des Wassers vom Oberwasserspiegel bis zum Austritt aus dem Leitrade.

Das im Obergraben mit der Geschwindigkeit c_0 ankommende Wasser hat bei seinem Eintritt in die Turbinenkammer oder in die zur Turbine führende Rohrleitung gewöhnlich eine andere Bewegungsrichtung und auch eine andere Geschwindigkeit anzunehmen. Erfolgen die Aenderungen nicht durch allmähliche Ablenkung, beziehentlich Querschnittsänderung, so entstehen Gefälleverluste. In den meisten Fällen (siehe Fig. 1, Taf. 2) wird man annehmen müssen, dass c_0 völlig oder zum grossen Teile für die Wirkung in der Turbine verloren geht. Wird die Grösse des Verlustes ausgedrückt durch $\zeta_0 \frac{c_0^2}{2g}$, so ist ζ_0 ein Koeffizient, der den jeweiligen Verhältnissen entsprechend zu wählen ist, $\zeta_0 = 1$ oder $\zeta_0 < 1$; meist wird $\zeta_0 = 1$ zu setzen sein.

Die weitere Bewegung, bestehend in dem Einfluss in die Zuleitung zur Turbine und dem Durchströmen dieser Leitung, ist nach den in § 4 gegebenen Regeln zu beurteilen und man kann danach den Gefälleverlust berechnen zu $\left(0{,}08 + 0{,}025 \frac{l}{d}\right) \frac{u_1^2}{2g}$, worin u_1 die Geschwindigkeit in der Rohrleitung, l die Länge der Leitung, d der Durchmesser. Setzt man für den Wert $\left(0{,}08 + 0{,}025 \frac{l}{d}\right)$ das Zeichen ζ_1, so ist der Verlust für die Zuleitung ausgedrückt durch $\zeta_1 \frac{u_1^2}{2g}$.

Bei Turbinen für niedere Gefälle, welche in oben offenen, unmittelbar an den Obergraben anschliessenden Wasserkammern stehen, kann man ohne Fehler $\zeta_1 \frac{u_1^2}{2g} = 0$ setzen. — Beim Einfluss in das Leitrad veranlassen die Dicken der Leitschaufeln einen mehr oder minder in Betracht kommenden Verlust infolge plötzlicher Querschnittänderung des Wasserstromes. Beim Durchfluss durch das Leitrad macht sich die Reibung an den Kanalwandungen und besonders der Krümmungswiderstand geltend. Diese Verluste bei Einströmung in und Durchfluss durch das Leitrad kann man bestimmen zu $\zeta_2 \frac{c_1^2}{2g}$, worin $\zeta_2 = 0{,}1$ bis $0{,}12$.

Der Ausfluss aus den Leitkanälen ist auch mit einem Gefälleverlust verbunden, welcher daher rührt, dass die an den

Leitkanalmündungen vorüber rotierenden Laufradschaufeln eine, Kontraktion des Wasserstrahles bedingende, Verkleinerung des Ausflussquerschnitts bewirken (siehe Fig. 58). Man lässt deshalb bei praktischen Ausführungen die Laufradschaufeln nicht so wie Fig. 58 zeigt, sondern schärft sie zu, soweit es die Haltbarkeit zulässt, um diese Verluste herabzuziehen, ganz zu vermeiden sind sie dennoch nicht. Die Grösse des Gefälleverlustes

Fig. 58.

kann annähernd zu $\zeta_3 \frac{c_1^2}{2g}$ bestimmt werden, worin ζ_3 ein Koeffizient ist, welcher von den Schaufelstärken u. s. w. abhängig ist. Schätzungsweise und für gute Konstruktionen hinreichend gross dürfte man setzen:

Bei Ueberdruckturbinen mit gusseisernen Schaufeln $\zeta_3 = 0{,}010$
" schmiedeeisernen oder stählernen Schaufeln $\zeta_3 = 0{,}003$
Bei Druckturbinen mit gusseisernen Schaufeln $\zeta_3 = 0{,}023$
" schmiedeeisernen oder stählernen Schaufeln $\zeta_3 = 0{,}010$.

Der Gesamtverlust für die Bewegung vom Oberwasserspiegel bis zum Austritt aus dem Leitrade, y_1, ergibt sich durch Summation der Einzelverluste, und man hat also

$$y_1 = \zeta_0 \frac{c_0^2}{2g} + \zeta_1 \frac{u_1^2}{2g} + (\zeta_2 + \zeta_3) \frac{c_1^2}{2g} \quad \ldots \quad 19.$$

c) **Gefälleverluste beim Einfluss in und Durchfluss durch das Laufrad.**

Die Einflussflächen der Laufradkanäle werden bei der Vorbeibewegung an den Leitschaufelenden von diesen verengt. Bei Ueberdruckturbinen hat das die Wirkung, dass der Eintritt des Wassers mit einer plötzlichen Querschnittsveränderung und zwar mit einer plötzlichen Vergrösserung des Querschnittes verbunden ist, weil infolge des Ueberdruckes das Wasser auch den Raum unter den Leitschaufeln zu erfüllen sucht. Ausserdem erfährt das eintretende Wasser bei Ueberdruckturbinen noch eine andere plötzliche Verringerung der Geschwindigkeit infolge des Spaltverlustes. Bei Druckturbinen bewirken die Dicken der Leitschaufeln, dass ein Teil des Wassers die Laufradschaufel, bezw. den vor der Leitschaufel eintretenden Wasserstrahl nicht unter den dem stossfreien Eintritt entsprechenden Winkel trifft und die Vereinigung der vor und hinter einer Leitradschaufel eintretenden Strahlen unter Wirbelbildung erfolgt.

Die in vorhergehendem erwähnte Einwirkung der Laufradschaufeln auf den aus dem Leitrade tretenden Wasserstrahl macht sich beim Eintritt in das Laufrad auch noch in anderer Weise geltend, indem das Wasser etwas von der dem stossfreien Eintritt in das Laufrad entsprechenden Richtung des Ausflusses aus dem Leitrade abgelenkt wird (siehe Fig. 58).

Es werde der Verlust beim Eintritt in das Laufrad bemessen durch $\psi_1 \frac{w_1^2}{2g}$. Hierin hat man schätzungsweise für Ueberdurckturbinen

mit gusseisernen Schaufeln zu setzen $\psi_1 = 0{,}070$,
für solche mit schmiedeeisernen oder stählernen Schaufeln $\psi_1 = 0{,}025$,
für Druckturbinen im Durchschnitt $\psi_1 = 0{,}06$.

Bei axial beaufschlagten Turbinen finden sich nun aber ausserdem die dem stossfreien Eintritte entsprechende Umfangsgeschwindigkeit und die entsprechenden Schaufelwinkel, wenigstens bei den gewöhnlichen üblichen Schaufelflächen, nur am mittleren Umfange vor und die nach aussen und innen stattfindenden Abweichungen veranlassen Stossverluste, welche jedoch unbeträchtlich sind, wenn die Schaufelbreite b klein ist im Verhältnis zum mittleren Radius r_1, $\left(b = \frac{1}{5} r_1\right)$.

Diese Art Verluste sei mit in die nachstehend erörterten eingeschlossen gedacht. Bei Durchfluss durch das Laufrad verursachen, wie beim Durchfluss durch das Leitrad, die Reibung und die Krümmung der Kanäle einen Gefälleverlust, der ausgedrückt werden kann durch $\psi_2 \frac{w_2^2}{2g}$, worin $\psi_2 = 0{,}1$ bis $0{,}12$ zu setzen.

Der ganze Verlust für die Bewegung des Wassers vom Eintritt bis zum Austritt aus dem Laufrade beträgt hiernach

$$y_2 = \psi_1 \frac{w_1^2}{2g} + \psi_2 \frac{w_2^2}{2g} \quad . \; . \; . \; . \quad 20.$$

d) Gefälleverlust beim Abfluss von der Turbine.

Bei einem frei über dem Unterwasserspiegel gehenden Laufrad fällt das mit der Geschwindigkeit c_2 austretende Wasser nutzlos um die Höhe H_2 herab, die Geschwindigkeit c_2 selbst wird entweder gar nicht oder doch so wenig für den Abfluss nutzbar, dass in diesem Falle zu setzen ist

$$y_3 = H_2 + \frac{c_2^2}{2g} \quad . \; . \; . \; . \quad 21.$$

Auch bei im Unterwasser gehenden Laufrädern sieht man die Geschwindigkeit c_2 als verloren an und hat also bei solchen

$$y_3 = \frac{c_2^2}{2g} \quad . \; . \; . \; . \quad 22.$$

Bei den Rohrturbinen tritt dann ein günstigeres Verhältnis ein, wie bei Turbinen im Unterwasser, wenn die Anordnung so getroffen ist, dass c_2 möglichst allmählich in die in der Abflussleitung herrschende Geschwindigkeit übergeht. Das erreicht man durch entsprechende Gestaltung des Laufrades (siehe z. B. Fig. 7, Taf. 2). Beim Austritt aus dem Laufrad haben die aus sämtlichen Kanälen tretenden Strahlen normal zur Achse, bezw. normal zum Radius den Querschnitt f_2, nach dem Austritt dagegen, wegen des Aufhörens der Schaufeln u. s. w. einen Querschnitt, welcher grösser ist, er sei bezeichnet mit F_2, es tritt also ein Verlust ein von $\frac{c_2^2}{2g}\left[1-\left(\frac{f_2}{F_2}\right)^2\right]$. Wird die mittlere Geschwindigkeit im Abflussrohre mit u_2 bezeichnet, so ist der Reibungsverlust nach früheren $0{,}025\frac{l}{d}\cdot\frac{u_2^2}{2g}$, wenn l die Rohrlänge und d der mittlere Durchmesser. Wenn die Rohrleitung sich allmählich so erweitert, dass das Wasser aus ihr mit der gleichen Geschwindigkeit in das Unterwasser tritt, mit der dieses abfliesst, und wenn die Richtung des austretenden Wassers der Abflussrichtung des Unterwassers ganz oder wesentlich entspricht, so ist

$$y_3 = \frac{c_2^2}{2g}\left[1-\left(\frac{f_2}{F_2}\right)^2\right] + 0{,}025\frac{l}{d}\cdot\frac{u_2^2}{2g} \quad \ldots\ldots \quad 23.$$

Anderenfalls hat man die im Austrittsquerschnitt der Rohrleitung vorhandene Geschwindigkeit als in Verlust kommend noch hinzuzurechnen, ist u_3 diese Geschwindigkeit, so wird

$$y_3 = \frac{c_2^2}{2g}\left[1-\left(\frac{f_2}{F_2}\right)^2\right] + 0{,}025\frac{l}{d}\cdot\frac{u_2^2}{2g} + \frac{u_3^2}{2g} \quad \ldots\ldots \quad 24.$$

Dabei ist aber immer vorausgesetzt, dass, abgesehen von dem durch das erste Glied berücksichtigten plötzlichen Querschnittswechsel, beim Austritt aus dem Laufrad, c_2 allmählich in u_3 übergeht, wo das nicht der Fall, ist Gleichung 22 anzuwenden.

Der hydraulische Wirkungsgrad ist das Verhältnis der an das Laufrad zur weiteren Verwendung abgegebenen Arbeit zu dem ganzen verfügbaren Arbeitsvermögen, also

$$\varepsilon = \frac{(H - y_1 - y_2 - y_3)Q}{HQ}$$

$$\varepsilon = \frac{H - y_1 - y_2 - y_3}{H} \quad \ldots\ldots \quad 25.$$

Als vorläufige Annahme für die einzelnen Verluste kann man setzen

bei Druckturbinen $\left.\begin{aligned} y_1 &= 0{,}1\ H \\ y_2 &= 0{,}04\ H \\ y_3 &= 0{,}04\ H \end{aligned}\right\}$ also $\varepsilon = 0{,}82$.

bei Ueberdruckturbinen $\left.\begin{aligned} y_1 &= 0{,}065\,H \\ y_2 &= 0{,}075\,H \\ y_3 &= 0{,}040\,H \end{aligned}\right\}$ also $\varepsilon = 0{,}82$.

Es ist zweifellos, dass bei sehr guten Ausführungen $\varepsilon = 0{,}85$ und auch mehr beträgt, die vorstehend angegebenen Verluste, wenigstens y_1 und y_2 sind etwas reichlich bemessen, aber das ist in allen Fällen, wo man sich nicht von vornherein auf zuverlässige Erfahrungsresultate stützen kann, nur empfehlenswert.

e) Spaltverlust.

Bei Ueberdruckturbinen besitzt das Wasser beim Austritt aus den Leitkanälen noch den hydraulischen Ueberdruck h_1, in dem die Leitkanäle umgebenden Raume herrscht aber bei den über dem Unterwasser frei gehenden Turbinen der Atmosphärendruck, also der Ueberdruck 0, bei den Rohrturbinen mit bis zum Leitrad reichendem Rohre ein Druck welcher kleiner ist, als der Atmosphärendruck, ein negativer Ueberdruck. Bezeichnet h' den Ueberdruck in dem den Spalt umgebenden Raume, so hat also das aus den Leitkanälen tretende Wasser in Bezug auf den umgebenden Raum den Ueberdruck $h_1 - h'$. Weil nun das Laufrad nie völlig dicht an das Leitrad anschliesst, sondern immer ein kleiner Zwischenraum, „Spalt“, bleibt, sucht das Wasser infolge des Ueberdruckes durch den Spalt zu entweichen. Die Wassermenge, welche hierdurch, ohne Arbeit an die Turbine abzugeben, verloren geht, ist $= \mu \cdot x \sqrt{2g(h_1 - h')}$, worin x die Grösse der durch den Spalt gebotenen Ausflussfläche und μ der Ausflusskoeffizient. Also ist die wirksame Wassermenge

$$\varphi Q = Q - \mu x \sqrt{2g(h_1 - h')} \quad . \; . \; . \; . \; 26.$$

Zur Bestimmung des Ueberdruckes $h_1 - h'$ beachte man folgendes:

Bei in freier Luft umgehenden Turbinen hat h' den Wert o, also

$$\varphi Q = Q - \mu x \sqrt{2 g h_1} \quad . \; . \; . \; . \; 26a.$$

Bei einer im Unterwasser umlaufenden Turbine oder einer Rohrturbine, Fig. 3 und 2, Taf. 3, herrscht an der Austrittsseite des Laufrades der hydraulische Ueberdruck h_2, welcher durch Gleichung 10 zu bestimmen ist. Der Spalt liegt um $H_1 - H_2$ über dem Austritt aus dem Laufrade, also ist $h' = h_2 - (H_1 - H_2)$ und

$$h_1 - h' = h_1 - h_2 + H_1 - H_2 \quad . \; . \; . \; . \; 27.$$

Bei Unterwasserturbinen übersehe man nicht, dass H_1 und H_2 negative Grössen sind, würde also z. B. der Spalt 0,3 Meter und die Austrittsfläche einer axialen Turbine 0,5 Meter unter dem Unterwasserspiegel liegen, so wäre $H_1 = -0{,}3$, $H_2 = -0{,}5$ und also

$$h' = h_2 + 0{,}3 - 0{,}5 \text{ und } h_1 - h' = h_1 - h_2 - 0{,}3 - 0{,}5.$$

Die Grösse der Fläche x ist verschieden, je nachdem der Ausfluss bei axialen Turbinen am äusseren und inneren, bei

Radialturbinen am unteren und oberen Umfang stattfindet, oder nur an einem. Den axialen beziehentlich radialen Abstand zwischen dem Austrittsumfang des Leitrades und dem Eintrittsumfang des Laufrades macht man so klein als möglich, wie klein er sein darf, hängt im wesentlichen von der Genauigkeit der Herstellung und Montierung ab, grösser als 3 bis 5 Millimeter sollte er keinesfalls sein. Den Ausflusskoeffizient darf man nach Grashof zu $\mu = 0{,}33$ annehmen. Für vorläufige Annahmen kann man den Spaltverlust zu 0,03 Q bis 0,05 Q wählen, also

$$\varphi = 0{,}97 \text{ bis } 0{,}95.$$

f) Reibung der Turbinenwelle u. s. w.

Die Turbinen werden mit stehender oder liegender Welle gebaut, die häufigste Bauart ist die mit stehender Welle, doch hat die Bauart mit liegender Welle in der neueren Zeit in steigendem Maſse Eingang gefunden.

Die stehende Welle wird gelagert durch einen Spurzapfen und zwei oder mehr Halslager, als solche sind eventuell auch Stopfbüchsen anzusehen Der Spurzapfen hat das Gewicht der Turbinenwelle, des Zahnrades (oder dergleichen), des Laufrades, das Gewicht des in diesem befindlichen Wassers, bei axialen Turbinen den Druck des durchströmenden Wassers in der Achsenrichtung u. s. w. aufzunehmen. Die Halslager empfangen den seitlichen vom Triebwerk, einseitiger Beaufschlagung und dergleichen herrührenden Druck. Die liegenden Turbinenwellen haben Stirn- und Halszapfen, welche dann sämtliche Drucke aufzunehmen haben.

Die an den Zapfen auftretende Reibung verzehrt einen Teil der vom Wasser an das Laufrad und von diesem an die Welle übertragenen Arbeit. Dieser Verlust lässt sich nach den Regeln der Mechanik und Maschinenbaukunde berechnen, bei Besprechung der Zapfenordnungen soll darauf noch etwas eingegangen werden, hier mögen zur einstweiligen Bestimmung des Wirkungsgrades vorläufig einige Erfahrungswerte angegeben werden.

Bezeichnet ϱ den verhältnismässigen Verlust durch Zapfenreibung, Luftwiderstand, oder wenn das Laufrad im Wasser geht, auch Verlust hierdurch; also ϱ H Q die ganze durch solche Verluste aufgezehrte Arbeit, so ist nach Versuchen von Bernh. Lehmann („Zeitschr. des Vereins deutscher Ingenieure", Jahrgang 1879)

für Leergang bei Axialturbinen $\varrho = 0{,}014$ bis 0,034,
„ Radialturbinen $\varrho = 0{,}008$ bis 0,017,

für letztere also annähernd halb so gross wie für erstere.

Für den Betriebszustand dürften höchstens die höheren Angaben bei Vorausbestimmung des Wirkungsgrades in Betracht kommen. Nach Bach („Die Wasserräder") soll man mindestens $\varrho = 0{,}03$ annehmen. Je nach den Verhältnissen der Turbine,

Zapfenanordnung u. s. w. kann ϱ sehr verschieden sein, die Angaben darüber schwanken zwischen $\varrho = 0{,}02$ und $\varrho = 0{,}10$.

In normalen Fällen dürfte $\varrho = 0{,}05$ hinreichend sein, um nach der Formel

$$\text{Zapfenreibungsarbeit } A = \varrho \, Q \, H \, \gamma \quad \ldots \quad 28$$

diese im voraus zu schätzen.

g) Wirkungsgrad.

Von der der Turbine zugeführten Wassermenge Q tritt nach dem vorangegangenen überhaupt nur der Betrag φQ in das Laufrad ein und leistet Arbeit. Von der in diesem Wasser enthaltenen Arbeit $\varphi Q H \gamma$ Meterkilogramm werden infolge der hydraulischen Widerstände nur $\varepsilon \varphi Q \cdot H \gamma$ an das Laufrad abgegeben und schliesslich verzehrt die Zapfenreibung noch den Betrag $\varrho H Q \gamma$, also ist die Nutzleistung der Turbine in Pferdestärken

$$N = \varepsilon \varphi \frac{Q H \gamma}{75} - \varrho \frac{Q H \gamma}{75}.$$

Das Verhältnis der Nutzleistung zur verfügbaren Leistung $\frac{N}{N_0}$, der sogenannte Wirkungsgrad, ergibt sich danach zu

$$\eta = \frac{\varepsilon \varphi \frac{Q H \gamma}{75} - \varrho \frac{Q H \gamma}{75}}{\frac{Q H \gamma}{75}} = \varepsilon \varphi - \varrho \quad \ldots \quad 29.$$

Setzt man die für vorläufige Ermittelungen angegebenen Werte ein, so folgt für Ueberdruckturbinen

$$\eta = 0{,}82 \cdot 0{,}97 - 0{,}05 = 0{,}7454 \text{ oder}$$
$$\eta = 0{,}75$$

und für Druckturbinen, bei denen $\varphi = 1$ sein soll, also kein Wasserverlust vorkommen soll

$$\eta = 0{,}82 - 0{,}05 = 0{,}77.$$

Das sind Werte, die mit guten Turbinen recht wohl zu erreichen sind, vielfach hat man noch bessere erzielt

$$\eta = 0{,}80 \text{ bis } 0{,}82 \text{ und darüber.}$$

§ 24. Allgemeines Verfahren bei der Berechnung einer Turbine, Bestimmung der Grundgrössen.

Um an die eigentliche Berechnung einer Turbine herantreten zu können, muss man natürlich schon darüber im klaren sein, welches System, welche Aufstellungsart u. s. w. in Anwendung kommen soll. Ueber die Wahl des Systemes u. s. w. wird später noch das Nötigste mitgeteilt werden. Hier soll einstweilen der

Gang der eigentlichen Rechnung und zwar zunächst für Voll-Turbinen dargelegt werden.

Durch Beobachtung oder frühere Berechnungen müssen folgende Grössen bekannt sein: Wassermenge pro Sekunde Q, Abstand des Ober- und Unterwasserspiegels H_0, Geschwindigkeit im Obergraben c_0, desgleichen im Untergraben c_3.

1. Verfügbares Gefälle. Das verfügbare Gefälle ist zu bestimmen nach Gleichung 1 in § 22

$$H = H_0 + \frac{c_0^2 - c_3^2}{2g}.$$

II. Wassergeschwindigkeiten in der Zu- und der Abflussleitung. Hat die Turbine ein Zuflussrohr, so wählt man die Geschwindigkeit in diesem:

$$u_1 = 0{,}75 \text{ bis } 1{,}50 \text{ Meter} \quad \ldots \quad 30,$$

hat sie ein Abflussrohr, so ist auch die Geschwindigkeit in demselben zu bestimmen, man kann dazu ebenfalls Gleichung 30 benutzen; also $u_2 = 0{,}75$ bis 1,50.

III. Vorläufige Annahme der Radien des Laufrades. Es ist nun zunächst eine vorläufige Annahme über das Verhältnis $\frac{r_2}{r_1}$ zu machen. Bei axialen Turbinen setze man

$$\frac{r_2}{r_1} = 1 \quad \ldots \quad 31.$$

Bei axialen Druckturbinen ist zwar r_2 meist etwas grösser als r_1, aber der Fehler, welchen man begeht, wenn man $r_2 = r_1$ setzt, ist unbedeutend, ausserdem kann man r_2 bei solchen Turbinen erst bestimmen, wenn die Schaufelung entworfen ist und bei Bedarf dann die Rechnung abändern.

Bei innenschlächtigen Radialturbinen nehme man

$$\frac{r_2}{r_1} = 1{,}2 \text{ bis } 1{,}5 \quad \ldots \quad 32,$$

bei aussenschlächtigen Radialturbinen sei

$$\frac{r_2}{r_1} = 0{,}6 \text{ bis } 0{,}8 \quad \ldots \quad 33.$$

Der Radius r_1 des mittleren Eintrittsumfanges des Laufrades ist so zu wählen, dass bei Axialturbinen die Schaufelbreite nicht zu gross ausfällt, wegen der mit der Verschiedenheit der Umfangsgeschwindigkeiten und der Schaufelwinkel zusammenhängenden im vorhergehenden Paragraph erwähnten Effektverluste, bei Radialturbinen steht r_1 in Beziehung zum Durchmesser des Abfluss- bezw. Zuleitungsrohres. Insbesondere bei axialen Turbinen wendet man, wenn es sich um besonders gute Konstruktionen handelt, gern grosse Werte von r_1 an, man behalte aber immer im Auge, dass mit dem Radius das Gewicht der Turbine u. s. w. wächst, also nicht allein der Preis, sondern auch die Zapfenreibung zunimmt. Grosse Werte von r_1 entsprechen ferner kleinen Umdrehungszahlen, kleine Werte von r_1 grossen Umdrehungszahlen.

Bei der Wahl von r_1 halte man sich an erfolgreiche Ausführungen, fehlen passende Beispiele, so kann man nachstehende Regeln benutzen, die auf Grund der Forderung, dass die Radbreite eine gewisse Grösse $b = \frac{1}{3} r_1$ bis $\frac{1}{5} r_1$ nicht überschreiten soll, u. s. w. entwickelt sind.

Für axial beaufschlagte Turbinen kann man setzen

$$r_1 = 0{,}6 \sqrt{\frac{Q}{\sqrt{H}}} \text{ bis } r_1 = 1{,}2 \sqrt{\frac{Q}{\sqrt{H}}} \quad \ldots . \quad 34.$$

Diese Ausdrücke eignen sich gut für Ueberdruckturbinen, den kleineren Wert wende man bei niederen Gefällen und grossen Wassermengen, den grösseren bei hohen Gefällen und kleinen Wassermengen an, für Druckturbinen empfiehlt Reifer den Wert

$$r_1 = 0{,}8 \sqrt{\frac{Q}{\sqrt{H}}} \quad \ldots . \quad 34\text{a}.$$

Bei innenschlächtigen Radialturbinen nehme man r_1 so an, dass der Leitapparat gut an das Zuflussrohr anschliesst, das wird sich meist ermöglichen lassen bei

$$r_1 = \frac{2}{3} d_1 \text{ bis } r_1 = \frac{5}{8} d_1 \quad \ldots . \quad 35,$$

worin d_1 der Durchmesser des Zuleitungsrohres in Metern. Den kleinen Wert verwende man bei grossem, den grösseren bei kleinem d_1. Ist kein besonderes Zuleitungsrohr vorhanden, so bestimme man r_1 nach Gleichung 34 oder 34a.

Bei aussenschlächtigen Radialturbinen nimmt man r_2 möglichst gleich dem Radius des Abflussrohres, dessen Durchmesser d_2 man so bestimmt, dass das Wasser mit einer Geschwindigkeit u_2 in ihm fliesst, welche kleiner als c_2 ist und auch thunlichst klein im Verhältnis zum Gefälle. Hiernach und in Rücksicht auf Gleichung 33 kann man setzen

$$r_1 = 0{,}83\, d_2 \text{ bis } r_1 = 0{,}63\, d_2 \quad \ldots . \quad 36,$$

der erstere Wert entspricht dem $\frac{r_2}{r_1} = 0{,}6$, der letztere dem $\frac{r_2}{r_1} = 0{,}8$.

IV. Höhen H_2 und H_1. H_2 ist die mittlere Höhe, in welcher der Austritt des Wassers aus der Turbine über dem Unterwasserspiegel (bei positivem H_2) oder unter demselben (bei negativen Werten von H_2) erfolgt. Erfolgt der Austritt aus dem Laufrade frei über dem Unterwasserspiegel, so ist H_2 für die

Ausnutzung völlig verloren, man macht es dann also möglichst klein und zwar bei axialen Ueberdruckturbinen

$$H_2 = 0 \text{ bis } H_2 = 0{,}05 \text{ Meter} \quad \ldots \quad 37,$$

bei axialen Druckturbinen je nach Umständen

$$H_2 = 0 \text{ bis } H_2 = 0{,}10 \text{ Meter} \quad \ldots \quad 37\text{a}$$

oder mehr. Das hängt vom Verhalten des Unterwasserspiegels und auch von der Grösse des Gefälles ab.

Bei Radialturbinen ist H_2 abhängig von der Schaufelbreite, vorbehältlich der Korrektur im speziellen Falle sei gesetzt

$$H_2 = 0{,}2\, r_1 \text{ bis } H_2 = 0{,}4\, r_1 \quad \ldots \quad 38.$$

Bei den im Unterwasser gehenden Turbinen ist H_2 eine negative Grösse (vergleiche hierzu das im § 23 beim Spaltverlust Gesagte), man macht es im allgemeinen wohl nicht grösser als erforderlich ist, um das Laufrad völlig einzutauchen, oder bei tiefstem Wasserstande gerade über dem Unterwasserspiegel ausgiessen zu lassen. Als vorläufigen Anhalt benutze man für unter dem Unterwasserspiegel gehende Laufräder

$$\left.\begin{array}{ll} \text{bei Axialturbinen} & H_2 = 0{,}2\, r_1 \text{ bis } 0{,}3\, r_1 \\ \text{„ Radialturbinen} & H_2 = 0{,}3\, r_1 \text{ bis } 0{,}4\, r_1 \end{array}\right\} \quad \ldots \quad 39.$$

Bei Rohrturbinen ist H_2 nach den Anforderungen der örtlichen Verhältnisse innerhalb der zulässigen Grenze (H_2 höchstens = 8 bis 9 Meter) zu wählen. Nach Bach („Die Wasserräder") soll man höchstens machen

$$H_2 = \frac{1}{0{,}11 + 0{,}055\, d_2} \quad \ldots \quad 40.$$

Die Grösse H_1 ergibt sich bei Radialturbinen meist so wenig von H_2 verschieden, dass ohne beachtlichen Fehler für Radialturbinen

$$H_1 = H_2 \quad \ldots \quad 41$$

gesetzt werden darf.

Bei axial beaufschlagten Turbinen (siehe Fig. 1 bis 3, Taf. 3) stellt die Differenz $H_1 - H_2$ die axiale Höhe des Laufrades dar. Diese Höhe kann man vielfach erst beim zeichnerischen Entwurf der Schaufelung genau feststellen, als vorläufiger Anhalt diene

$$\left.\begin{array}{ll} H_1 - H_2 = 0{,}2\, r_1 & \text{bei grossem } r_1 \\ \text{bis } H_1 - H_2 = 0{,}3\, r_1 & \text{bei kleinem und mittlerem } r_1 \end{array}\right\} \quad \ldots \quad 42.$$

Das Leitrad macht man meist eben so hoch, wohl auch etwas niedriger als das Laufrad, doch hängt das sehr von der Art der Regulierung, der Beaufschlagung und dergleichen ab.

Aus Gleichung 42 folgt dann bei bekanntem H_2 auch H_1 zu:

$$H_1 = 0{,}2\, r_1 + H_2 \text{ bis } H_1 = 0{,}3\, r_1 + H_2 \quad \ldots \quad 43.$$

Bei im Unterwasser gehenden Turbinen kann H_1 eine negative Grösse sein; siehe hierüber das bei Besprechung des Spaltverlustes im § 23 Gesagte; liegt also die Leitradmündung 0,3 Meter unter dem Unterwasserspiegel, so ist $H_1 = -0,3$.

V. Vorläufige Annahme der hydraulischen Effektverluste. Da in den Bestimmungsgleichungen für die Geschwindigkeiten und Winkel die hydraulischen Effektverluste vorkommen und, wenn man rasch einigermassen annähernd richtige Resultate erhalten will, auch bei einer vorläufigen Berechnung nicht vernachlässigt werden dürfen, schätzt man sie einstweilen nach den hierfür im § 23 gemachten Angaben; so dass also für den weiteren Gang der Rechnung y_1 y_2 y_3 und ϱ als bestimmt gelten.

VI. Winkel α. Ein Blick auf die Gleichungen 3a, 3 und 11 zeigt, dass für gegebenes c_1 und k, α die Grösse von c_2 bedingt und weil $\frac{c_2^2}{2g}$ meist als völlig in Verlust kommend anzusehen ist, ergibt sich hieraus, dass kleine Werte von α einem hohen Wirkungsgrade förderlich sind. Man ist aber genötigt, α nicht unter gewissen Grössen zu wählen, weil mit abnehmendem α, f_1, also auch die Grösse der Turbine wächst und weil ferner bei kleinem α und einigermassen enger, im Interesse einer guten Wasserführung auch erforderlichen Schaufelstellung, die normal zur absoluten Ausflussgeschwindigkeit gemessenen Kanalweiten a so klein werden, dass leicht Verstopfung eintritt. Für die gewöhnlich vorkommenden Fälle nehme man

$$\left.\begin{array}{l}\alpha = 18^0 \text{ bei mittleren und hohen Gefällen} \\ \text{bis } \alpha = 25^0 \text{ bei niederen Gefällen}\end{array}\right\} \quad \ldots \quad 44.$$

Mit dem Mittelwert von $\alpha = 22^0$ wird man im allgemeinen hinreichend gute Resultate erzielen.

VII. Bestimmung von c_1 und h_1. Man kann nun c_1 und h_1 ermitteln oder festsetzen. Bei reinen Druckturbinen ist die Bestimmung von c_1 und h_1 abhängig von der Auffassung des Begriffes Druckturbine. Zweifellos am logischsten ist es, wenn man, wie Grashof im III. Bd. seiner „Theoretischen Maschinenlehre" thut, als Druckturbine eine solche ansieht, bei der $h_1 = h_2$ ist. Bei Besprechung einzelner Turbinenarten wird hierauf noch etwas eingegangen werden, vorläufig folgt nachstehendes daraus.

Bei Druckturbinen, wo der Ausfluss frei über dem Unterwasser erfolgt, muss $h_1 = h_2 = 0$ sein.

Bei Unterwasser- oder Rohrdruckturbinen ist h_2 weder von vornherein bekannt noch aus den bisher bekannten Grössen genau zu ermitteln. Die Bestimmung von h_2 ist nachstehend unter IX besprochen; setzt man in der daselbst aufgeführten Gleichung 55: $\frac{c_2^2}{2g} = y_3$, was ja nach dem vorangegangenen Paragraphen meist zutreffend ist, so folgt $h_2 = \frac{c_3^2}{2g} - H_2$, als vorläufiger beziehentlich angenäherter Wert.

Nach Gleichung 2, welche lautet

$$\frac{c_1^2}{2g} + h_1 = \frac{c_0^2}{2g} + H_0 - H_1 - y_1,$$

folgt also für in freier Luft umgehende Druckturbinen mit $h_1 = 0$

$$c_1 = \sqrt{\left(\frac{c_0^2}{2g} + H_0 - H_1 - y_1\right) 2g} \quad \ldots . \quad 45$$

für Unterwasser bezw. Rohrdruckturbinen, mit $h_1 = \frac{c_3^2}{2g} - H_2 = h_2$

$$\frac{c_1^2}{2g} + \frac{c_3^2}{2g} - H_2 = \frac{c_0^2}{2g} + H_0 - H_1 - y_1$$

oder wenn man einsetzt für $H_0 + \frac{c_0^2}{2g} - \frac{c_0^2}{2g}$ seinen Wert H

$$c_1 = \sqrt{(H - H_1 + H_2 - y_1) 2g} \quad \ldots . \quad 46.$$

Bei Ueberdruckturbinen wählt man zur Bestimmung von c_1 am besten m; bei den gewöhnlich üblichen Ueberdruckturbinen ist $m = \frac{1}{2}$, man kann aber auch jeden anderen grösseren Wert anwenden und es geschieht auch. Der Wert $m = \frac{1}{2}$ führt zu β nahe 90°. Das ist für eine einfache Gestaltung der Schaufeln günstig.

c_1 ergibt sich also aus

$$c_1 = \sqrt{2gmH} \quad \ldots . \quad 47.$$

Hieran schliesse sich die Bestimmung von h_1 bei Ueberdruckturbinen, sie erfolgt nach Gleichung 2a, aus welcher sich ergibt

$$h_1 = \frac{c_0^2}{2g} + H_0 - H_1 - y_1 - mH \quad \ldots . \quad 48.$$

Der Anfänger achte hierbei wieder sorgsam auf das unter IV zum Schluss über H_1 Gesagte.

VIII. Bestimmung von n, k und c_2. Kennt man c_1, so ergibt sich n aus Gleichung 3a:

$$n = c_1 \sin \alpha.$$

Man kann nun in zweierlei Weise weiter verfahren, indem man entweder k annimmt und damit c_2 bestimmt, oder indem man c_2 annimmt und k bestimmt. Will man von der Annahme der Grösse k ausgehen, so setze man: bei axial beaufschlagten Ueberdruckturbinen, wo $m = \frac{1}{2}$ gemacht worden ist

$$k = 1 \quad \ldots . \quad 49.$$

Bei radialen Ueberdruckturbinen kann man wählen

$$\left.\begin{array}{ll}\text{bei innerer Beaufschlagung:} & k = \frac{r_1}{r_2} \text{ bis } k = 0{,}8\frac{r_1}{r_2} \\ \text{bei äusserer Beaufschlagung:} & k = 1 \text{ bis } k = \frac{1}{2}\end{array}\right\} \ldots . 50.$$

Bei Druckturbinen findet man nach guten Ausführungen

$$k = \frac{1}{2} \text{ bis } k = \frac{1}{3} \ldots . 51,$$

bei hohen Gefällen wähle man den höheren Wert.

Bei Ueberdruckturbinen mit hohen Werten von m nähert man sich, je grösser m, den für Druckturbinen angegebenen Werten von k um so mehr.

Hat man k festgesetzt, so berechnet man c_2 aus

$$\text{Gleichung 11:} \quad c_2 = n \cdot k.$$

Da $\frac{c_2^2}{2g}$ in der Regel ein in Verlust kommender Gefällebetrag ist, soll es möglichst klein sein, in gewöhnlichen Fällen nicht über 0,04 H bis höchstens 0,05 H.

Soll von c_2 ausgegangen werden, so nimmt man dem eben Gesagten entsprechend einen Wert für $\frac{c_2^2}{2g}$ an, man mache

$$\frac{c_2^2}{2g} = 0{,}03\,H \text{ bis } 0{,}05\,H \ldots . 52.$$

Die kleinen Werte passen für hohe, die höheren Werte für niedere Gefälle, im Mittel ist $\frac{c_2^2}{2g} = 0{,}04$ ein in den meisten Fällen brauchbarer Wert.

Hiernach ergibt sich

$$\left.\begin{array}{r}c_2 = \sqrt{2g \cdot 0{,}03\,H} \text{ bis } c_2 = \sqrt{2g \cdot 0{,}05\,H} \\ \text{im Mittel } c_2 = \sqrt{2g \cdot 0{,}04\,H}\end{array}\right\} \ldots . 53.$$

k folgt mit dem berechneten Werte von c_2 aus

$$\text{Gleichnng 11:} \quad h = \frac{c_2}{n}.$$

IX. Ueberdruck nach dem Austritt aus dem Laufrad, h_2. Bei Turbinen, deren Laufrad über dem Unterwasserspiegel in der freien Luft umläuft, kann das Wasser beim Austritt aus dem Laufrad keinen Ueberdruck mehr haben, bei solchen ist also

$$h_2 = 0 \ldots . 54.$$

In den anderen Fällen ermittelt man unter Verwendung der bereits berechneten oder angenommenen Grössen (wozu auch y_3 gehört) h_2 aus Gleichung 10, welche lautet

$$\frac{c_3^2}{2g} = \frac{c_2^2}{2g} + h_2 + H_2 - y_3.$$

Danach ist

$$h_2 = \frac{c_3^2}{2g} + y_3 - \frac{c_2^2}{2g} - H_2 \quad .\ .\ .\ .\ 55.$$

Man hat hierbei im Falle einer Unterwasserturbine des schon mehrfach erwähnten negativen Wertes von H_2 zu gedenken.

X. Berechnung der Grössen p und c_p^2. Im § 22 ist zur Vereinfachung gesetzt worden (siehe Gleichung 6 und 6b)

$$h_1 - h_2 + H_1 - H_2 - y_2 = p \quad .\ .\ .\ .\ 56,$$

nachdem unter IX auch h_2 berechnet wurde, und weil alle übrigen Grössen bekannt bezüglich vorläufig angenommen sind, ist p bestimmt durch Gleichung 56 und der für die weitere Berechnung gebrauchte Wert c_p^2 ergibt sich zu

$$c_p^2 = 2gp \quad .\ .\ .\ .\ 57.$$

Hierbei ist auf folgendes zu achten. Wenn h_2 und h_1 wenig verschieden oder gleich sind, $H_1 - H_2 = o$ oder ein im Vergleich zu y_2 kleiner Wert ist u. s. w., so kann der sich für p aus Gleichung 56 ergebende Zahlenwert negativ sein. Das wird z. B. bei Druckturbinen für höhere Gefälle fast immer eintreten. Hat p einen positiven Wert, so hat es die Bedeutung eines die Bewegung des Wassers beschleunigenden Ueberdruckes, hat es einen negativen Wert, so stellt es den nach Aufzehrung etwa vorhandenen Ueberdruckes noch bleibenden Widerstand gegen die Bewegung dar, während im ersten Falle die beschleunigenden Kräfte überwiegen, überwiegen im letzteren die verzögernden. Würde z. B. sein $h_1 = o$, $h_2 = o$, $H_1 = 0{,}2$, $H_2 = 0{,}1$, $y_2 = 0{,}25$, so würde sein $p = -0{,}15$, also $c_p^2 = -0{,}3\,g$.

XI. Winkel β. Nunmehr folgt aus Gleichung 13, durch Einsetzen der gefundenen Werte von $\alpha\, k\, c_p^2$ und c_1

$$\cot\beta = \cot 2\alpha + \frac{1}{2}\tan\alpha\, k^2 - \frac{c_p^2}{c_1^2 \sin 2\alpha}.$$

Hätte c_p^2 den vorstehend ermittelten Wert $c_p^2 = -0{,}3\,g$, so würde obige Gleichung lauten:

$$\cot\beta = \cot 2\alpha + \frac{1}{2}\tan\alpha\, k^2 - \frac{-0{,}3\,g}{c_1^2 \sin 2\alpha}$$

oder

$$\cot\beta = \cot 2\alpha + \frac{1}{2}\tan\alpha\, k^2 + \frac{0{,}3\,g}{c_1^2 \sin 2\alpha}.$$

XII. Geschwindigkeiten $v_1\, v_2\, w_1\, w_2$. Ist β bestimmt, so folgt aus

Gleichung 5: $v_1 = c_1 \sin\alpha\,(\cot\alpha - \cot\beta) = n\,(\cot\alpha - \cot\beta)$

$$v_2 = \frac{r_2}{r_1} v_1$$

und ferner nach

$$\text{Gleichung 4:}\quad w_1 = \frac{c_1 \sin\alpha}{\sin\beta} = \frac{n}{\sin\beta},$$

sowie nach

$$\text{Gleichung 8:}\quad w_2 = \sqrt{v_2^2 + c_2^2},$$

wenn richtig gerechnet ist, muss auch w_2^2 folgen aus

$$\text{Gleichung 7:}\quad w_2^2 = w_1^2 + v_2^2 - v_1^2 + c_p^2.$$

XIII. Winkel δ. Mit den unter VIII und XII bestimmten Werten von c_2 und w_2 ergibt sich aus

$$\text{Gleichung 8a:}\quad \sin\delta = \frac{c_2}{w_2},$$

XIV. Prüfung bezw. endgültige Feststellung der Effektverluste. Nachdem nun alle vorkommenden Wassergeschwindigkeiten ermittelt sind, kann man die hydraulischen Effektverluste prüfen. Man berechnet also nach § 23 aus

$$\text{Gleichung 19:}\quad y_1 = \xi_0 \frac{c_0^2}{2g} + \xi_1 \frac{u_1^2}{2g} + (\xi_2 + \xi_3)\frac{c_1^2}{2g},$$

$$\text{Gleichung 20:}\quad y_2 = \psi_1 \frac{w_1^2}{2g} + \psi_2 \frac{w_2^2}{2g}$$

und je nach der Aufstellungsart der Turbine:

bei Gang in freier Luft nach Gleichung 21: $y_3 = H_2 + \frac{c_2^2}{2g}$,

„ „ im Unterwasser „ „ 22: $y_3 = \frac{c_2^2}{2g}$,

bei Rohrturbinen entweder nach

$$\text{Gleichung 23:}\quad y_3 = \frac{c_2^2}{2g}\left(1 - \left(\frac{f_2}{F_2}\right)^2\right) + 0{,}025 \frac{l}{d} \frac{u_2^2}{2g}$$

oder nach

$$\text{Gleichung 24:}\quad y_3 = \frac{c_2^2}{2g}\left(1 - \left(\frac{f_2}{F_2}\right)^2\right) + 0{,}025 \frac{l}{d} \frac{u_2^2}{2g} + \frac{u_3^2}{2g}.$$

Wenn die berechneten Werte den angenommenen annähernd gleich, besonders wenn die berechneten etwas kleiner als die angenommenen sind, kann man mit den bisher erhaltenen oder gewählten Grössen weiter arbeiten, sind dagegen die Unterschiede gross, so wiederholt man die ganze Rechnung, soweit erforderlich, mit den berechneten Werten von $y_1\, y_2\, y_3$, ehe man weiter geht.

XV. Umdrehungszahlen und endgültiger Radius r_1. Sind die Geschwindigkeiten unter Einführung passender Werte der Effektverluste bestimmt, so ermittelt man mit dem unter III festgesetzten Werte von r_1 einen vorläufigen Wert für die Umdrehungen der Turbine pro Minute. Die Zahl dieser Umdrehungen wird bezeichnet mit U und es gilt die Gleichung

$$U \cdot 2\pi r_1 = v_1 \cdot 60 \text{ oder}$$

$$U = 9{,}549 \frac{v_1}{r_1} \quad \ldots . \quad 58.$$

Die Umdrehungszahl soll natürlich meist eine für die weitere Berechnung der Transmission u. s. w. passende runde Zahl oder doch wenigstens ganze Zahl sein. Ergibt sich mit dem angenommenen Werte von r_1 kein genau passendes U, so setzt man es entsprechend fest. Hätte man also z. B. erhalten $U = 40{,}5$, so würde man festsetzen $U = 40$.

Hierauf ermittelt man nun den endgültigen Wert von r_1 aus Gleichung 58, welche in anderer Form lautet

$$r_1 = 9{,}549 \frac{v_1}{U} \quad \ldots . \quad 59,$$

dann r_2 aus

$$r_2 = \tau r_1 \quad \ldots . \quad 59a,$$

wenn τ den unter III gewählten Wert von $\frac{r_2}{r_1}$ bedeutet.

Die ursprünglich nach Massgabe des unter III angenommenen r_1 gewählten Grössen, wie $H_1 - H_2$ u. s. w., brauchen, wenn sie sonst passend sind, natürlich nicht geändert zu werden.

XVI. Schaufelzahlen, Schaufelstärken. Kennt man r_1, so kann man die Schaufelzahl wählen. Hierbei beachte man, dass eine grosse Schaufelzahl die Sicherheit der Wasserführung erhöht, aber auch die Reibungsflächen vermehrt, die Verluste infolge der Schaufeldicken anwachsen lässt und dass bei unreinem Wasser u. s. w. enge Schaufelstellungen leicht Anlass zu Verstopfungen geben.

Man kann die Schaufelzahl, ohne an diese Angaben gebunden zu sein, ungefähr wählen:

Bei Partialturbinen mit sehr wenig Leitkanälen; für sehr hohe Gefälle und kleine Wassermengen	$z_1 = 120 r_1$ bis $80 r_1$	60.
Bei Druckturbinen mit voller oder doch einen erheblichen Teil des Radumfanges umfassender Beaufschlagung, sowie bei kleineren Ueberdruckturbinen; für hohe und mittlere Gefälle	$z_1 = 70 r_1$ bis $50 r_1$	
Bei gleichen Druckturbinen wie vorher sowie bei grösseren Ueberdruckturbinen; für mittlere und niedere Gefälle und grosse Wassermengen	$z_1 = 45 r_1$ bis $32 r_1$	

Die Zahl der Leitradschaufeln für Vollturbinen nehme man an zu

$$z_2 = z_1 - 1 \text{ oder } z_2 = z_1 + 1 \quad \ldots . \quad 61.$$

Die Schaufelstärken nimmt man so klein wie möglich, d. h. so klein, als es die Festigkeit, die zu erwartende Abnutzung (besonders bei sandhaltigem Wasser) und die Herstellungsart erlaubt. Man hat also in jedem Falle alle Einflüsse abzuwägen und man findet an ausgeführten Turbinen deshalb sehr verschiedene Werte, bei gusseisernen Schaufeln schwanken die Stärken zwischen 6 und 14 oder mehr Millimetern und bei Blechschaufeln, worunter immer stählerne oder schmiedeeiserne verstanden werden, zwischen 2 bis 8 Millimetern. Als Anhalt bei der Wahl der Schaufelstärken mögen folgende Formeln dienen, welche die Schaufelstärke in Metern geben.

$$\left.\begin{array}{ll} \text{Gusseiserne Schaufeln} & s_1 = s_2 = s_3 = 0{,}005\, r_1 + 0{,}008 \\ \text{Blechschaufeln} & s_1 = s_2 = s_3 = 0{,}004\, r_1 + 0{,}002 \end{array}\right\} \quad \ldots \; 62.$$

XVII. Ausflussflächen, Radbreiten. Nach Gleichung 3 im § 22 ist die aus dem Leitrade fliessende Wassermenge $Q = c_1 \sin\alpha\, f_1 = n\, f_1$, worin f_1 die im § 21 angegebene Bedeutung hat, es ist also

$$f_1 = \frac{Q}{c_1 \sin\alpha} = \frac{Q}{n} \quad \ldots \; 63.$$

Bezeichnet, wie schon vorher, z_1 die Zahl der Leitkanäle, e die im Radumfange gemessene lichte Weite eines Leitkanales an der Stelle, wo das Wasser austritt und b die lichte Breite eines Leitkanales, siehe Fig. 54 und 55, § 22, so würde, wenn die Einwirkung der Laufradschaufeln zu vernachlässigen wäre, $f_1 = z_1 \cdot e \cdot b$ sein.

In Wirklichkeit ist aber die durch die Laufradschaufeln bewirkte Verengung der Leitradmündungen keineswegs verschwindend und mithin ist

$$f_1 = \mu\, z_1\, e\, b \quad \ldots \; 64,$$

worin μ ein Koeffizient ist, welcher immer kleiner als 1 ist. Je mehr Schaufeln die Räder haben, je stärker die Schaufeln sind, desto kleiner wird μ sein, je besser die Laufradschaufeln zugeschärft werden, desto grösser μ.

Für normale Verhältnisse setze man

$$\left.\begin{array}{ll} \text{bei gusseisernen Schaufeln} & \mu = 0{,}90 \\ \text{„ Blechschaufeln} & \mu = 0{,}95 \end{array}\right\} \quad \ldots \; 65.$$

Ueber die rechnerische Bestimmung von μ siehe den Aufsatz von Professor Stribeck: Der Einfluss der Schaufelstärken der Turbinen, „Zeitschrift des Vereins deutsch. Ingenieure", Jahrg. 1891, Seite 612.

Die Grösse e ergibt sich, wie ein Blick auf Fig. 54, § 22, lehrt, aus

$$e + \frac{s_1}{\sin\alpha} = \frac{2\pi r_1}{z_1}$$

also

$$e = \frac{2\pi r_1}{z_1} - \frac{s_1}{\sin\alpha} \quad \ldots \; 66.$$

Gewöhnlich wird man die Schaufelung gleich aufzeichnen und dann e aus der Zeichnung entnehmen. Aus Gleichung 64 folgt nun

$$b = \frac{f_1}{\mu\, z_1\, e}$$

oder wenn für e sein Wert eingesetzt wird

$$b = \frac{f_1}{\mu\left(2\pi r_1 - \frac{s_1 \cdot z_1}{\sin\alpha}\right)} \quad \ldots\ldots\ 67.$$

Die Breite b soll insbesondere bei axial beaufschlagten Turbinen nicht zu gross ausfallen im Verhältnis zu r_1. Die unter III gemachten Angaben zur Wahl von r_1 tragen dem schon thunlichst Rechnung, sollte trotzdem sich ein Wert von b ergeben, der augenscheinlich zu gross ist, so vergrössere man r_1 und ändere die Rechnung soweit erforderlich ab.

Das Laufrad soll das ihm vom Leitrade dargebotene Wasser völlig aufnehmen, es ist zu kontrollieren, ob das zutrifft und es muss, wenn von der Zuschärfung der Laufradschaufeln abgesehen wird, sein:

$$Q = n\left(2\pi r_1 - z_2 \frac{s_2}{\sin\beta} - z_1 \frac{s_1}{\sin\alpha}\right) b \quad \ldots\ldots\ 68.$$

Genau stimmen kann das natürlich meistens nicht, man kann sich begnügen, wenn der berechnete Wert auch etwas grösser ist, als das gegebene Q. Bei Ueberdruckturbinen kommt eigentlich nur φ Q in Betracht, aber in Rücksicht auf die beim Einflusse in das Laufrad erfolgenden Geschwindigkeitsänderungen begeht man jedenfalls keinen nennenswerten Fehler, wenn man hier und auch bei der weiteren Ausflussflächenberechnung das volle Q zu Grunde legt.

Die Breite b_1 des Laufrades an der Eintrittsstelle muss etwas grösser als b genommen werden, um bei nicht genauem Rundlaufen des Laufrades Stoss des aus dem Leitrade kommenden Wassers gegen die Radkränze zu vermeiden.

Nach Bach soll man nehmen

$$b_1 = b + 0{,}004 \text{ bis } b + 0{,}010 \quad \ldots\ldots\ 69,$$

je nach der Grösse des Rades und der zu erwartenden Güte der Arbeit. Bei manchen Druckturbinen und zwar bei solchen, wo die Ventilation durch den Spalt erfolgen soll (siehe später), wird b_1 wesentlich grösser gemacht; nach Bach

$$b_1 = \frac{5}{4} b \text{ bis } \frac{3}{2} b \quad \ldots\ldots\ 70$$

und mehr, wenn b sehr klein.

Von den durch die Wassergeschwindigkeiten u. s. w. bedingten wichtigen Abmessungen ist jetzt nur noch, b_2, die lichte Breite des Laufrades an der Austrittsstelle zu bestimmen.

Nach § 21 ist $\frac{f_1}{f_2} = k$, k und f_1 sind bekannt, also

$$f_2 = \frac{f_1}{k} \quad \ldots . \; 71.$$

Bei den Uebertruckturbinen sowie bei manchen Druckturbinen, insbesondere bei denen, welche man Grenzturbinen nennt, weil sie gewissermassen den Uebergang zu den Ueberdruckturbinen bilden, soll der aus einem Laufradkanale tretende Wasserstrahl den Austrittsquerschnitt ganz ausfüllen. Mit den im § 22, Austritt des Wassers aus dem Laufrade, angenommenen Bezeichnungen ist aber in diesem Falle (siehe Fig. 57) $f_2 = z_2$, $e_2 b_2$ und e_2 muss sich in ähnlicher Weise wie e nach Gleichung 66 ergeben aus

$$z_2 e_2 = 2 \pi r_2 - z_2 \frac{s_3}{\sin \delta} \quad \ldots . \; 72.$$

und also

$$f_2 = \left(2 \pi r_2 - z_2 \frac{s_3}{\sin \delta}\right) b_2 \quad \ldots . \; 73.$$

Bei Druckturbinen mit freiem Strahl, das sind solche, bei denen das durch einen Laufradkanal strömende Wasser nur mit der konkaven Schaufelfläche in Berührung ist, bei denen also der Austrittsquerschnitt nicht ganz vom Wasser erfüllt sein soll, muss f_2 kleiner als $z_2 e_2 b_2$ sein, also b_2 grösser als bei voller Erfüllung der Kanäle.

Setzen wir fest, dass der vom Wasser eingenommene Teil der lichten Weite e_2 der Laufradkanäle nur 0,85 e_2 betragen soll, so folgt, dass

$$f_2 = 0{,}85 \left(2 \pi r_2 - z_2 \frac{s_3}{\sin \delta}\right) b_2 \quad \ldots . \; 74.$$

Setzt man in Gleichung 73 und 74 für f_2 den durch Gleichung 71 bestimmten Wert ein, so erhält man zur Bestimmung von b_2 die folgenden Formeln:

Für Ueberdruckturbinen oder Druckturbinen mit voller Erfüllung des Ausflussquerschnittes

$$b_2 = \frac{f_1}{k\left(2 \pi r_2 - z_2 \frac{s_3}{\sin \delta}\right)} \quad \ldots . \; 75.$$

Für Druckturbinen mit freiem Strahl (sogenannten Girard-Turbinen)

$$b_2 = \frac{1{,}18 \, f_1}{k\left(2 \pi r_2 - z_2 \frac{s_3}{\sin \delta}\right)} \quad \ldots . \; 76.$$

Vielfach wird man e_2 der Zeichnung entnehmen, dann kann man an Stelle der Gleichung 75 schreiben

$$b_2 = \frac{f_1}{k \cdot z_2 \cdot e_2} \quad \ldots . \; 75a$$

und an Stelle von Gleichung 76

$$b_2 = \frac{1{,}18\, f_1}{k \cdot z_2 \cdot e_2} \quad \ldots . \; 76a.$$

XVIII. Wirkungsgrad. Die Verluste $y_1\, y_2\, y_3$ sind schon unter XIV bestimmt worden, also kann der hydraulische Wirkungsgrad ermittelt werden nach

$$\text{Gleichung 25:} \quad \varepsilon = \frac{H - y_1 - y_2 - y_3}{H}.$$

Der Spaltverlust kann berechnet werden nach den im vorhergehenden Paragraphen angegebenen Regeln und die wirksame Wassermenge $\varphi\, Q$ nach

$$\text{Gleichung 26:} \quad \varphi\, Q = Q - \mu\, x \sqrt{2\, g\, (h_1 - h^1)}.$$

Die Ausflussfläche des Spaltes, x, ist dabei, wenn mit σ die Spaltweite, d. h. der radiale oder axiale Abstand von Leit- und Laufrad im Spalt bezeichnet wird und der Ausfluss nach zwei Seiten stattfinden kann, zu ermitteln aus

$$x = \sigma \cdot 4\, \pi\, r_1 \quad \ldots . \; 77.$$

Die Grösse σ ist, wie schon früher erwähnt, möglichst klein, höchstens $\sigma = 0{,}003$ bis $\sigma = 0{,}005$ Meter zu machen.

Die Berechnung der Turbine, soweit sie hydraulischer Natur und also Sache der eigentlichen Turbinentheorie ist, schliesst hiermit ab. Die Bestimmung des ganzen Wirkungsgrades erfolgt nach Gleichung 29, § 23, sie erfordert noch die Kenntnis der Zapfenreibungsarbeit und dergleichen, diese kann für vorläufige Ermittelungen nach den hierzu im § 23 gemachten Angaben geschätzt werden, im übrigen aber wird man sie erst nach erfolgtem völligen Entwurf, wenigstens der Hauptteile, berechnen.

Anwendung des graphischen Verfahrens. Will man das im § 22 angegebene graphische Verfahren anwenden, was seiner Einfachheit und Sicherheit wegen überhaupt empfehlenswert ist, zum mindesten aber als Kontrolle jedesmal angewendet werden kann, so ist der Gang der Rechnung genau wie vorher unter I bis X angegeben. Hat man p bestimmt, so ermittelt man c_p aus $c_p = \sqrt{2\, g\, p}$. Damit sind alle Grössen bestimmt, um die im § 22 angegebene Konstruktion durchzuführen, welche uns an Stelle der vorstehend unter XI, XII und XIII ausgeführten Rechnungen die Grössen v_1, β, w_1 und nach Ermittelung von v_2 auch w_2 und δ liefert. Im übrigen verfährt man weiter, wie vorher unter XIV bis XVIII.

Eine mitunter vorkommende, erforderliche, kleine Abänderung der geometrischen Konstruktion muss hier noch besprochen werden. Wie schon vorher unter X erläutert, wird p nicht selten einen negativen Wert haben, beispielweise sei, wie unter X, einmal $p = -0{,}15$, also $c_p^2 = -0{,}3\,g$. Die der graphischen Ermittelung zu Grunde liegende Gleichung 14 würde also lauten $y_1^2 - \triangle^2 = n^2 + (-0{,}3\,g) - (n\,k)^2$, oder anders geschrieben $v_1^2 - \triangle^2 = n^2 - (+\sqrt{0{,}3g})^2 - (n\,k)^2$, hieraus folgt die nachstehende Art der Konstruktion:

In Fig. 5, Taf. 3, ist $DA = c_1$, $FD = n$, $\measuredangle FAD = \alpha$. Ueber FD ist ein Halbkreis geschlagen, darin $FG = c_p$, wobei c_p als Kathede eines rechtwinkeligen Dreieckes eingetragen, D mit G verbunden, darüber wieder ein Halbkreis geschlagen und $DJ = DH = n\,k$ gemacht; GJ ist das gesuchte M (siehe § 22), im übrigen ist gerade so zu verfahren, wie bei der im § 22 angegebenen Methode.

Anwendung der Gleichungen 15 bis 18. Man verfährt bis zur Bestimmung von c_1 und h_1, wie schon unter I bis VII erläutert; dann nimmt man $\varepsilon = 0{,}82$ bis $0{,}85$ an, bestimmt weiter

v_1 aus Gleichung 15: also $v_1 = \dfrac{\varepsilon\, g\, H}{c_1 \cos\alpha}$,

β aus Gleichung 18: also $\cot\beta = \cot\alpha - \dfrac{\varepsilon}{m \sin 2\alpha}$,

v_2 aus $v_2 = \dfrac{v_1\, r_2}{r_1}$, n aus $n = c_1 \sin\alpha$,

w_1 aus Gleichung 4, also $w_1 = \dfrac{n}{\sin\beta}$.

Hiernach ermittelt man, wie unter IX und X dieses Paragraphen, h_2, indem man vorläufig $y_3 = \dfrac{c_2^2}{2g}$ annimmt; $\left(\text{also } h_2 = \dfrac{c_3^2}{2g} - H_2\right)$ und bestimmt p sowie c_p^2.

Nun findet man:

w_2 aus Gleichung 7, also $w_2 = \sqrt{w_1^2 + v_2^2 - v_1^2 + c_p^2}$,

c_2 aus Gleichung 8, also $c_2 = \sqrt{w_2^2 - v_2^2}$,

δ aus Gleichung 8a, also $\sin\delta = \dfrac{c_2}{w_2}$.

Es ergibt sich nunmehr durch Berechnung von y_1, y_2, y_3, ob ε richtig gewählt, sowie ob $\dfrac{c_2}{2g} = y_3$ ist. Nach Bedarf ist die Rechnung abzuändern, indem man die gefundenen Werte für ε, c_2, y_3 einsetzt. Hierauf berechnet man k aus Gleichung 11, also $k = \dfrac{c_2}{n}$ und verfährt weiter wie beim ersten Verfahren unter XV bis XVIII.

Berechnung der Partialturbinen. Ergibt sich bei geringen Wassermengen der Durchmesser einer Vollturbine unzulässig klein, so hat man eine Partialturbine anzuwenden, das heisst, man hat dem Laufrad nicht auf dem ganzen Umfange, sondern nur auf einem Teile desselben Wasser zuzuführen. Die Berechnung hat dann so zu erfolgen, dass man die Dimensionen einer Vollturbine für eine entsprechend grössere Wassermenge berechnet. Bezeichnet i den Beaufschlagungsgrad, also das Verhältnis des beaufschlagten Umfanges zum ganzen Umfange, Q wie bisher die zur Verfügung stehende Wassermenge, so hat die Berechnung der Turbine für eine Wassermenge $= \frac{Q}{i}$ zu erfolgen, i ist dabei den Umständen entsprechend zu wählen. Hätte sich z. B. für eine Wassermenge Q nach Gleichung 34a der Wert $r_1 = 0{,}15$ Meter ergeben, die noch zulässige Umdrehungszahl erfordere aber $r_1 = 0{,}6$ Meter, so wäre $i = \frac{1}{4}$ zu wählen und die Turbine für 4 Q zu berechnen.

Ist die Berechnung der Vollturbine für die Wassermenge $\frac{Q}{i}$ durchgeführt, so hat man beim Entwurf der Partialturbine nur zu beachten, dass von den der Vollturbine entsprechenden z_1 Leitkanälen für die Partialturbine nur $i\,z_1$ gebraucht werden. Man achte bei der Wahl von z_1 mit darauf, dass $i\,z_1$ eine ganze Zahl ist.

Hätte man z. B. bei $i = \frac{1}{4}$, $z_1 = 48$ genommen, so würden nur $\frac{48}{4} = 12$ Leitkanäle zur Bewältigung der Wassermenge Q in Benutzung zu nehmen sein.

Die erläuterten Berechnungsmethoden sind natürlich nicht die einzigen möglichen, man kann noch in sehr verschiedener Weise und gleich gut vorgehen, aber es ist weder möglich noch erforderlich, alle Berechnungsarten hier darzustellen, der aufmerksame Leser wird erforderlichenfalls selbst Abänderungen treffen können und anderweit angegebenes verstehen.

§ 25. Schaufelform, Schaufelflächen, Kranzquerschnitt.

Den Schaufelkranz einer Axialturbine denkt man sich durch eine durch die Mitten der oberen Laufradschaufelkanten (bezw. unteren Leitradschaufelkanten) gelegte Cylinderfläche geschnitten, bei Radialturbinen dagegen durch eine zur Turbinenachse senkrechte, die Schaufelkanten in der Mitte schneidende Ebene. Die Kurven, nach denen die Schaufeln die betreffende Cylinderfläche oder Ebene schneiden, sind die Schaufelkurven, die Schnittfläche einer Schaufel nennt man Schaufelprofil.

Bei Axialturbinen pflegt man zur besseren Betrachtung die cylindrische Schnittfläche in einer Ebene auszubreiten, davon ist schon mehrfach, ohne dass es besonders erwähnt wurde, Gebrauch gemacht worden.

Die Schaufelkurven sollen so beschaffen sein, dass die relative Bahn eines mittleren Wasserfadens eine möglichst sanft und stetig gekrümmte Kurve ist, welche den mittleren Eintritts- und Austrittsumfang des Leitrades oder Laufrades unter den der besten Leistung entsprechenden Winkeln schneidet.

Man findet also bei bekanntem Kranzquerschnitt der Turbine die Schaufelprofile, indem man den relativen Wasserweg durch eine geeignete Kurve festlegt, welche, wenn es sich um das Leitrad handelt, den Eintrittsumfang in der Regel unter 90^0, den Austrittsumfang unter dem Winkel α schneidet, während die entsprechende Kurve für das Laufrad, dessen Eintrittsumfang unter dem Winkel β, den Austrittsumfang unter dem Winkel δ schneiden muss und dann in einer Anzahl Punkte die den lichten Kranzbreiten und relativen Geschwindigkeiten entsprechenden halben Strahlstärken nach links und rechts, senkrecht zur mittleren Wasserbahn aufträgt.

Die so erhaltenen Punkte bestimmen die den Wasserstrahl begrenzenden Kurven, die eine, im Sinne der Bewegung vorn gelegene, bestimmt wieder die konkave Schaufelfläche, die andere kommt als Begrenzung des konvexen Schaufelrückens bei Ueberdruck- und Grenzturbinen in Betracht.

Bei den Leitkanälen, ferner bei den Laufradkanälen der Druckturbinen mit freiem Strahl und der Ueberdruckturbinen mit erheblichem Ueberdruck, bei denen Winkel $\beta \geq 90^0$ wird, kann man den relativen Wasserweg wohl auch ohne weiteres als Schaufelkurve benutzen, gegen welche das Wasser wirkt; bei den Laufrädern der Turbinen mit schwachem Ueberdruck und Grenzturbinen geht das nicht an.

Die Turbinenkanäle sollen nun weiter so beschaffen sein, dass das Wasser möglichst wenig darin an Gefälle verliert, sie sollen also möglichst kurz und möglichst wenig scharf gekrümmt sein. Da es ferner wünschenswert ist, beim Ausfluss aus dem Leitrade oder Laufrade jegliche Kontraktion zu vermeiden, werden die Schaufelenden vielfach geradlinig ausgebildet. Auf einer je grösseren Länge aber die Schaufelkurve ganz oder nahe geradlinig ist, auf einer um so kürzeren Strecke muss die erforderliche Krümmung erfolgen, der Krümmungswiderstand aber ist von erheblichem Einfluss auf den Bewegungswiderstand. Bei den Laufradschaufeln findet nur dort, wo der Wasserstrom abgelenkt wird, Arbeitsabgabe statt, die geradlinigen Teile sind wertlos für dieselbe. (Vergl. den schon genannten Aufsatz von Stribeck, „Zeitschrift des Vereins deutscher Ingenieure", 1891, Seite 612.) Man thut also zweifellos gut, die Schaufelprofile an der Austrittsseite des Leitrades mit geradlinigen parallelen Enden zu versehen, beim Laufrad ist zwar natürlich auch nach einem kontraktionslosen Verlauf der Kanalenden zu streben, doch wird man sich damit zu begnügen suchen, dabei höchstens das äussere Ende des konvexen Schaufelprofiles (Rücken) geradlinig zu machen.

Bei Druckturbinen mit freiem Strahl, bei denen steter Gang über dem Unterwasser sicher ist und der Wasserstrom den Schaufelrücken nicht netzt, ist das letztere auch überflüssig. Was die Gestaltung der Kurve des relativen Wasserweges anlangt, so lassen sich wohl die meisten Konstrukteure von der Erfahrung und dem Gefühl leiten. Es sind zwar mancherlei interessante Gesetze in dieser Hinsicht aufgestellt worden, aber es ist fraglich, ob der Erfolg der aufgewandten Mühe entspricht.

Ein wesentliches Erfordernis ist jedoch folgendes: Die Schaufeln des Laufrades müssen so gekrümmt sein, dass das Wasser immer im Sinne der Umdrehungsbewegung dagegen presst und nicht etwa das Bestreben hat, sich loszulösen. Bei Ueberdruckturbinen sowie bei axialen und von aussen beaufschlagten radialen Druckturbinen wird dieser Forderung ohne besondere weitere Maſsnahmen Genüge geleistet, nicht aber bei von innen beaufschlagten radialen Druckturbinen. Die ausführliche Widergabe oder gar Herleitung der hierbei zu beachtenden mechanischen Gesetze geht über den Rahmen dieses Buches hinaus. Hier sollen deshalb nur Resultate, welche daraus folgen, angegeben werden. Leser, welche sich eingehender unterrichten wollen, finden darüber das Nötige in Weissbachs „Lehrbuch der Ingenieur- und Maschinenmechanik“, Bd. I; Bach, „Die Wasserräder“ und Grashof, „Theoretische Maschinenlehre“, Bd. III.

In Fig. 59 stellt die Kurve ab die Schaufelkurve des Laufrades einer von innen beaufschlagten radialen Druckturbine dar. Es bezeichne ϱ_1 den Radius der Schaufelkrümmung an der Eintrittsstelle des Wassers bei a, ϱ_2 den Radius der Schaufelkrümmung an der Austrittsstelle b; die übrigen noch zu verwendenden Bezeichnungen haben die schon früher beigelegten Bedeutungen. Dann muss nach Grashof, „Theoretische Maschinenlehre“, Bd. III, § 42, wenn die oben erwähnte Forderung erfüllt werden soll, sein:

Fig. 59.

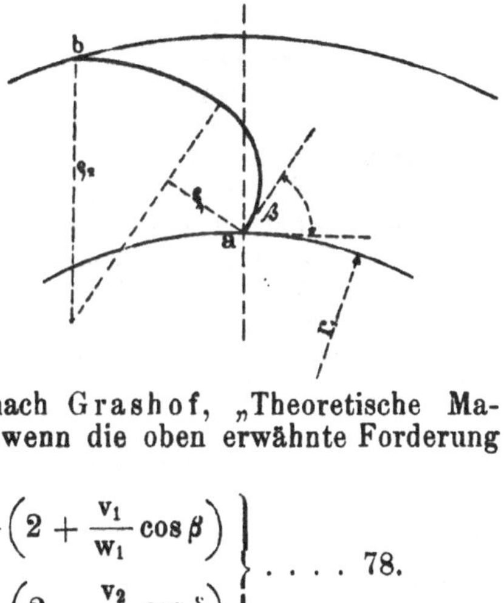

$$\left.\begin{aligned} &\text{für Punkt a:} \quad \frac{r_1}{\varrho_1} > \frac{v_1}{w_1}\left(2 + \frac{v_1}{w_1}\cos\beta\right) \\ &\text{für Punkt b:} \quad \frac{r_2}{\varrho_2} > \frac{v_2}{w_2}\left(2 - \frac{v_2}{w_2}\cos\delta\right) \end{aligned}\right\} \quad \ldots . \ 78.$$

Dabei soll die Krümmung von aussen nach innen zunehmen, also das grössere ϱ_2 allmählich in das kleinere ϱ_1 übergehen.

Die Schaufelflächen werden in verschiedener Weise gebildet. Bei axialen Turbinen ist es viel gebräuchlich, die Schaufelfläche dadurch zu bilden, dass man eine die Turbinenachse unter 90° schneidende Gerade längs der Schaufelkurve hinführt (Fig. 6, Taf. 3). Die so entstehende Fläche ist eine Schraubenfläche mit veränderlicher Steigung. Von manchen Konstrukteuren wird, insbesondere bei axialen Druckturbinen, eine cylindrische Schaufelfläche angewandt. Diese lässt man in der Weise entstehen, dass man die erzeugenden Grade parallel einer angenommenen Anfangslage längs der Schaufelkurve hinführt. Man kann z. B., wie in Fig. 7, Taf. 3, die an der Austrittsseite liegende Schaufelkante radial stellen und dann in jedem anderen Punkte der Schaufelkurve die erzeugende Gerade parallel dazu legen.

Bei Radialturbinen sind die Schaufelflächen vielfach Cylinderflächen, gebildet durch Verschiebung einer zur Turbinenachse parallelen Geraden längs der Schaufelkurve, doch findet man besonders bei den Francisturbinen jetzt vielfach abweichend gebildete Schaufelflächen, die bedingt sind durch besondere Kranzquerschnitte der Laufräder. Hierüber sollen einige erläuternde Angaben weiter unten bei Besprechung der von aussen beaufschlagten Radialturbinen in § 28 gemacht werden.

Den Kranzquerschnitt der Turbinenlaufräder führt man bei axialen Ueberdruckturbinen symmetrisch aus, wie es z. B. Fig. 11, Taf. 2, zeigt. Bei axialen Druckturbinen findet man auch sehr häufig symmetrischen Kranzquerschnitt, bei Anwendung von Schraubenflächen für die Schaufeln ist aber ein gewisser unsymmetrischer Querschnitt richtiger. Eine Betrachtung der Fig. 6, Taf. 3 (nach einer Textfigur in Bach, „Die Wasserräder") wird das zeigen. Der Austritt eines Wasserteilchens aus dem Leitrad erfolgt bei A in einer zum mittleren Radumfang tangentialen und gleichzeitig zur Turbinenachse parallelen Ebene. A B ist die Gerade, nach welcher die Ebene des mittleren Eintrittsumfanges des Laufrades von dieser Ebene geschnitten wird.

Beim Eintritt in das Laufrad zerlegt sich die Geschwindigkeit c_1 in die relative Geschwindigkeit w_1 und die Umfangsgeschwindigkeit v_1, beide liegen natürlich in der schon genannten tangentialen Ebene, in welcher das Wasserteilchen infolge des Beharrungsvermögens auch zu bleiben sucht, wenn es nicht gewaltsam daran gehindert wird und das wünscht man bei Druckturbinen nicht.

Während das Wasserteilchen mit der Geschwindigkeit w_1 längs der Schaufel hinfliesst, bewegt es sich auch mit der Geschwindigkeit v_1 in der Richtung A B. Bezeichnet A C die Länge des relativen Wasserweges, so ist, wenn man, was bei Druckturbinen für höhere Gefälle annähernd zutrifft, $w_1 = w_2$ annimmt, die Zeit t, welche das Wasserteilchen braucht, um von A bis C zu kommen, $t = \frac{AC}{w_1}$. In der gleichen Zeit hat das Wasserteilchen in der Richtung A B den Weg $\frac{AC}{w_1} \cdot v_1$ zurückgelegt. Macht man also $CE = \frac{AC}{w_1} \cdot v_1$, so ist E der Punkt im Raume, wo das Wasserteilchen thatsächlich aus dem Laufrade tritt. Wenn man für jeden Punkt von AC so verfährt, erhält man die Kurve AE, das ist der absolute Wasserweg. Zieht man durch E (auf AB) den Radius EM, so schneidet dieser den mittleren Eintrittsumfang in C_1, das ist, wenn man annimmt, dass angenähert $CC_1 = \frac{AC}{w_1} \cdot v_1 = CE$, der Punkt, bis zu welchem der Radpunkt C in der Zeit t gekommen ist. Man sieht nun, dass das Wasserteilchen, welches im Abstand $r_1 = MA$ in das Laufrad eintrat, in einem Abstand ME austritt, welcher nicht gleich $MC = MA$, sondern grösser ist, also einen unsymmetrischen Kranzquerschnitt bedingt. Bestimmt man für alle Punkte des absoluten Wasserweges AE die zugehörigen Entfernungen von M, so erhält man leicht AE_2, die Projektion des mittleren Wasserweges auf die radiale Ebene des Kranzquerschnittes, wie es Fig. 6, Taf. 3, zeigt.

Trägt man von allen Punkten der Kurve AE_2 die halbe Breite des Wasserstrahles nach jeder Seite ab, so erhält man die Begrenzungen des Strahles für den Kranzquerschnitt und kann diesen dann entsprechend gestalten.

Bei cylindrischen Schaufelflächen kann man durch geeignete schräge Lage der Eintrittskante gegen den Radius die Abweichung C_1E sehr verringern bezw. aufheben (siehe z. B. Fig. 7, Taf. 3).

Die Kranzquerschnitte der Radialturbinen sind teils unsymmetrisch, teils symmetrisch. Unsymmetrische Kranzquerschnitte findet man bei vielen von aussen beaufschlagten Radialturbinen; Fig. 1 und 2, Taf. 18, stellen dergleichen Kranzquerschnitte dar.

Die Kranzquerschnitte der Leiträder sind, soweit sie nicht infolge der Regulierungseinrichtungen Abweichungen erfordern, symmetrisch gestaltet.

§ 26. Die Abmessungen einzelner Turbinenteile, Zapfenanordnungen, Zapfenreibung, Kraftübertragung.

Es kann in einem Buche wie dem vorliegenden nicht daran gedacht werden, Konstruktionsregeln für alle Fälle zu geben, vielmehr muss eine Beschränkung auf das Notwendigste und am meisten vorkommende eintreten. Das kann um so mehr geschehen, als die Belehrung über die Bemessung einzelner Maschinenteile dem Spezialgebiete der Maschinenelemente bezw. Festigkeitslehre zukommt.

Radkränze. Die Stärken der Radkränze sind sehr abhängig von der Schaufelart, bei Verwendung von Blechschaufeln muss die Kranzstärke grösser sein als bei Schaufeln, welche mit dem Rade in einem Gusse hergestellt sind. Unter 20 mm sollte man mit der Kranzstärke nicht gehen. Bei Turbinen mit hohen Umdrehungszahlen hat man den Einfluss der Zentrifugalkraft zu beachten. Bezeichnet S die von der Zentrifugalkraft hervorgerufene Spannung pro qcm in kg, γ das Gewicht der Volumeneinheit des Kranzes, v die Umfangsgeschwindigkeit, g die Beschleunigung der Schwere, alles bezogen auf cm, so ist

$$S = \frac{\gamma v^2}{g} \quad . \; . \; . \; . \; 79.$$

S soll die zulässige Beanspruchung des betreffenden Materials natürlich nie überschreiten.

Arme. Auf die Arme wirkt die vom Drucke des Wassers gegen die Schaufeln herrührende, Arbeit leistende, Kraft biegend in der Richtung des Radumfanges, ferner wirkt darauf das Gewicht des Wassers im Rade, der axiale bezw. radiale Druck des strömenden Wassers und das Eigengewicht des Rades. Bezeichnet man mit K die am Eintrittsumfang angreifende Umfangskraft, welche der von der Turbine zu leistenden Arbeit entspricht, mit P den Druck des Wassers, welchen es infolge seiner Bewegung axial bezw. radial auf die Schaufelflächen und Kranzflächen ausübt, mit W das Gewicht des im Laufrade befindlichen Wassers, mit L das Gewicht des Laufrades, alles in kg, mit A die Anzahl der Arme, mit r_1 den Radius des Eintrittsumfanges, mit v_1 die Umfangsgeschwindigkeit und mit M das biegende Moment, dann kann man bei axialen Vollturbinen setzen

$$M = \frac{r_1}{A} \sqrt{K^2 + (P + W + L)^2} \quad . \; . \; . \; . \; 80.$$

Bei radialen Turbinen wirkt P zwar meist auch biegend, aber an einem von r_1 verschiedenen Hebelarm und mitunter auch in entgegengesetztem Sinne wie die anderen Kräfte, so dass die Gleichung für das biegende Moment nach den jeweiligen Verhältnissen zu bestimmen ist.

Die Grössen W und L sind im einzelnen Falle aus den Dimensionen des Laufrades zu berechnen, A ist erfahrungsgemäss anzunehmen, eventuell probeweise.

K kann man bestimmen aus

$$K = 1000 \cdot \frac{\varepsilon Q H}{v_1} \quad . \; . \; . \; . \; 81,$$

worin Q in Kubikmetern, H und v_1 in Metern, ferner P aus

$$P = \frac{1000\,Q}{g}(u - c_2) + 2\pi r_1 (b_1 + 2\,b_k)(h_1 - h_2)\,1000 \quad . \; . \; . \; . \; 82,$$

worin b_k die Kranzstärke in Metern, alle übrigen Bezeichnungen haben die gleiche Bedeutung wie früher.

Vielfach, und besonders bei rasch gehenden Turbinen, ordnet man keine einzelnen Arme an, sondern verbindet den Radkranz mit der Nabe durch einen vollen Teller, was hinsichtlich des Luftwiderstandes vorteilhafter ist.

Nabe. Die Wandstärke der Nabe ist meist sehr angenähert gleich dem halben Wellendurchmesser, die Länge annähernd gleich der Höhe des Laufrades.

Welle. Die stehenden Wellen der Turbinen sind hohle gusseiserne oder volle schmiedeeiserne bezw. stählerne Wellen. Meist ist die Beanspruchung der Welle eine mehrfache und zwar auf Verdrehung, Biegung und Zug, so dass von Fall zu Fall eine verschiedene Berechnung einzutreten hat. Die Biegungsmomente rühren im wesentlichen von den zur Kraftübertragung dienenden Zahnrädern u. s. w. her, bei einigermassen geschickter Konstruktion lässt sich ihr Einfluss beschränken. Insbesondere wirkt in dieser Hinsicht eine solche Anordnung des auf der Turbinenwelle sitzenden Rades, dass die vom tangentialen Zahndruck herrührende, an der Welle angreifende Kraft durch das Halslager geht (so z. B. Fig. 1, Taf. 14).

Bezeichnet: D den äusseren Wellendurchmesser in Zentimetern,
D_0 den inneren Durchmesser hohler, gusseiserner Wellen in Zentimetern,
U die Umdrehungszahl pro Minute,
N die Anzahl der Pferdestärken,

so kann man in vielen Fällen, wo keine wesentlichen Biegungsmomente etc. vorliegen, folgende Formeln benutzen:

für hohle, gusseiserne Wellen $\begin{cases} D = 20\sqrt[3]{\frac{N}{U}} & \ldots 83 \\ D_0 = 0{,}6\,D & \ldots 84 \end{cases}$ (nach Reifer),

für schmiedeeiserne Wellen $D = 15\sqrt[3]{\frac{N}{U}}$ . . 85,

für stählerne Wellen $D = 12\sqrt[3]{\frac{N}{U}}$ . . 86.

Bei Turbinen mit liegender Welle ist der Einfluss der biegenden Momente, welche von dem Eigengewicht der Welle, dem Gewicht des Laufrades, Zahnrades oder dergl. herrühren, sehr wesentlich, dieselben sind deshalb immer in Rücksicht darauf zu berechnen.

Zapfenanordnungen, Zapfenlager. Von den Zapfen und Lagern für liegende Turbinenwellen kann hier abgesehen werden, weil dergleichen ganz den sonst gebräuchlichen Anordnungen und Formen des Maschinenbaues entsprechen, die Zapfenanordnungen der stehenden Turbinenwellen sind dagegen in vieler Beziehung Spezialanordnungen und sollen deshalb einer kurzen Betrachtung unterzogen werden.

Die stehende Welle einer Turbine ist durch einen Stützzapfen so zu lagern, dass das auf ihr festsitzende Laufrad in der richtigen Lage zum Leitrade bleibt. Da infolge Abnutzung des Zapfens und seines Lagers allmählich eine Senkung der Welle eintritt, muss, um die normale Lage wieder herstellen zu können, der Zapfen oder das Lager mit einer Stellvorrichtung versehen werden. Der Stützzapfen einer Turbine kann unten an der Welle angebracht sein, dann heisst er Unterzapfen oder auch häufig Unterwasserzapfen, weil er meist unter dem Wasserspiegel liegt, er kann ferner im mittleren Teile, oder am oberen Ende der stehenden Welle liegen, dann wird er Mittel- bezw. Oberzapfen und weil er dabei über dem Wasser liegt, auch Ueberwasserzapfen genannt.

Ueberwasserzapfen, bei denen also die Welle mit dem Laufrad am Zapfen gleichsam aufgehangen ist, verdienen im allgemeinen den Vorzug, weil sie leichter zugänglich, also leichter kontrollierbar und leichter schmierbar sind als Unterwasserzapfen.

Eine Zusammenstellung der verschiedensten Zapfenanordnungen, wie sie nach den gebotenen Umständen, z. B. die durch ihren Turbinenbau wohl bekannte Maschinenfabrik von Queva & Komp. in Erfurt ausführt, bieten Fig. 8 bis 18, Taf. 3 (aus dem Prospekt der Firma entnommen).

Fig. 8, 9, 10, 11, Taf. 3, sind Ueberwasserzapfen für hohle gusseiserne Wellen, und zwar ist Fig. 10 ein Mittelzapfen, also ein solcher, bei welchem die Welle noch nach oben weiter fortgesetzt ist, die anderen sind Endzapfen. In den Figuren bedeutet t die Tragstange für das eigentliche Spurlager, l den Lagerkörper, s die Spurplatten etc., z den Spurzapfen, welcher mit flachgängigem Schraubengewinde versehen ist, um entweder durch Drehung des Zapfens bei festgehaltener Mutter, oder durch Drehung der in vertikaler Lage festgehaltenen Mutter bei an der Drehung verhindertem Zapfen verstellt werden zu können. Das Muttergewinde ist mit m bezeichnet, das Schmiergefäss mit o. Die Drehung des Zapfens zur Höhenverstellung erfolgt bei den durch Fig. 8 und 9 dargestellten Anordnungen vermittelst des mit d bezeichneten Sechskantes und Schraubenschlüssels, für sehr grosse Belastungen ist die Anordnung nach Fig. 11, Taf. 3, bestimmt. Bei dieser ist zur Verstellung ein Schneckenrad d auf das oberste Zapfenende gesetzt, welches durch eine Schnecke e angetrieben werden kann. Die Verstellung des Mittelzapfens Fig. 10, Taf. 3, erfolgt durch Drehung der Mutter m.

Die Zapfen samt Muttern etc. stehen mit der Welle durch eine Haube h in Verbindung, vielfach bilden der obere Teil und die Welle auch ein Ganzes (siehe z. B. Fig. 1, Taf. 3). Zwischen Welle und Tragstange sind zur Erhaltung der konzentrischen Lage beider Teile Büchsen eingesetzt, in Fig. 8, Taf. 3, ist eine solche als Stopfbüchse mit Liderung ausgebildet, um den Oelabfluss zu hindern.

Fig. 12, 13, 14, Taf. 3, stellen sogenannte Ringspurzapfen dar, wie sie bei Anwendung voller Wellen erforderlich sind. Ringspurzapfen bedingen grössere Reibungsverluste als einfache volle Spurzapfen und sind empfindlicher gegen Aufstellungfehler und dergl. Man wendet sie deshalb nur dann an, wenn man entweder mit dem sogenannten vollen Zapfen nicht mehr auskommt, oder wenn besondere Verhältnisse es erfordern, also wenn z. B. die Anordnung einer Tragstange nicht gut möglich ist, oder wenn grösste Einfachheit aus Preisrücksichten erwünscht ist. Die Bezeichnungen in den Fig. 12, 13, 14, Taf. 3, sind dieselben wie vorher. Zur Aufnahme des Schmiermaterials dient gewöhnlich ein mit dem Lagerkörper vereinigter, die Spurplatten umgebender Behälter. Zum Schutze gegen Verschmutzung sind die Zapfen mit glockenförmigen Abdeckungen versehen. Zur Aufnahme seitlicher Kräfte, also zur Erhaltung der genauen senkrechten Lage der Welle dienen die als Halslager ausgebildeten oder als einfache Büchsen angeordneten Führungen f. Fig. 15, Taf. 3, zeigt einen sogenannten Kammzapfen, den man als mehrfachen Ringspurzapfen betrachten kann. Dergleichen Zapfen sind nur in seltenen Fällen wirklich am Platze, wenn die einfachen Zapfen zu grosse Dimension bekommen und infolgedessen übermässige Reibungsarbeit bedingen würden.

Fig. 16, 17 und 18, Taf 3, stellen Unterzapfen dar, die Bezeichnungen sind die gleichen wie bei den anderen Figuren, Fig. 16 und 17 sind Zapfen mit metallischen Lagerungen, Fig. 18 ist ein Pockholzzapfen, der, wenn der Zutritt des Wassers zu den reibenden Flächen gesichert ist, keiner weiteren Schmierung bedarf. Die Unterwasserzapfen kommen jetzt selten vor, sie sind durch die meistens weit vorteilhafteren Oberzapfen etc. verdrängt. Pockholzzapfen findet man allenfalls bei billigen Turbinen, wo es besonders auf grosse Einfachheit ankommt.

Fast alle der vorerwähnten Fig. 8 bis 17, Taf. 3, zeigen die Anwendung mehrerer Spurplatten übereinander, das ist nur in seltenen Fällen wirklich erforderlich, meist genügt eine einzige. Bei der Anwendung mehrerer Platten hat man die Absicht, für den Fall, dass eine derselben durch zu hohe Reibung nicht mehr richtig funktioniert, die reibende Fläche selbstthätig nach einer anderen Platte zu verlegen.

Zwei Zeichnungen von Zapfen, wie sie die Maschinenfabrik „Germania" in Chemnitz ausführt, sind durch Fig. 3 und 4, auf Taf. 16, in so grossem Mafsstabe wiedergegeben, dass in Rücksicht auf das Vorangegangene wohl besondere Erläuterungen unnötig sind.

Die aufeinander gleitenden Teile der Zapfenlager etc. sind Stahl und Bronze, Stahl und Gusseisen u. s. w. Auch die einfachen sogenannten vollen Spurzapfen sind auch stets mit einer zentralen Durchbohrung zu versehen, welche die Möglichkeit eines unverhältnismässigen Anwachsens des Druckes pro Flächeneinheit, wie sie eintreten kann, bei der zuerst von aussen nach innen fortschreitenden Abnutzung des Zapfens, verhindern soll.

Die Lagerung der Spurplatte macht man vorteilhaft kugelig, um eine leichte Einstellung normal zum axialen Druck zu sichern.

Berechnung der Zapfen. Bei der Berechnung der Spurzapfen sind insbesondere zwei Gesichtspunkte massgebend; erstens müssen die Dimensionen so gross sein, dass der Druck auf die Flächeneinheit (z. B. auf 1 qcm) eine gewisse Grösse nicht überschreitet, weil sich sonst das Schmiermaterial nicht zwischen den arbeitenden Flächen hält, und zweitens so gross, dass die infolge der Zapfenreibung entstehende Wärme rasch genug abgeleitet wird, um Erhitzungen zu vermeiden. Beiden Forderungen muss in jedem Falle genügt werden, die Bedingungen, unter denen es geschieht, sollen nach den diesbezüglichen Ausführungen in Bachs „Maschinenelementen", IV. Auflage, hier kurz angegeben werden. Es bezeichne:

Z den ganzen axialen, vom Zapfen aufzunehmenden Druck in kg.
P den vom Wasser infolge seiner Bewegung in axialer Richtung auf das Laufrad ausgeübten Druck in kg.
W das Gewicht des im Laufrade befindlichen Wassers in kg.
L das Gewicht des Laufrades in kg.
T das Gewicht der Turbinenwelle einschliesslich Zapfen, Zahnrad u. s. w. in kg.
Y die bei Kegelrädertrieb auftretende axiale Komponente des Zahndruckes.

Dann ist

$$Z = P + W + L + T + Y \quad .\ .\ .\ .\ 87.$$

Hierin ist P bestimmt durch Gleichnng 82, die übrigen Grössen sind nach den Dimensionen der Turbine etc. zu berechnen oder auch auf Grund bekannter Ausführungen vorläufig zu schätzen.

Es bedeute ferner:

d den äusseren Zapfendurchmesser in cm,
d_0 den inneren Zapfendurchmesser bei Ringzapfen in cm,
k die zulässige Belastung (Flächenpressung) pro qcm Zapfenfläche in kg,
U die Umdrehungszahl in der Minute,
A_z die hinsichtlich der Erwärmung noch zulässige Zapfenreibungsarbeit pro qcm der Spurfläche,
μ den Koeffizienten der Zapfenreibung.

Dann soll nach Bach sein: Für sogenannte volle Spurzapfen:

$$z = k \frac{\pi}{4} d^2$$

um der ersten Forderung zu genügen betr. die Belastung, oder

$$d = \sqrt{\frac{z}{0{,}8\,k}} \quad .\ .\ .\ .\ 88,$$

ferner

$$A_z \geq \frac{\mu\, Z\, U}{3000 \cdot d}$$

um der zweiten Forderung hinsichtlich Wärmeableitung zu genügen oder

$$d \geqq \frac{\mu Z U}{3000 A_z} \quad \ldots . \quad 89.$$

Für Ringspurzapfen, bei denen man passenderweise den inneren Durchmesser d_0 annimmt, welcher bei vollen Wellen immer etwas grösser als der den Zapfen tragende Wellenteil sein muss, geht Gleichung 88 über in

$$d = \sqrt{\frac{Z}{0,8 k} + d_0^2} \quad \ldots . \quad 88a$$

und Gleichung 89 in

$$d \geqq \frac{\mu Z U}{3000 A_z} + d_0 \quad \ldots . \quad 89.$$

In obigen Formeln kann man setzen:

$\mu = 0,05$ (für Stahl auf Bronze),
$k = 60$ bis 90 (in normalen Fällen höchstens $k = 100$),
bei Pockholz $k = 25$,
$A_z = 0,67$ bis 1,67.

Der Zapfen ist allemal nach beiden Formeln (88 und 89 bezw. 88a und 89a) zu berechnen und der grössere sich ergebende Wert anzuwenden. Hinsichtlich der Koeffizienten k und A_z sei bemerkt, dass man nicht ohne zwingende Gründe von den niederen Werten abgehen soll, und dass höhere Werte überhaupt nur zulässig sind bei ganz guter Ausführung der Arbeit und sorgfältigster Schmierung.

Die Kammzapfen sind als mehrfache Ringzapfen anzusehen, hat ein Kammzapfen a Ringe, so ist der einzelne Ring für einen Druck $\frac{Z}{a}$ zu berechnen. Man darf sich freilich der völlig gleichmässigen Verteilung des Druckes auf die einzelnen Ringe nicht gar so unbedingt versichert halten und aus diesem Grunde sind k und A_z möglichst niedrig anzunehmen.

Die Tragstange der Zapfenlager für hohle gusseiserne Wellen wird in der Regel aus Schmiedeeisen gemacht und kann, wenn biegende Kräfte durch geeignete Anordnung der Wellenlagerung etc. im wesentlichen vermieden sind, berechnet werden nach

$$d_1 = \sqrt[4]{\frac{Z l^2}{6}} \quad \ldots . \quad 90,$$

worin d_1 der Durchmesser der Tragstange in cm,
l die Länge in Metern,
Z der Zapfendruck in kg.

Arbeit der Zapfenreibung. Bezeichnet A die Arbeit der Zapfenreibung in Meterkilogramm pro Sekunde, so ist mit den bisherigen Bezeichnungen:

$$\text{für volle Spurzapfen } A = \frac{1}{2} \mu Z d \frac{U \pi}{60} \quad \ldots . \quad 91,$$

worin aber d in Metern zu verstehen ist,

für Ringspurzapfen $A = \frac{1}{2} \mu Z (d + d_0) \frac{U \pi}{60}$ . . . . 92.

Setzt man für μ den Wert 0,05 ein und für π 3,14, so gehen die Gleichungen über in

$$A = \frac{Z d U}{764} \quad \ldots\ldots\ldots \quad 91\,a,$$

$$A = \frac{Z (d + d_0) U}{764} \quad \ldots\ldots \quad 92\,a.$$

Die Reibung der Welle in den Halslagern und Führungen ist am besten, so weit als möglich, für jedes Lager etc. zu ermitteln, häufig schätzt man jedoch diese Reibungsarbeiten und gleichzeitig den Luftwiderstand u. s. w. dadurch mit, dass man in Gleichung 91 und 92 einen höheren Wert als $\mu = 0{,}05$ einsetzt. Als passender Wert wird $\mu = 0{,}1$ empfohlen, mit welchem die Gleichungen lauten

$$A = \frac{Z d U}{382} \quad \ldots\ldots\ldots \quad 91\,b,$$

$$A = \frac{Z (d + d_0) U}{382} \quad \ldots\ldots \quad 92\,b.$$

Der in § 23 und Gleichung 28 gebrauchte Wert ϱ des verhältnismässigen Effektverlustes durch Zapfenreibung etc. ergibt sich nach Gleichung 91 a, 92 oder 91 b und 92 b aus $\varrho Q \gamma H = A$, indem man den Zahlenwert von A einsetzt.

Anordnung der Kraftübertragung. Die Kraftübertragung erfolgt bei Turbinen mit stehender Welle meistens durch Kegelräder auf eine liegende Welle, seltener findet man (z. B. in Mühlen) die Kraftübertragung durch Stirnräder oder auch Riemenscheiben auf eine oder mehrere stehende Wellen. Zum Antrieb von Pumpwerken wird, bei passender Umdrehungszahl der Turbine, die Kurbel mitunter gleich auf die Turbinenwelle gesetzt, bei Dynamomaschinen ebenso der rotierende Anker. Bei Turbinen mit liegender Welle, die vorwiegend bei erheblicheren Gefällen angeordnet werden und meist eine verhältnismässig hohe Umdrehungszahl haben, geschieht die Kraftübertragung meistens durch Riementrieb oder direkte Ankuppelung der zu treibenden Welle an die Turbinenwelle, so besonders bei Dynamomaschinen. Bei den stehenden Wellen der Turbinen sucht man, wie schon früher bemerkt wurde, sowohl hinsichtlich möglichst günstiger Beanspruchung der Welle, als auch in Rücksicht auf dauernd gute Lage des Zapfens, der Tragstange etc. biegende Momente nach Möglichkeit zu vermeiden und ordnet deshalb Lager, Zahnräder u. dergl. so an, dass die vom Zahndruck herrührende, durch die Wellenmitte gehende Kraft durch ein Lager oder doch sehr nahe an einem solchen vorbei geht und also entweder gar kein Biegungsmoment oder doch nur ein schwaches hervorruft.

Recht gute Anordnungen in dieser Beziehung zeigt die auf Taf. 14 dargestellte, von der Maschinenfabrik „Germania" in Chemnitz gebaute Turbine für die elektrische Zentrale der Gemeinde Copitz, sowie die Fig. 2 und 3, Taf. 4, welche aus dem Prospekte der Maschinenfabrik von Voith in Heidenheim entnommen sind, eine Francisturbine darstellend.

Auf Einzelheiten der Lagerkonstruktionen u. s. w. einzugehen, ist bei dem beschränkten Umfange dieses Buches nicht möglich, Beispiele bieten die Tafeln.

§ 27. Regulierungseinrichtungen für Turbinen.

Sowohl Aenderungen des Arbeitsverbrauches in dem von der Turbine zu treibenden Werke, als auch Aenderungen im Wasserzufluss, erfordern, wie schon bei den Wasserrädern besprochen, dass die Turbinenleistung ohne Abweichung von der günstigsten Umdrehungszahl wenigstens in gewissen Grenzen veränderlich, regulierbar ist.

Dabei ist es aus wirtschaftlichen Gründen wünschenswert, dass der Wirkungsgrad sich bei veränderter Leistung möglichst wenig vermindert. Dass er bei abnehmender Leistung im allgemeinen auch bei den vollkommensten Reguliereinrichtungen nicht auf der Höhe wie bei günstigster voller Beanspruchung der Turbine bleiben kann, ist selbstverständlich, denn alle von den Eigengewichten der beweglichen Teile u. s. w. herrührenden Reibungsverluste behalten ihre volle Grösse bei und zu ihnen treten noch eventuell die vom Regulierungssystem und der Turbinenart abhängigen, als Folge der Regulierung auftretenden hydraulischen Effektverluste.

Wie sich die einzelnen Turbinenarten hinsichtlich des Wirkungsgrades bei der Regulierung durch Veränderung der Aufschlagmenge verhalten, soll Ausführungen im nächsten Paragraphen überlassen bleiben, hier sei nur bemerkt, dass durch Anwendung geeigneter Turbinensysteme und geeigneter Reguliervorrichtungen in den meisten Fällen eine praktisch völlig zufriedenstellende Lösung der Aufgabe möglich ist.

Handelt es sich nur darum, bei einem für die Maximalleistung fortwährend reichlich genügenden Wasserzufluss die Umdrehungszahl der Turbine bei verändertem Arbeitsverbrauch des Werkes konstant zu erhalten, so kann dieser Zweck dadurch erreicht werden, dass an Stelle ausgeschalteter oder leer gehender Arbeitsmaschinen eine Arbeit verzehrende Bremsvorrichtung in Thätigkeit tritt. Derartige Bremsregulatoren sind vom praktischen Standpunkte gewiss in manchen Fällen nicht nur am Platze, sondern auch unentbehrlich, aber immer nur eine wirtschaftlich prinzipiell unvollkommene Regulierung, ihre Besprechung wird nach Möglichkeit bei den selbstthätigen Regulierungseinrichtungen erfolgen.

Gewöhnlich liegt der Fall so, dass in Rücksicht auf die Schwankungen des Arbeitsbedarfes über und unter die Normalleistung das nutzlose Vernichten von Arbeit möglichst unterbleiben möchte, ausserdem ist sehr häufig der Wasserzufluss schwankend und deshalb muss eine vollkommene Turbinenregulierung danach streben, die zum Durchfluss durch die Turbine kommende Wassermenge dem Arbeitsbedarf oder dem Wasserstande anzupassen.

Man kann den Wasserverbrauch einer Turbine in verschiedener Weise beeinflussen, nachstehend sollen die gebräuchlichen Arten besprochen werden.

a) Regulierung durch Schützen im Zufluss- bezw. Abflussrohre oder Gerinne.

Wird eine im Zuflussgerinne befindliche Schützenöffnung behufs Verminderung der Wassermenge verkleinert, so hat das zur Folge, dass der Wasserspiegel in der anschliessenden (hier offen gedachten) Turbinenkammer so lange sinkt, bis die Ausflussgeschwindigkeit aus dem Leitrade, c_1, sich so weit verringert, dass bei der unverändert gebliebenen Ausflussfläche des Leitrades nicht mehr Wasser aus- als zufliesst. Es kommt also diese Regulierung auf eine mit der Verringerung des Wasserverbrauches verknüpfte nutzlose Vernichtung eines Teiles des Gefälles hinaus. Von der Erhaltung eines guten Wirkungsgrades kann dabei, wenn es sich um grössere Arbeitsschwankungen handelt, nicht die Rede sein, denn es kommt noch in Betracht, dass der dem besten Wirkungsgrade entsprechende stossfreie Eintritt des Wassers in das Laufrad verloren geht, wenn c_1 sich ändert.

Schützen im Untergraben bewirken Erhöhung des Unterwasserspiegels, wirken also auch durch Gefällevernichtung und ebenso die Drosselklappen im Zu- oder Abflussrohre.

Wenn man also diese Regulierungsarten auch nicht als vollkommen ansehen darf, so können sie, allein oder in Verbindung mit anderen, unter Umständen doch praktisch am Platze sein.

b) Regulierung durch Veränderung der Weite einzelner Leitkanäle.

Bei axialen Turbinen hat zuerst Fontaine, von dem auch die Einführung der Hohlwellen mit Ueberwasserspurzapfen herrührt, für jeden Leitkanal einen vertikalen Schieber (siehe Fig. 28, Taf. 3) angeordnet, welcher eine der Schaufel angepasste Form hat, so dass durch seine Verstellung die Dicke des aus einer Leitzelle fliessenden Wasserstrahles und damit die Wassermenge verändert wird. Diese Art der Regulierung hat den Mangel, dass durch das Niederstellen des Schiebers gleichsam die Schaufeldicken im Leitrade vergrössert werden und dann die hierdurch bedingten schädigenden Einflüsse zur Geltung kommen und zwar um so mehr, je geringer die ausfliessende Wassermenge sein soll. In welcher Weise die Schaufelstärken zu hydraulischen Effektverlusten Anlass geben, ist im § 23 bei Besprechung der Gefälleverluste beim Eintritt des Wassers in das Laufrad erwähnt.

Bei von aussen beaufschlagten Radialturbinen, den sogenannten Francis-Turbinen, ist eine Regulierung gebräuchlich, welche ebenfalls in Veränderung der Leitkanalweiten besteht; Fig. 9, Taf. 4, stellt dieselbe schematisch dar, s sind die Schaufeln des Laufrades, l die Leitschaufeln, diese sind drehbar um die Zapfen z. Erfolgt die Drehung im Sinne des eingezeichneten Pfeiles, so erweitern sich die Leitkanäle, bei entgegengesetzter Drehung verengern sie sich. Die Drehung sämtlicher Leitschaufeln erfolgt gleichzeitig vermittelst der Hebelarme a, der auf einem Ring b sitzenden Zapfen m und der am Ringe b, sowie den Regulierwellen d angebrachten Verzahnung n. Von den beiden Wellen d wird nur eine direkt angetrieben, von dieser erfolgt die Uebertragung der Bewegung mittels der Hebel e und Zugstange t auf die andere. Bei dieser Regulierung werden also die Ausflussquerschnitte des Leitrades verändert ohne die bei der Art bemerkte Nebenwirkung, dafür aber tritt ein anderer Umstand auf, welcher ungünstig ist, und zwar ist das die Veränderung des Winkels α, welche mit der Drehung der Leitschaufeln verbunden ist. Da nur für eine bestimmte Grösse von α stossfreier Eintritt gesichert ist, wird also bei der Regulierung ein mit Stoss erfolgender Wassereintritt bei allen anderen Beaufschlagungen wie der normalen eintreten. Trotzdem ist aber diese Regulierung in den Verhältnissen, wo sie in Betracht kommt, das sind solche, wo es sich nicht um Extreme handelt, recht gut, darauf wird bei Besprechung der einzelnen Turbinenarten und ausgeführter Anlagen noch zurückzukommen sein.

Eine andere Regulierung für Radialturbinen, welche auch hier eingereiht werden kann, besteht darin, dass man sowohl Leit- wie Laufrad in axialer Richtung in mehrere sich entsprechende Teile, Etagen, zerlegt, so dass also jedes Leit- und jedes Laufrad aus einer gewissen Anzahl übereinander liegender Schaufelkränze besteht. Dann kann man durch einen axial verstellbaren cylindrischen Schieber mehr oder weniger Kränze abschliessen.

Fig. 10, Taf. 7, stellt eine solche Regulierung durch einen Vertikalschnitt schematisch dar. Es ist a das Leitrad, b das Laufrad, c der cylindrische Schieber. Sowohl Leitrad wie Laufrad sind in 3 Kränze von sich entsprechenden Höhen geteilt. Hebung des Schiebers bis 1 vermindert die Beaufschlagung um $^1/_3$, bis 2 um $^2/_3$ u. s. w.

Diese Regulierung ist einfach und prinzipiell richtig, hat aber den Nachteil, dass man, wenn sie gut wirken soll, an die beschränkte Zahl Abstufungen der Beaufschlagung gebunden ist.

Vollkommen würde eine ähnliche Regulierung sein, wenn man die Kränze nicht durch feste Zwischenwände zerlegte, sondern die Kanalbreiten durch bewegliche Böden veränderlich machte. Derartige Regulierungen sind von Nagel und Kämp, sowie von Zeidler ausgeführt worden, aber nur vereinzelt zur Anwendung gekommen, sie sind zu kompliziert.

c) Regulierung durch Abschluss einzelner Leitkanäle.

Die Regulierung durch Abschluss der einzelnen Leitkanäle nach einander ist besonders für Druckturbinen und für Axialturbinen überhaupt die zweckmässigste und gebräuchlichste Art. Wenn man dafür Sorge trägt, dass die sämtlichen geöffneten und die sämtlichen geschlossenen Leitkanäle je eine ununterbrochene Reihe bilden, oder doch wenigstens, um einseitigen Druck auf das Laufrad und die Welle zu meiden, höchstens je zwei diametral gegenüberliegende Gruppen, so wird auch hinsichtlich des Wirkungsgrades von dieser Regulierungsart das verhältnismässig beste geleistet. Der Abschluss einzelner Leitkanäle oder auch kleiner Gruppen von solchen erfolgt durch ebene Ringschieber, cylindrische Ringschieber, horizontale oder vertikale, ebene Einzelschieber, Klappen, Deckel u. s. w., die Zahl der verschiedenen Anordnungen ist sehr gross.

Fig. 19 bis 27, Taf. 3, sind eine Reihe Regulierungssysteme obiger Art dargestellt, wie sie die Maschinenfabrik von Queva & Komp. in Erfurt für ihre Turbinen verwendet (dem Prospekte der Firma entnommen). Die Figuren sind leicht verständlich und da eine genaue Einzelbeschreibung hier zu weit führen würde, seien die Erläuterungen auf das Wesentlichste beschränkt. Die in den genannten Figuren eingeschriebenen Buchstaben haben folgende Bedeutungen: a Leitrad, Leitkanal, b Laufrad, Laufradkanal, s Schieber, Abschlussorgan für Leitkanäle, t Triebwerk zur Bethätigung der Regulierung, w Turbinenwelle.

Fig. 19, Taf. 3, zeigt eine Regulierung für Axialturbinen, der Leitapparat besteht aus einem festliegenden Teile s und einem drehbaren a (eigentl. Laufrad). Die Kanalmündungen liegen in a nach oben hin in zwei halbringförmigen Gruppen von verschiedenen Radien, entsprechend ebenso die Oeffnungen für die Leitkanäle in s. Durch Drehen des Leitrades a vermittelst angegossenem Zahnkranz und Getriebe t kommen die Leitkanäle unter die geschlossenen Flächen von s zu liegen, beim Drehen um eine Schaufelteilung treten allemal zwei Kanäle von a je einer von jeder Gruppe ausser Thätigkeit.

Fig. 20 und 21, Taf. 3, sind Regulierungen für Radialturbinen. Die Einflussmündungen der Leitkanäle liegen auf dem halben Umfange etwas über, auf dem halben Umfange etwas unter den Ausmündungen. In Fig. 20 steht der Leitapparat a fest, der cylindrische Schieber umgibt ihn und wird durch einen mit ihm verbundenen Zahnkranz und Getriebe t mit Welle in Drehung versetzt. In Fig. 21 ist das Ende der Zuflussleitung als feststehender, cylindrischer, oben natürlich geschlossener Schieber gedacht, der

Leitapparat wird gedreht. Die Oeffnungen in dem Schieber sind den Einflussöffnungen der Leitkanäle entsprechend angeordnet.

Fig. 23, Taf. 3, stellt eine nach gleichem Prinzip angeordnete Regulierung für Axialturbinen dar, mit zwei beweglichen, ebenen, flachen, halbringförmigen Schiebern, Fig. 24, Taf. 3, das gleiche mit konischen Schiebern, während in Fig. 26, Taf. 3, der eine Schieber ein ebener Halbring s_1, der andere ein cylindrischer Halbring s_2 ist. Die bisher beschriebenen Regulierungen vermögen die Beaufschlagung von o bis voll zu ändern. Die durch Fig. 25, Taf. 3, veranschaulichte Anordnung ist für solche Fälle bestimmt, wo man mit der Beaufschlagung nicht unter die Hälfte herabgehen will, sie hat nur einen konischen Halbringschieber.

Fig. 22, Taf. 3, veranschaulicht eine Rollschützen-Regulierung. Bei einer solchen werden die Leitkanäle geöffnet oder geschlossen durch Auf- oder Abwickeln von zwei als Ringsektoren geformten Lederstreifen (auch Gummistreifen) auf kegelförmige Rollen. Die beiden einander diametral gegenüberliegenden Rollen befinden sich in einem gemeinschaftlichen, um die Turbinenachse drehbaren Lagergestell. Jede Rolle ist mit einem auf der Rollenachse sitzenden Zahnrad versehen, welches in einen auf dem Leitradboden befestigten Zahnkranz eingreift. Durch die Drehung des Lagergestelles mit den Rollen wird also auch eine Drehung der Rollen um ihre Achsen hervorgerufen und damit die Auf- bezw. Abwickelung der Lederstreifen.

Die Anwendung senkrechter Schieber zum Absperren einzelner Leitkanäle zeigt Fig. 27, Taf. 3. Im linken Teil der Figur ist ein Leitkanal radial geschnitten, während rechts der Schnitt durch mehrere Leitkanäle nach dem mittleren Radumfange gezeichnet ist. Jeder Leitkanal hat einen Schieber s_1, eine Anzahl solcher Schieber (hier drei) bilden allemal eine im Ganzen bewegte Gruppe, indem sie durch das Verbindungsstück s mit der Schieberstange s_0 verbunden sind. Die Bewegung der Schieber erfolgt durch die mit t bezeichneten Teile und zwar folgendermassen. Ueber dem Leitapparat liegt konzentrisch zur Turbinenwelle ein drehbares Nutenrad, welches vermittelst Rollen auf einer ringförmigen Bahn läuft. Die Drehung des Nutenrades erfolgt durch ein Zahnradvorgelege. Das Nutenrad hat zwei um den ganzen Schieberhub übereinander liegende parallele Nuten, welche durch ein geeignet schräg liegendes Nutenstück verbunden sind. Jede Schieberstange steht durch einen Ring mit daran sitzendem, in die Nut eingreifenden Bolzen mit dem Nutenrad in Verbindung. Wird dieses gedreht, so behält jeder Bolzen so lange seine Höhenlage bei, bis das aufsteigende, die obere und die untere Nut verbindende Stück herankommt, welches ihn zwingt, auf schiefer Ebene aufwärts oder abwärts zu gleiten, je nachdem in welcher Richtung die Drehung des Nutenrades erfolgt und je nachdem, ob sich der Bolzen in der oberen oder unteren Nut befindet.

Fig. 27, Taf. 3, zeigt auch noch eine besonders zu erklärende Anordnung. Wie man sieht, befindet sich in jedem Schieber eine Oeffnung, an welche sich die röhrenförmige Stange anschliesst, das Verbindungsstück für mehrere Schieber ist ebenfalls ein Rohr und ebenso die, die ganze Gruppe bewegende Hauptstange. Man bezweckt mit dieser Einrichtung den unter geschlossenen Leitkanälen hingehenden Laufradkanälen Luft zuzuführen, was bei Ueberdruckturbinen und Grenzturbinen rätlich ist, um den Durchfluss des Wassers durch das Laufrad möglichst störungslos zu gestalten.

Schliesslich sei noch eine Turbinenregulierung besprochen, bei welcher der Abschluss einzelner Leitkanäle durch drehbare Klappen erfolgt. Fig. 4 bis 6, Taf. 10, veranschaulichen eine derartige Konstruktion, D. R.-P. 16152 (Erfinder: Zivilingenieur und Mühlenbaumeister J. Heyn, Stettin), Fig. 5, Taf. 10, ist ein radialer Schnitt durch das Laufrad, Fig. 4, Taf. 10, ein in der Ebene ausgebreiteter Schnitt nach dem mittleren Leitradumfang, Fig. 6, Taf. 10, eine perspektivische Gesamtansicht. Letztere weicht insofern von Fig. 5, Taf. 10, etwas ab, als in Fig. 5 der Bewegungsmechanismus am inneren Leitradumfang, hier dagegen am äusseren liegt. Die Leitkanäle a sind oben mit Klappen c versehen, welche um die radial liegenden Zapfen d e in den Lagern l drehbar sind.

Die Bewegung der Klappe c wird vermittelt durch den radial an ihr sitzenden Zapfen f und den zur Turbinenachse konzentrischen drehbaren Schützring g, dessen Drehung durch den angegossenen Zahnkranz n, Getriebe o und Welle p ermöglicht ist. Der Schützring g ist an der Seite, wo die Zapfen f liegen, mit in der Regel zwei einander diametral gegenüberliegenden, geeignet geformten Hubbahnen h versehen. Wird g in der Pfeilrichtung gedreht, so greift die Hubbahn zunächst mit dem schwach geneigten Teile unter den Zapfen f der geschlossenen Klappe c und zwingt diesen beim Weiterschreiten zur Hebung und Drehung der Klappe um d e. Ist die Klappe c in die Lage c_1 gekommen, also geöffnet, so bleibt f in der erreichten Lage auf dem am Schützring hinlaufenden Rand i.

Bei entgegengesetzter Drehung des Schützringes g stösst die Nase k auf dem Rand i, gegen den Zapfen f und leitet damit den Klappenschluss ein.

Was für eine Regulierung im einzelnen Falle am empfehlenswertesten ist, hängt wesentlich von den jeweiligen Umständen ab, nicht nur die Beaufschlagungs- und Wirkungsart der Turbine, sondern auch die Grösse der Turbine, des Gefälles, die mehr oder minder erforderliche Raschheit der Regulierung, Zuverlässigkeit des Abschlusses u. s. w. sind massgebend. Dem beschränkten Rahmen des Buches entsprechend sollen nur einige Bemerkungen in dieser Hinsicht noch folgen.

Ebene und konische Ringschieber schliessen unter dem Drucke des Wassers dicht ab, sind aber des grossen Wasserdruckes wegen bei hohen Gefällen und grösseren Schieberdimensionen schon etwas schwer beweglich. Cylindrische Schieber können durch symmetrische Anordnung entlastet werden (Fig. 20 und 21, Taf. 3). Entlastung ebener etc. Schieber durch den Auftrieb einer Schwimmglocke ist der Maschinenfabrik Geislingen durch D. R.-P. Nr. 75302 geschützt. Leicht beweglich und verhältnismässig gut schliessend sind die Regulierungen mit senkrechten Schiebern, Klappen und Rollschützen (siehe Fig. 22 und 27, Taf. 3 und Fig. 46, Taf. 10). Als sehr leicht und rasch regulierend müssen auch die bei Radialturbinen angewandten Regulierungen mit drehbaren Leitschaufeln (Fig. 9, Taf. 4) gelten.

§ 28. Bemerkungen über die einzelnen Turbinenarten.

a) Ueberdruckturbinen im allgemeinen.

Unter Ueberdruckturbinen werden nach den vorangegangenen Darlegungen solche verstanden, bei denen ein, meistens erheblicher Teil des Gefälles erst im Laufrad in Geschwindigkeit umgesetzt wird, bei denen also das Wasser bei seinem Eintritt in das Laufrad einen hydraulischen Ueberdruck hat, welcher grösser als der an der Austrittsseite des Laufrades etwa vorhandene Ueberdruck ist, es ist also $h_1 > h_2$ das Kennzeichen der Ueberdruckturbine. In den allermeisten Fällen ist (bezogen auf den Atmosphärendruck) auch $h_1 > 0$, jedoch ist der Begriff der Ueberdruckturbine hieran nicht gebunden, weil bei Rohrturbinen z. B. h_2 meist eine negative Grösse sein wird, also die Differenz $h_1 - h_2$ immerhin ein positives Resultat, einen die Wasserbewegung beschleunigenden Ueberdruck ergibt, auch bei $h_1 = 0$.

Auch die Grösse der Charakteristik m ist in hohem Grade Kennzeichen der bei einer Turbine gewählten Art der Gefällewirkung, bei ausgesprochenen Ueberdruckturbinen ist m wesentlich kleiner als eins ($m = 0{,}6$, $m = 0{,}5$, mitunter sogar $m = 0{,}4$). Man darf aber hierbei nicht ausser acht lassen, dass bei axialen, über dem Unterwasser gehenden Druckturbinen für kleinere Gefälle, wo der Wert $H_1 - H_2$ im Verhältnis zu H gross ausfällt, $m = \frac{c_1^2}{2gH}$ nicht unbeträchtlich kleiner als eins sein kann, ohne dass man deshalb solche Turbinen als Ueberdruckturbinen bezeichnet. Allerdings wirkt bei solchen Druckturbinen auch ein beträchtlicher Teil des Gefälles erst im Laufrad auf das Wasser ein, durch Beschleunigung der Bewegung, aber nirgends herrscht dabei ein zur Ausfüllung der Laufradkanäle zwingender Ueberdruck, welcher wesentliches Erfordernis der Ueberdruckturbine ist.

Bei der Berechnung der Ueberdruckturbinen ist die Annahme von m wesentlich. Es sei hier nur noch auf die Gleichungen 13 und 15, § 22, hingewiesen, aus denen hervorgeht, dass unter sonst gleichen Umständen die Umfangsgeschwindigkeit v_1 einer Turbine, ebenso wie der Winkel β um so grösser ausfallen, je kleiner m und damit c_1, je grösser also der Ueberdruck ist. Es ist jedoch keinesfalls ratsam, m übermässig klein zu wählen, wegen des mit h_1 wachsenden Spaltverlustes, m = 0,5 sollte nicht unterschritten werden. Man erhält mit m = 0,6, m = 0,7 etc. Ueberdruckturbinen gleicher Güte wie mit m = 0,5, für dieses sprechen allenfalls die sich ergebenden Winkelverhältnisse und Schaufelformen. Hinsichtlich der letzteren muss noch bemerkt werden, dass die Laufradkanäle stets so gestaltet sein müssen, dass w_1 stetig auf w_2 wächst. Sonst braucht hier über die Berechnung und dergleichen nichts gesagt zu werden, da das Erforderliche im § 24 angegeben ist.

Besonderer Besprechung bedarf das Verhalten in Bezug auf Regulierung und den Gang im Unterwasser. Auf die Regulierung durch Schützen im Zufluss- oder Abflussgerinne soll nach dem, was im vorigen Paragraphen gesagt ist, hier nicht weiter zurückgekommen werden, sondern es werde die Regulierung durch Abschluss von Leitkanälen betrachtet. Da bei Ueberdruckturbinen ein Teil des Gefälles erst im Laufrade auf die Geschwindigkeit des Wassers wirkt, erfordert der gesetzmässige und störungsfreie Durchfluss des Wassers durch die Laufradkanäle steten Zusammenhang des Wassers in diesen mit der im und über dem Leitapparat stehenden Wassersäule. Tritt z. B. bei in der Luft umgehendem Laufrad ein leerer Kanal desselben hinter dem abgeschlossenen Teil des Leitapparates hervor vor den ersten beaufschlagten Leitkanal, so wird bis zur Füllung des Laufradkanales die Einströmung des Wassers mit grösserer Geschwindigkeit erfolgen als dem stossfreien Eintritt entspricht. Gelangt ferner ein Laufradkanal nach dem Passieren des beaufschlagten Leitradteiles an den abgeschlossenen Teil, so wird der Zusammenhang mit dem Oberwasser unterbrochen, es kann kein Ueberdruck wirken, die Beschleunigung der Bewegung des Wassers hört auf und der Ausfluss aus dem Laufradkanal ist, falls nicht gehörig für Luftzufuhr gesorgt wird, erschwert. Der Wirkungsgrad wird also durch die Regulierung beeinträchtigt und zwar wächst die Beeinträchtigung verhältnismässig rascher als die Beaufschlagung abnimmt.

Vielfach macht man sich aber hierüber falsche Vorstellungen, es wird oft gesagt, der Wirkungsgrad der Ueberdruckturbinen sinke bei abnehmender Beaufschlagung so rasch, dass man am besten bei ihnen sich mit Regulierung durch die Schützen im Zulauf- oder Ablaufgerinne begnüge, oder ganz verzichte. So schlimm ist es nun nicht, so lange es sich nicht um sehr grosse Unterschiede in der Beaufschlagung handelt und für Ventilation der abgesperrten Kanäle Vorkehrungen getroffen sind. So ergeben die von Prof. Schröter im Jahrgang 1886 der „Zeitschrift des Vereins Deutscher Ingenieure" veröffentlichten Resultate seiner Bremsversuche an den (von der Maschinenfabrik Augsburg gebauten) Jonvalturbinen der Nähfadenfabrik Göggingen, dass beim Sinken der Beaufschlagung von voll auf $^3/_4$ der Wirkungsgrad abnahm um 0,025 (von 0,820 auf 0,795) und dass er bei halber Beaufschlagung nur 0,07 weniger wie bei voller betrug. Andere Beispiele werden bei Besprechung der Francis-Turbinen angeführt werden.

Was den Gang im Unterwasser anlangt, so ist dieser hinsichtlich des hydraulischen Wirkungsgrades bei voller Beaufschlagung ohne schädlichen Einfluss, weil das mit Ueberdruck durch die Laufradkanäle fliessende Wasser diese überall gänzlich erfüllt. Bei nur teilweiser Beaufschlagung führt der Gang im Unterwasser insofern eine Störung herbei, als die unter dem nicht beaufschlagten Teile des Leitapparates befindlichen Laufradkanäle von, in Bezug auf sie, ruhendem Wasser erfüllt werden. Sobald ein solcher Laufradkanal in den Bereich der Beaufschlagung kommt, stösst der eintretende Wasserstrahl gegen die ruhende Wasserfüllung, welcher Vorgang natürlich mit einem hydraulischen Effektverlust verknüpft ist. Dieser Umstand tritt aber nicht nur bei den Ueberdruckturbinen, sondern auch bei Druckturbinen auf, wenn sie im Unterwasser gehen. Die Ueberdruckturbinen sind nach obigem besonders geeignet für nicht zu sehr schwankende Aufschlagwassermengen, Gang im Unterwasser (Stau) und hohe Umdrehungszahlen.

Um auch bei niedrigstem Stande des Unterwassers das volle Gefälle auszunützen, legt man die Turbine entsprechend tief oder man ordnet sie als Rohrturbine an, deren Abfallrohr bis unter den tiefsten Wasserstand reicht. Die Ueberdruckturbinen mit schwachem Ueberdruck ($m = 0,7$ bis $0,9$) sind auch für weitgehende Veränderung der Beaufschlagung und veränderlichen Unterwasserstand empfehlenswert, sie sind den Grenzturbinen gleichwertig und was über deren Eigentümlichkeiten und rechnerische Erfordernisse, Gestaltung und Laufradkanäle u. s. w. zu sagen sein wird, gilt auch hier. Die Anwendung des schwachen Ueberdrucks in obigem Sinne empfiehlt J. J. Reifer in seiner Schrift „Einfache Berechnung der Turbinen" ganz besonders.

b) Druckturbinen im allgemeinen.

Schon im § 24 unter VII ist darauf hingewiesen worden, dass zur Kennzeichnung einer Druckturbine $h_1 = h_2$ gilt. Wenn $h_1 = h_2$ ist, herrscht zwischen der Eintritts- und der Austrittsseite des Laufrades kein hydraulischer Ueberdruck und es folgt ferner daraus, dass bei der gewöhnlichen Sachlage (H_1 und H_2 klein im Verhältnis zu H) die Ausflussgeschwindigkeit aus dem Leitrade den grössten möglichen Wert erreicht. Vielfach findet man die Druckturbinen als solche definiert, bei denen $h_1 = o$, d. h. bei denen das Wasser im Spalt keinen Ueberdruck über den Luftdruck mehr hat. Das ist ja in den bei weitem meisten Fällen, wo eben der Spalt in der Luft liegt, richtig, es ist aber schon nicht richtig, wenn, was ja allerdings seltener vorkommt, bei diesen Turbinen der Spalt im Unterwasser liegt. Die im Unterwasser arbeitenden Druckturbinen sind, sofern sie für diesen Fall richtig konstruiert sind, sogenannte Grenzturbinen, welche den Uebergang zu den Ueberdruckturbinen bilden und soweit man diese als Gruppe für sich betrachtet und als Druckturbinen in engerem Sinne die mit freiem Strahl ansieht, kann man für solche $h_1 = o$ als allgemeine Bedingung aufstellen, weil für Anwendung derartiger Druckturbinen die Lage des Laufrades über dem Unterwasser vorzuschreiben ist.

c) Druckturbinen mit freiem Strahl.

Wenn $h_1 = h_2 = o$ ist, strömt das Wasser an der konkaven Seite der Laufradschaufeln hin, ohne Zwang den Kanal allenthalben zu erfüllen. Es übt dabei nur infolge seiner Ablenkung und Veränderung der absoluten Geschwindigkeit einen stetigen Druck in der Bewegungsrichtung der Schaufeln auf diese aus, während es bei Ueberdruckturbinen ausserdem nach allen Richtungen gegen die Kanalwandungen presst. Bei Verwendung überall gleich dicker Schaufeln ist der Wasserstrahl bei Druckturbinen höchstens an der Eintritts- und an der Austrittsstelle des Laufrades in Berührung mit dem konvexen Schaufelrücken, er fliesst im übrigen frei längs der konkaven Schaufelseite hin, daher der Name Freistrahlturbine. Dass es sich so verhält, lehrt ein Blick auf Fig. 10, Taf. 2, man hat nur zu bedenken, dass die relative Geschwindigkeit w_2 sich bei Druckturbinen meist, wenig von w_1 unterscheidet, das Wasser also annähernd mit einer gleichbleibenden mittleren Geschwindigkeit längs der Schaufel fliesst und mithin der senkrecht zum relativen Wasserweg gemessene Strahlquerschnitt überall annähernd der gleiche ist. Die lichte Kanalweite, senkrecht zur relativen Wasserbahn gemessen, nimmt aber bis zum Scheitelpunkt der Schaufelkrümmung zu, gleichzeitig wächst meist die Schaufelbreite, also muss dort, wo der Schaufelrücken seinen Scheitelpunkt hat, wo er beginnt sich nach rückwärts zu krümmen, ein nicht vom Wasser erfüllter Teil des Kanalraumes bleiben. Geht das Laufrad frei über dem Unterwasser, so ist dieser übrig bleibende Teil mit Luft erfüllt. Das Wasser reisst immer etwas Luft mit fort, soll keine Störung des Wasserdurchflusses stattfinden, so muss der Zutritt frischer Luft von aussen her ermöglicht sein, man nennt das Ventilation der Turbinen. Die Ventilation geschieht entweder durch in den Seitenkränzen angebrachte Oeffnungen (siehe z. B. die Turbine auf Taf. 14) oder durch die Eintrittsfläche des Laufrades, dann muss die Kranzbreite b_1 entsprechend grösser als b, die des Leitrades, gewählt werden, wie das schon im § 24 unter XVII, Gleichung 71, angegeben wurde.

Taucht nun das Laufrad einer solchen Turbine einigermassen in das Unterwasser, so tritt an die Stelle der Luft Wasser, es entstehen Wirbel in den Kanälen und der Wirkungsgrad wird beeinträchtigt, deshalb sind Freistrahlturbinen für den Gang im

Unterwasser am wenigsten geeignet. Man kann annehmen, dass bei völliger Eintauchung des ganz beaufschlagten Laufrades der Wirkungsgrad um 0,08 bis 0,10 weniger beträgt, wie wenn es in freier Luft umgeht.

Da bei den Druckturbinen die über den Leitradmündungen stehende Wassersäule eine Wirkung auf das einmal ausgeflossene, im Laufrade befindliche Wasser nicht mehr auszuüben hat, fallen die bei den Ueberdruckturbinen erwähnten nachteiligen Einwirkungen der Regulierung durch Abschluss von Leitkanälen weg, und es ist in der That die Druckturbine mit freiem Strahl die geeignetste Turbine für solche Fälle, wo eine weitgehende Regulierung ohne erhebliche Beeinträchtigung des Wirkungsgrades erforderlich ist, sie ist ferner einzig geeignet als Partialturbine gebaut zu werden, immer Gang über dem Unterwasser vorausgesetzt.

Die Erfahrung hat gezeigt, dass bei gut konstruierten Turbinen der hier betrachteten Art einer Abnahme der Beaufschlagung von voll auf 0,5 ein gleichmässiges Sinken des Wirkungsgrades mit der Beaufschlagung um im Ganzen 0,02 bis 0,03 höchstens entspricht. Beim Gang im Unterwasser tritt bei nur teilweiser Beaufschlagung ein erheblicheres Sinken des Wirkungsgrades ein, denn zu der mit dem Gange im Unterwasser auch schon bei voller Beaufschlagung verbundenen Abnahme des Wirkungsgrades tritt noch die der partialen Beaufschlagung beim Gang im Unterwasser eigene, erhöhte Abnahme des Wirkungsgrades. Schon bei Besprechung der Ueberdruckturbinen ist darauf hingewiesen worden, dass in einem solchen Falle die nicht beaufschlagten Laufradkanäle von relativ ruhendem Wasser erfüllt werden, welches bei Beginn der Einströmmung von Wasser aus dem Leitrade unter Stoss des eintretenden Strahles in Bewegung gesetzt werden muss.

Hieraus folgt, dass ausgesprochene Partialturbinen für sehr veränderliche Unterwasserstände prinzipiell am wenigsten geeignet sind.

Die sonst ausgezeichneten Eigenschaften der Druckturbinen mit freiem Strahl sind Veranlassung gewesen, das man nach Anordnungen getrachtet hat, welche die üblen Einwirkungen des Ganges im Unterwasser beseitigen, und diese Turbinenart auch hierfür geeignet machen sollten. Es gehören hierher die Hydropneumatisation von Girard, die Grenzturbinen (Hänelsche Rückschaufeln) und die Kombinationsturbine von J. B. Lehmann. Die Grenzturbinen werden nachher als Gruppe für sich besprochen, die Beschreibung der Kombinationsturbine soll im siebenten Teile dieses Buches gebracht werden, über die Hydropneumatisation sei kurz folgendes angeführt.

Der französische Ingenieur Girard, welcher für die Entwickelung der Druckturbinen mit freiem Strahl bahnbrechend wirkte, umgab das Laufrad mit einem nur nach unten offenen, luftdichten Gehäuse, welches an den Wasserkasten oder den Leitapparat anschloss. Durch Hineindrücken von Luft in dieses

Gehäuse wurde das Wasser so weit hinausgepresst, bis der Ausfluss aus dem Laufrade über dem so künstlich gesenkten Unterwasserspiegel stattfand. Fig. 8, Taf. 11, veranschaulicht eine solche Anordnung im Vertikalschnitt. A ist das Laufrad, B das Leitrad, l eine Luftpumpe, r deren Antrieb, a b c die Druckluftleitung, g h ein Rohr, welches über dem gesenkten Wasserspiegel beginnt und nach oben führt, s die vordere Abschlusswand für den Laufradraum. Die Luftpumpe l drückt durch die Leitung a b c Luft in den das Laufrad umgebenden Raum, und dadurch das Wasser so lange aus diesem unter s hinweg, bis der Spiegel unter die Rohrmündung g gesunken ist, dann entweicht die Luft durch g h.

Die Hydropneumatisation ist eine gewiss sinnreiche Einrichtung, Girard hat sie mehrfach angewandt, dauernd in die Praxis des Turbinenbaues hat sie sich nicht einzubürgern vermocht.

Hinsichtlich der Berechnung der Druckturbinen mit freiem Strahl ist nur noch darauf hinzuweisen, dass die Bestimmung c_1, w_1, w_2 u. s. w. wegen der Unsicherheit, welche der Berechnung oder Schätzung der hydraulischen Effektverluste anhaftet, immer Werte von nicht ganz vollkommener Genauigkeit ergibt, so dass, wenn man z. B. c_1 kleiner als es sein kann, w_2 aber grösser erhielte als es wirklich ist, die genaue Anpassung des Ausflussquerschnittes im Laufrad an den berechneten Wert w_2 leicht bewirken kann, dass unbeabsichtiger Weise ein Ueberdruck zur Geltung kommt. Aus diesem Grunde ist es auch empfehlenswert, b_2 etwas grösser zu nehmen als es bei voller Erfüllung der Austrittsfläche der Leitkanäle und dem berechneten w_2 sein müsste, und dementsprechend sind im § 24 für Freistrahlturbinen die Gleichungen 74 und 76 empfohlen.

Ferner wird man die der Berechnung zu Grunde zu legende Wassermenge etwas reichlicher, als gerade erforderlich, wählen können.

d) **Grenzturbinen.**

Grenzturbinen sind solche Druckturbinen, bei denen der senkrecht zur relativen Wasserbahn gemessene lichte Kanalquerschnitt der Laufradkanäle überall mit dem, der relativen Geschwindigkeit entsprechenden, in gleicher Weise gemessenen Querschnitt des Wasserstromes übereinstimmt. Während also bei den Druckturbinen mit freiem Strahl der Wasserstrahl prinzipiell nur mit der hohlen Schaufelfläche in Berührung sein soll, muss er bei den Grenzturbinen auf allen Seiten die Kanalwandungen netzen. Fig. 8, Taf. 2, veranschaulicht den Kanal einer axialen Grenzturbine. Hänel, weiland Direktor der Gräflich Stollbergschen Maschinenfabrik in Magdeburg, erzielte schon 1858 die erforderliche Kanalgestaltung dadurch, dass er auf die einfache Schaufel noch ein, dem konkaven Teil des Wasserstrahles angepasstes Rückenstück ansetzte, nach ihm werden derartige Turbinen als solche mit Hänelschen Rückschaufeln bezeichnet.

Bei der Berechnung der Grenzturbinen hat man auf Erfüllung der Bedingung $h_1 = h_2$ zu achten, und dabei für den Gang im Unterwasser die Gleichungen 46 und 55 in § 24 zu benutzen. Da in Gleichung 46 der Wert von c_1 ermittelt ist mit der Annahme $h_2 = \frac{c_3{}^2}{2g} - H_2$, so hat man, falls die später erfolgte Ermittelung von h_2 aus Gleichung 55 einen erheblich von obiger Annahme abweichenden Wert ergibt, mit demselben c_1 aus Gleichung 2 zu ermitteln und dieses c_1 weiter zu benutzen. Ergibt sich der aus Gleichung 55 bestimmte Wert von h_2 nur etwas kleiner als der angenommene Wert $h_1 = h_2 = \frac{c_3{}^2}{2g} - H_2$, so kann man h_1 und c_1 unverändert beibehalten, hat aber im übrigen mit dem durch Gleichung 55 gefundenen h_2 zu rechnen. In einem solchen Falle, wo also h_1 ein wenig grösser als h_2 wäre, ist die Turbine dann streng genommen schon eine Ueberdruckturbine, aber das schadet nichts.

Man ist bei der Unsicherheit in der Bestimmung der hydraulischen Effektverluste überhaupt nie ganz sicher, dass man genaue Erfüllung der Kanäle einerseits und vollständige Vermeidung des Ueberdruckes andererseits erzielt. Die Kanalerfüllung ist aber das Wesentliche und man kann deshalb der Ansicht Reifers, dass es überhaupt am besten sei, von Haus aus mit einem schwachen Ueberdruck zu rechnen, nur beipflichten.

Die Abmessungen der Grenzturbinen (auch der Turbinen mit schwachem Ueberdruck) werden vielfach in Rücksicht auf die veränderlichen Wasserverhältnisse nicht einfach nach der normalen Leistung zu bestimmen sein.

Liegt z. B. der Fall so, dass bei steigendem Unterwasserspiegel das Gefälle abnimmt (wenn, wie es meist der Fall, der Oberwasserspiegel nicht in gleichem Maſse steigt oder steigen darf), die verfügbare Aufschlagwassermenge aber so wächst, dass auch bei niedrigerem Gefälle und dem dann zu erwartenden verminderten Wirkungsgrade die normale Nutzleistung durch erhöhte Beaufschlagung erzielt werden kann und soll, so wird man die Aufgabe mit einer Turbine etwa folgendermassen lösen können: Es sei Q' die Wassermenge, welche die Turbine beim kleinsten Gefälle H' und dem Wirkungsgrade η' verarbeiten muss, um die gleiche Leistung zu ergeben wie bei normalen Verhältnissen mit Q, H, η, dann ist

$$Q' = \frac{\eta}{\eta'} \frac{Q H}{H'} \quad \ldots \quad 93.$$

Wenn die voll beaufschlagte Turbine beim Gefälle H' die Wassermenge Q' durchfliessen lässt, so würde sie beim grösseren Gefälle H und ebenfalls voller Beaufschlagung eine noch grössere Wassermenge Q_{max} verbrauchen, welche sich annähernd ergibt aus

$$\frac{Q_{max}}{Q'} = \frac{\sqrt{H}}{\sqrt{H'}} \quad \text{oder} \quad Q_{max} = Q'\sqrt{\frac{H}{H'}} \quad \ldots . \quad 94.$$

hierin der Wert von Q' aus Gleichung 93 eingesetzt gibt

$$Q_{max} = \frac{\eta}{\eta'}\left(\frac{H}{H'}\right)^{\frac{3}{2}} Q \quad \ldots . \quad 95.$$

Dieses Q_{max} ist der Berechnung von r_1 b_1 b b_2 u. s. w. überhaupt aller die Ausflussflächen beeinflussenden Abmessungen zu Grunde zu legen. Die Winkel und Geschwindigkeiten werden natürlich den normalen Gefällegrössen entsprechend ermittelt.

Bei normalem Gange wird die Turbine also nur teilweise beaufschlagt sein, der Beaufschlagungsgrad i ergibt sich annähernd zu

$$i = \frac{Q}{Q_{max}} = \frac{\eta'}{\eta}\left(\frac{H'}{H}\right)^{\frac{3}{2}} \quad \ldots . \quad 96.$$

Selbstverständlich handelt es sich bei den obigen Formeln nur um Annäherungswerte, die spezielle Berechnung der Turbine muss dann ergeben, wie weit dieselben zutreffend sind.

Dass man natürlich nicht übermässige Unterschiede auf diese Weise ausgleichen soll, ist wohl selbstverständlich. Fällt i klein aus, z. B. $1 < 0{,}7$ bis 0,5, so ist stets sorgfältig zu prüfen, ob man nicht besser thut, eine Doppelkranzturbine (siehe später) oder zwei getrennte Turbinen anzuordnen u. s. w.

Die Gestaltung der Laufradkanäle hat nach dem, was schon im Vorangegangenen darüber gesagt wurde, in der Weise zu erfolgen, dass man für eine hinreichend grosse Anzahl Punkte des mittleren relativen Wasserweges die senkrecht zu diesem stehenden Kanalquerschnitte bestimmt und daraus die senkrecht zum relativen Wasserweg gemessenen Kanalweiten. Man muss hierzu sowohl für jeden Punkt die entsprechende Kanalbreite als auch die relative Geschwindigkeit kennen. Die Kanalbreiten ergibt der Kranzquerschnitt, den man in der Regel so annimmt, dass b_1 allmählich, und zwar erst etwas langsamer, dann rasch und nach der Ausmündung zumeist wieder langsamer in b_2 übergeht. Man vergleiche im übrigen das im § 25 über die Schaufeln und den Kranzquerschnitt Gesagte und die Abbildungen. Hinsichtlich der relativen Geschwindigkeiten wird man, falls w_1 verschieden von w_2 ist, festsetzen, dass w_1 auf der ganzen Länge des mittleren relativen Wasserweges, gleichmässig bis zu w_2 wachsen oder abnehmen soll, damit ist die Grösse der relativen Geschwindigkeit für jeden Punkt bestimmt.

Bezeichnet w_r allgemein die relative Geschwindigkeit, b_r die Kanalbreite, a_r die Kanalweite, q die pro Sekunde durch einen Kanal fliessende Wassermenge, so ist

$$q = w_r \cdot a_r \cdot b_r, \text{ also}$$

$$a_r = \frac{q}{w_r \cdot b_r} \quad \ldots . \quad 97.$$

Trägt man in jedem Punkte des mittleren, relativen Wasserweges $\frac{a_r}{2}$ nach beiden Seiten senkrecht dazu auf, so bestimmen die die einzelnen Punkte verbindenden Kurven die Begrenzungslinien des Wasserstromes und damit die Schaufelprofile im Schnitt nach dem mittleren Radumfang.

Ueber den Einfluss des Ganges im Unterwasser und der Regulierung auf den Wirkungsgrad ist anzuführen, dass voll beaufschlagte Grenzturbinen beim Gange im Unterwasser sich verhalten wie Ueberdruckturbinen, die Regulierung wirkt beim Gange über dem Unterwasser nicht anders auf den Wirkungsgrad, als bei den Druckturbinen mit freiem Strahl, beim Gange im Unterwasser sinkt bei nur teilweiser Beaufschlagung der Wirkungsgrad allerdings etwas, aber doch nicht so beträchtlich, wie bei Freistrahlturbinen. Die Grenzturbinen (ebenso die Ueberdruckturbinen mit schwachem Ueberdruck) eignen sich verhältnismässig am besten von allen für veränderliche Wasserstände und Wassermengen.

e) **Axialturbinen.**

Die axial beaufschlagten Turbinen sind wohl die verbreitetsten, ihre Anordnung erscheint hinsichtlich der Bewegung des Wassers vom Ober- zum Unterwasserspiegel als die im allgemeinen natürlichste, freilich ist bei ihnen aber das Laufrad und vielfach auch das Leitrad schwer zugänglich, was insbesondere bei unreinem Wasser störend sein kann. Die axialen Turbinen werden sowohl als Ueberdruck- wie als Druckturbinen gebaut. Die axialen Ueberdruckturbinen sind am bekanntesten als Henschel-Jonval-Turbinen, sie werden häufig auch nur Jonval-Turbinen genannt, nach Jonval, weiland Werkmeister der Köchlinschen Maschinenfabrik in Mühlhausen, die Priorität gebührt aber der Maschinenfabrik von Henschel & Sohn in Kassel, welche schon 1841 eine derartige Turbine in Betrieb brachte.

Die üblichen Henschel-Jonval-Turbinen entsprechen meist annähernd den Bedingungen $m = 0{,}5$, $k = 1$, $r_1 = r_2$. Winkel α wird 18° bis 25° gemacht, β ergibt sich dann nahe 90°. Sie werden vorzugsweise für volle Beaufschlagung bestimmt und höchstens mit gröberen Regulierungseinrichtungen versehen (Klappendeckel für Kanalgruppen, Handdeckel, Schütze im Abflussrohr etc.) und finden Anwendung bei niederen und mittleren Gefällen, grossen und gleichbleibenden Wassermengen.

Die axialen Druckturbinen haben als meist genannte Vertreterin die Girard-Turbine, so genannt nach dem schon erwähnten französischen Ingenieur Girard, welcher die Anwendung des freien Strahles einführte.

Diese Turbinen haben sich infolge ihrer grossartigen Erfolge rasch das ihnen zukommende Anwendungsgebiet erobert, sie sind als gut regulierbar und hohen Wirkungsgrad gebend für Wasserkräfte mit sehr veränderlichen Wassermengen, aber gar nicht oder nur wenig veränderlichem Unterwasserstand, die von vielen Konstrukteuren bevorzugte Turbinenart. Man war früher vielfach der Meinung, dass andere Turbinenarten den Wirkungsgrad der Girard-Turbinen nicht erreichen konnten, die neuere Zeit hat jedoch gezeigt, dass das doch der Fall ist und da sich überdies auch eine durchaus befriedigende Konstanz des Wirkungsgrades bei Ueberdruckturbinen für veränderliche Beaufschlagung ergeben hat, spielt die axiale Girard-Turbine nicht mehr die gleich bedeutende Rolle wie früher.

Das Charakteristische der Girard-Turbinen liegt einerseits in der Bedingung $h_1 = h_2 = 0$ und andererseits in der Kranzausweitung des Laufrades nach der Austrittsseite hin, also $k < 1$ und zwar meist $k = \frac{1}{2}$ bis $\frac{1}{3}$. Hinsichtlich der Gestaltung des Kranzquerschnittes und der Schaufeln sei auf § 25 verwiesen.

Man findet vielfach noch auf Grund älterer Theorien die Angabe $\beta = 2\alpha$, das ist zwar eine sehr bequeme aber keineswegs richtige Formel, auch $\operatorname{tg}\beta = 2 \operatorname{tg}\alpha$ ist nicht streng richtig, weil in dieser Gleichung weder die hydraulischen Widerstände, noch die Höhe des Laufrades $(H_1 - H_2)$ berücksichtigt sind, man halte sich an die etwas umständlicheren aber genaueren Ermittelungen und Angaben der §§ 22 bis 24.

f) Doppelkranzturbinen.

Für Wasserkräfte, welche sowohl stark schwankendes Gefälle, wie stark schwankende Aufschlagmengen haben, oder auch in solchen Fällen, wo bei niederem Gefälle möglichst grosse Wassermengen mit nur einer Turbine von nicht zu grossem Platzbedarf verarbeitet werden sollen, behilft man sich vielfach vorteilhaft durch Anwendung mehrkränziger Axialturbinen.

Eine solche besteht im Grunde genommen aus mehreren Turbinen von verschiedenen Durchmessern, welche gemeinschaftlich auf derselben Welle sitzen und deren Umfangsgeschwindigkeiten sich also verhalten müssen, wie die mittleren Radien. Je nach den Erfordernissen des speziellen Falles ordnet man 2 auch 3 für Ueberdruck berechnete Kränze an, mehrkränzige Henschel-Jonval-Turbinen (siehe Fig. 7, Taf. 4), oder aber man setzt die Turbine aus einer Ueberdruck- und einer Druckturbine (auch Turbine mit schwachem Ueberdruck) zusammen, der Ueberdruckkranz erhält dann den grösseren Durchmesser, weil die höhere Umfangsgeschwindigkeit am besten für den höheren Ueberdruck passt (siehe Fig. 8, Taf. 4). Turbinen letzterer Art vereinigen in gewissem Grade die Vorteile beider Systeme, sie werden wohl auch Kombinationsturbinen genannt, obgleich diese Bezeichnung von Haus aus von einer einkränzigen eigenartig konstruierten Turbine, D. R.-P. 7544, J. B. Lehmann, in Anspruch genommen worden ist.

g) Radialturbinen, von innen beaufschlagt.

Die erste Turbine, welche den besseren Wasserrädern an Wirkungsgrad gleich kam, war eine von innen beaufschlagte, radiale Ueberdruckturbine. Der Erfinder derselben war der Ingenieur Fourneyron zu Besançon, welcher 1829 mit ihr einen von der Societé d'encouragement in Paris ausgesetzten Preis errang.

Durch Zuführung des Wassers von unten, siehe das Schema Fig. 6, Taf. 2, kann bei solchen Turbinen die Zugänglichkeit der Radkanäle sehr erhöht werden, weil das Laufrad leicht entfernbar gemacht werden kann, ausserdem kann man dabei eine durch den Wasserdruck bewirkte Entlastung des Zapfens erzielen. Ein interessantes Beispiel dieser Art bieten die für die Ausnutzung der Niagarafälle gebauten Fourneyron-Turbinen, worüber Abbildungen und nähere Angaben im Jahrgang 1893 der „Zeitschrift des Vereins deutscher Ingenieure", Seite 832 etc. zu finden sind.

Die Radialturbinen mit innerer Beaufschlagung und stehender Welle sind die verhältnismässig am seltensten angewandte Turbinenart, dagegen kommen partial beaufschlagte Turbinen dieser Bauart, aber mit liegender Welle (sogenannte Schwammkrugturbinen), bei hohen und höchsten Gefällen und kleinen Wassermengen vorzugsweise zur Anwendung. Ueber die Berechnung braucht den Angaben, welche sich in den §§ 22 bis 24 finden, nichts besonders hinzugefügt zu werden, betreffs der Schaufelform aber sei erinnert, dass die Gleichungen Nr. 78 im § 25 erfüllt sein müssen.

Als Radialturbinen mit innerer Beaufschlagung, aber ohne besonderen Leitapparat, sind auch die schottischen Turbinen und das Segnersche Reaktionsrad anzusehen, ferner wäre hier noch die Cadiatsche Turbine zu nennen, sie alle kommen aber praktisch als hydraulische Motoren kaum noch in Betracht, wegen des höchst ungünstigen Wirkungsgrades.

h) Radialturbine, von aussen beaufschlagt.

Die von aussen beaufschlagten Radialturbinen kommen im wesentlichen als Ueberdruck-Vollturbinen vor, unter dem Namen Francis-Turbinen, so genannt nach dem amerikanischen Ingenieur Francis, welcher diese Turbinenart besonders in Anwendung gebracht hat. Seltener kommen diese Radialturbinen als Druckturbinen (System Lejeune) vor, als Partialturbinen wurden sie ehedem unter dem Namen Tangentialräder häufig angewandt. Derartige Tangentialräder erreichen aber in der Regel den Wirkungsgrad gut konstruierter Partialturbinen anderer Beaufschlagungsart nicht. Als eine Abart des Tangentialrades kann man auch das in Amerika viel gebrauchte Peltonrad ansehen. Näheres über dieses Rad findet man in der „Zeitschrift des Vereins deutscher Ingenieure", Jahrgang 1892, Seite 1181 und 1551 und Jahrgang 1893, Seite 172.

Auch bei uns scheint sich das Peltonrad ganz gut eingeführt zu haben und in den Verhältnissen, für welche es bestimmt, die ihm zugeschriebenen guten Eigenschaften zu bestätigen. Dem Peltonrad verwandt sind auch die von manchen Firmen gebauten aussenschlächtigen Partialturbinen mit löffelartig gestalteten Schaufeln; im letzten Teile des Buches finden sich nähere Angaben über eine derartige Turbinenkonstruktion.

Die Francis-Turbinen haben den Vorteil, dass sie für die Aufstellung über dem Unterwasser sehr geeignet gestaltet werden können und dass damit leichte Zugänglichkeit des Leit- und Laufrades, sowie bequemer Einbau damit verknüpft sind. Die Fig. 2 und 3, Taf. 4, dem Prospekt der Maschinenfabrik von J. M. Voith in Heidenheim entnommen, stellen eine Francis-Turbine dar, im Gange und stillgesetzt mit aufgehobenem Laufrad, zur Reinigung bereit. Sie werden natürlich allemal als Rohrturbinen zu konstruieren sein und nützen dann trotz hoher Lage über dem Unterwasser das Gefälle auch bei niedrigem Stande voll aus.

Francis-Turbinen werden nicht nur mit stehender Welle gebaut, wie Fig. 2 und 3, Taf. 4, zeigen, sondern auch mit liegender Welle, und das sogar in neuerer Zeit mit Vorliebe; besonders wenn es sich darum handelt, Dynamomaschinen direkt anzukuppeln u. dergl. Bei höheren Gefällen versieht man dann auch die Francis-Turbinen oft mit geschlossenen Gehäusen, Zu- und Abflussrohren. Derartige Konstruktionen sind jetzt sehr beliebt und mit Recht, denn besonders in Rücksicht auf die Anwendung längerer Saugrohre zum Abfluss ist dabei eine sehr zweckmässige und bequeme Aufstellung in gut zugänglichen Maschinenräumen möglich.

Als Beispiele für derartige Turbinen können die im 7. Teile beschriebenen Spiralturbinen der Firma Voith in Heidenheim gelten; ferner ist eine Francis-Turbine mit liegender Welle, geschlossenem Gehäuse und angebautem Regulator, gebaut von Escher, Wyss & Komp. in Zürich für die Firma Goujon Frères, Weberei in Tancon, auf Taf. 18 durch Fig. 3 und 4 dargestellt; die ganze Hauptanordnung wird danach ohne weiteres klar sein; bemerkt werde nur, dass die Turbine mit 13,5 m Gefälle und ca. 900 l grösster Wassermenge pro Sekunde arbeitet, 5 m des Gefälles wirken saugend, die normale Umdrehungszahl beträgt 330 Umdrehungen pro Minute.

Francis-Turbinen werden vielfach mit der durch Fig. 9, Taf. 4, schematisch dargestellten Regulierung versehen und zwar mit gutem Erfolge. Die Maschinenfabrik Germania in Chemnitz und die Maschinenfabrik von Voith in Heidenheim geben an, dass bei ihren Francis-Turbinen der Wirkungsgrad bei halber Beaufschlagung etwa 0,05 weniger wie bei der Normalleistung beträgt, das bestätigt die schon an anderer Stelle ausgesprochene Ansicht, dass auch Ueberdruckturbinen in vernünftigen Grenzen, ohne zu beträchtlichen Verlust an Wirkungsgrad, regulierbar sind.

Interessant in dieser Beziehung ist die in Fig. 4, Taf. 4, wiedergegebene graphische Darstellung der Endresultate einer längeren Reihe von Bremsversuchen, welche im Jahre 1891 an einer von J. M. Voith in Heidenheim für das Königlich Württembergische Hüttenwerk Königsbronn gebauten Francis-Turbine vorgenommen wurden.

In der genannten Figur sind auf der Geraden A Q die den verschiedenen Beaufschlagungsgraden entsprechenden Wassermengen als Abscissen aufgetragen. A entspricht der Beaufschlagung Null, Q der vollen Beaufschlagung, die Ordinaten der Kurve A B geben die den einzelnen Beaufschlagungsgraden entsprechenden normal zur Ausflussgeschwindigkeit gemessenen Leitkanalweiten, die Kurve A C entspricht den Wirkungsgraden, Kurve A D den Nutzleistungen bei den verschiedenen Beaufschlagungen. Als Gefälle ist dabei der Abstand des Ober- und Unterwasserspiegels (in den Ableitungen und Formeln dieses Buches mit H_0 bezeichnet) im Betrage von 3,7 Meter in Rechnung gestellt.

Die Kurve A C zeigt, dass bei 0,8 bis 0,9 Beaufschlagung der Wirkungsgrad seinen Höchstwert mit 0,812 erreicht, dass er bei voller Beaufschlagung 0,797, bei halber Beaufschlagung noch 0,776 und bei 0,3 Beaufschlagung immerhin 0,715 beträgt. Näheres über die Turbine selbst und die einzelnen Versuche gibt die „Zeitschrift des Vereins deutscher Ingenieure", Jahrg. 1892, Seite 797.

Aehnlich sind die Ergebnisse der Versuche an der oben erwähnten Francis-Turbine der Maschinenfabrik Escher, Wyss & Komp. für die Firma Goujon Frères in Tancon, welche folgende Wirkungsgrade ergeben:

bei $^1/_4$	Beaufschlagung,	Wirkungsgrad:	0,72,
bei $^1/_2$	„	„	0,79,
bei $^3/_4$	„	„	0,82,
bei voller	„	„	0,77.

In neuerer Zeit findet man bei Francis-Turbinen vielfach Kranzquerschnitte und Schaufelformen, welche von den in § 25 angegebenen allgemeinen Regeln erheblich abweichen, sich von Haus aus an den Turbinen amerikanischer Konstruktion fanden und jetzt häufig bei den auf dem europäischen Kontinent gebauten Francis-Turbinen gebraucht werden, weil derartige Turbinen bei relativ kleinen Durchmessern, also hohen Umdrehungszahlen, doch für erhebliche Wassermengen ausreichen. Fig. 3 und 4, Taf. 18, zeigen einen Kranzquerschnitt entsprechender Art, noch ausgesprochener aber wird das Konstruktionsprinzip durch Fig. 1 und 2, Taf. 18, erläutert, während die Figuren auf Tafel 12 einer Francis-Turbine entsprechen, deren Kranzquerschnitt und Schaufelform mehr den allgemeinen Regeln des § 25 folgen.

Bei einem Kranzquerschnitt nach Fig. 1 und 2, Taf. 18, entspricht die absolute Ausflussgeschwindigkeit c_2 sehr nahe der Geschwindigkeit im Abflussrohre. Die Umfangsgeschwindigkeit v_2 des Laufrades an der Austrittsseite ist aber, da die Austrittskanten der Schaufeln nicht auf einer mit der Turbinenachse konzentrischen Cylinderfläche liegen, an verschiedenen Stellen der Austrittskante sehr verschieden, es nähert sich in dieser Hinsicht die Turbine einer Axialturbine mit im Verhältnis zum mittleren Radius sehr erheblicher Schaufelbreite. Soll also der stossfreie Austritt annähernd an allen Punkten der Austrittsschaufelkante gewahrt werden, und das ist wegen der unter Umständen erheblichen Differenzen infolge der bedeutenden Unterschiede der Durchmesser sehr erwünscht, dann muss der Austrittswinkel δ nicht nur für den mittleren Wasserfaden, sondern auch für den innersten, für den äussersten und eine Reihe dazwischen liegender Wasserfäden bestimmt werden.

Hierbei wolle man sich das in § 22d über den Durchfluss des Wassers durch das Laufrad Gesagte vergegenwärtigen.

Das auf Beschleunigung des Wassers im Rade hinwirkende Gefälle p, welches man bei der allgemeinen Berechnung der Turbine bestimmte, wird man ohne beachtlichen Fehler für alle Wasserfäden konstant nehmen können. Damit ist die Bestimmung der Werte der relativen Austrittsgeschwindigkeiten w_2 für verschiedene Abstände von der Turbinenachse bezw. verschiedene Werte von v_2 ohne weiteres möglich.

Will man nun die absolute Austrittsgeschwindigkeit constant für alle Abstände von der Achse beibehalten, so ergibt sich für jeden Punkt Winkel δ durch Konstruktion aus v_2, c_2 und w_2. Hierbei zeigte sich nun öfters, dass c_2 nicht senkrecht zu v_2 steht, doch ist das nicht von Belang, sofern die Abweichungen nicht erheblich sind, und die senkrecht zu v_2 stehende Komponente nicht so klein wird, dass die Ausflussweiten, senkrecht zu w_2 gemessen, zu eng werden. Ist letzteres der Fall, so muss event. der Winkel δ vergrössert und ein teilweise erhöhter Wert von c_2 in den Kauf genommen werden, wenn nicht durch Aenderungen in den Durchmessern oder dergl. Abhilfe geschaffen werden kann.

Das voraus geschickt, darf hinsichtlich der Gestaltung der Schaufelflächen auf die ausführlichen Darlegungen in dem Werke „Die Francis-Turbinen" von Müller, ferner auf die Aufsätze von Speidel und Wagenbach, „Zeitschrift der Vereins deutscher Ingenieure", Jahrg. 1899, Nr. 20, von Hummel: „Dinglers Polytechn. Journal", Jahrgang 1899, Heft 1 und 2 und von Baashuus: „Zeitschr. des Vereins deutscher Ingenieure", Jahrgang 1901, Nr. 45, verwiesen worden.

Fünfter Teil.

Wahl des Motors.

---

§ 28. Allgemeine Grundlagen.

Wir haben bei der Besprechung der einzelnen Wasserräder und Turbinen gesehen, das jedem Systeme besondere mehr oder minder hervortretende Eigentümlichkeiten anhaften, welche seine Anwendung in dem einen Falle empfehlen, im anderen hindern, so dass es eben keinen Universalmotor gibt, welcher jeder beliebigen Wasserkraft aufgezwungen werden darf. Die Auswahl des passenden Systemes und die Bestimmung der Konstruktionsgrundlagen ist oftmals eine Aufgabe, welche den vollen Scharfsinn und die grösste Erfahrung des entwerfenden Ingenieurs und gehörige Einsicht des Abnehmers verlangt.

Die Wahl des Motors soll so erfolgen, dass er den gegebenen Gefälle- und Wasserverhältnissen angemessen ist, insbesondere ist hierbei zu berücksichtigen, ob das Gefälle oder die Wassermenge oder beide wesentlichen Schwankungen unterliegen oder nicht. Da natürlich Veränderungen von sehr kurzer Dauer bei weitem nicht den Einfluss auf die Systemwahl haben können, wie solche, welche lange anhalten, wird man bei sorgfältigen Projektvorbereitungen in einem längeren Zeitraum Beobachtungen über Wassermenge und Gefälle anstellen, woraus sich dann erst ergibt, welche Verhältnisse als normal anzusehen sind und wie weit aussergewöhnlichen Umständen Rechnung zu tragen ist.

Weiter soll der Motor, hinsichtlich des Systemes sowohl als der Abmessungen, der Beschaffenheit des Wassers angepasst sein. Man hat demnach festzustellen, ob das Wasser mehr oder weniger rein ist und welcher Art die Unreinigkeiten sind. Hierher gehören auch die Eisverhältnisse und dergleichen. Ferner soll der Motor eine den Verhältnissen des zu treibenden Werkes möglichst gut entsprechende Umdrehungszahl haben, damit kostspielige und

Arbeit vezehrende Uebersetzungen thunlichst beschränkt werden können.

Liegen die Verhältnisse so, dass die Wasserkraft voll ausgenutzt werden soll, so wird man in der Regel einen recht hohen Wirkungsgrad wünschen. Wenn die Wasserkraft nur zu einem Teile benutzt wird und also verfügbares Arbeitsvermögen im Ueberschuss vorhanden ist, spielt ein besonders hoher Wirkungsgrad keine so hervorragende Rolle, dann wird ein möglichst geringer Herstellungspreis wichtiger sein.

Weder der hohe Wirkungsgrad noch die Billigkeit dürfen aber auf Kosten der Betriebssicherheit des Motors erkauft werden. Insbesondere sind die einem hohen Wirkungsgrad entsprechenden, aus der Theorie folgenden Konstruktionsverhältnisse in manchen Fällen der Betriebssicherheit gar nicht dienlich (dünne Schaufeln, kleine Schaufelteilungen) und es unterliegt keinem Zweifel, dass der Wirkungsgrad bis zu einem gewissen Grade zurücktreten muss, wenn es sich darum handelt, den störungsfreien Betrieb des Motors zu sichern. Der Abnehmer darf deshalb nicht auf ein Paraderesultat bei der Abnahme hindrängen und muss bei der Auswahl des Lieferanten sich Klarheit zu verschaffen suchen, welches Angebot neben gutem Wirkungsgrad unter normalen Verhältnissen auch einen solchen und höchste Betriebssicherheit unter weniger günstigen Umständen erwarten lässt.

§ 30. Vergleich der Wasserräder und Turbinen, Anwendungsgebiete derselben.

Je grösser das Gefälle ist, desto kleiner werden im allgemeinen die Durchmesser der Turbinen, bei den Wasserrädern dagegen wächst im allgemeinen der Durchmesser mit dem Gefälle und damit das Gewicht, der Preis und, wenigstens über einer gewissen Grenze, die Schwierigkeit der soliden Herstellung. Bei hohen Gefällen, etwa von 8 bis 10 Meter an, kommen deshalb Wasserräder meist überhaupt nicht in Betracht.

Die mittleren Gefälle bilden das Gebiet, wo Wasserrad und Turbine in Wettbewerb treten, so lange es sich um mittlere Wassermengen handelt, bei sehr grossen Wassermengen werden die Wasserräder unmässig breit, während die Abmessungen der Turbinen verhältnismässig bescheiden sind. Der Wirkungsgrad ist bei beiden Arten gleich, sorgfältige Konstruktion vorausgesetzt.

Bei sehr kleinen Gefällen wird die Anordnung der Turbinen schon schwierig, und geeignet gebaute Wasserräder sind leichter anzuordnen, weniger teuer und geben einen befriedigenden Wirkungsgrad.

Die Veränderlichkeit des Unterwasserstandes kann bei freihängenden Wasserrädern den Wirkungsgrad sehr ungünstig beeinflussen, bei Turbinen, welche in Rücksicht auf diesen Umstand konstruiert wurden, ist dieser Einfluss verschwindend, bei Kropfwasserrädern guter Bauart ist das Gleiche der Fall, wenn die Schwankungen nicht zu beträchtlich sind.

In Bezug auf den Einfluss, welchen Veränderungen der Aufschlagwassermenge ausüben, sind die geeigneten Turbinen den Wasserrädern gleichwertig, aber es ist doch zu bemerken, dass es bei den Wasserrädern keiner so besonderen Anordnungen und ausgesprochenen konstruktiven Eigenheiten bedarf, wie bei den Turbinen in solchen Fällen, wo auch noch Schwankungen des Unterwasserstandes zu beachten sind.

Die Beschaffenheit des Wassers ist bei Wasserrädern ziemlich gleichgültig, bei Turbinen gar nicht. Letztere sind empfindlicher gegen Unreinigkeiten und Grundeis. Die besonders bei recht engen Kanälen leicht eintretenden Verstopfungen sind, auch wenn bei der Anordnung der Anlage hierauf Rücksicht genommen wurde, was keineswegs immer der Fall ist, meist nicht ohne Umständlichkeiten oder gar längere Störungen zu beseitigen. Dagegen stört bei ungeheizten Radstuben der Eisansatz an den Wasserrädern manchmal auch sehr empfindlich, während Turbinen davon mehr verschont bleiben.

Die Wasserräder haben alle eine, im Vergleich zu den Turbinen sehr niedrige Umdrehungszahl. Hierin liegt in vielen Fällen ein erheblicher Nachteil der Wasserräder.

Die meist erforderlichen mehrfachen Vorgelege verzehren einen nicht unerheblichen Arbeitsbetrag und sind, da man die Anwendung der Zahnräder gern thunlichst beschränkt, auch sonst eine unliebsame Beigabe.

Die Dauerhaftigkeit der Wasserräder und Turbinen ist, beiderseits solide, eiserne Konstruktionen vorausgesetzt, wohl annähernd die gleiche, allenfalls möchte noch den Wasserrädern ein Vorzug zu zuerkennen sein, weil sie einfacher und leichter zu unterhalten sind. Auch die Anschaffungskosten werden im Durchschnitt bei mittleren Verhältnissen wenig differieren. Bei sehr grossen Leistungen freilich fällt der Vergleich meist ganz zu Ungunsten der Wasserräder aus, entweder schon des Rades allein wegen, oder aber der kostspieligeren Gerinnebauten halber. Bei sehr kleinen Leistungen tritt das Wasserrad wieder in den Vordergrund.

Das Anwendungsgebiet der Wasserräder liegt nach dem Vorangegangenen im Bereiche der kleinen und mittleren Gefälle. Bei sehr kleinen Gefällen kommen die Wasserräder fast ausschliesslich in Betracht, bei den mittleren besonders dann, wenn es sich um recht unreines oder stark Grundeis führendes Wasser handelt. Die einfachsten Konstruktionen sind besonders für solche Fälle am Platze, wo die einsame Lage des zu errichtenden Werkes darauf hinweist, wo es sich um vorübergehende Anlagen oder besonders billigen Preis handelt.

Hierher gehören die so häufig anzutreffenden hölzernen, oberschlächtigen Wasserräder für kleine und mittlere Wassermengen, an denen jedoch, wenigstens bei Neuanlagen, die Schaufeln aus Blech gemacht werden sollten. Für bessere Wasserradanlagen kommen bei Gefällen von über 0,5 Meter bis 3 Meter nur Kropfräder in Betracht, die hinsichtlich des Wirkungsgrades mit den Turbinen mindestens wetteifern können. Freilich ist der langsame Gang für manche Fälle ein Hindernis. Grössere Wassermengen bedingen auch bei mittleren Gefällen meist die Anwendung von Turbinen, dagegen sind Wasserräder für kleine Wassermengen auch bei Gefällen von 3 bis 8 Metern oftmals entschieden das Beste und zwar kommen bei den höheren Gefällewerten im wesentlichen oberschlächtige Räder in Betracht.

Die Turbinen sind besonders bei mittleren und hohen Gefällen mit Vorteil verwendbar, für letztere kommen sie, von den seltenen Wassersäulenmaschinen abgesehen, eigentlich allein in Betracht. Das Mindestgefälle kann man zu 1,2 bis 1,5 Meter annehmen, obwohl mitunter noch kleinere Werte vorkommen. Bei den mittleren Gefällen spricht für die Turbinen der Umstand, dass sie leicht grossen Wassermengen angepasst werden können, ohne zu erhebliche Abmessungen zu erhalten. Sie sind also bei grösseren Wassermengen den Wasserrädern auch bei mittleren Gefällen vorzuziehen, besonders wenn auch die grössere Umdrehungszahl ins Gewicht fällt. Dagegen ist die Anwendung bei sehr unreinem Wasser doch weniger rätlich, sofern mit einem Wasserrad sonst auszukommen ist; ist letzteres nicht der Fall, so verdienen jedenfalls solche Turbinenkonstruktionen den Vorzug, welche auf leichte Reinigung der nicht zu eng gehaltenen Kanäle berechnet sind. (Siehe Fig. 3, Taf. 4, und vergleiche auch das über Francis-Turbinen Gesagte.)

Steht immer mindestens so viel Wasser zur Verfügung, dass die Turbine stets nahezu voll beaufschlagt werden kann, so sind bei niederen und mittleren Gefällen Ueberdruckturbinen am besten am Platze. Dieselben haben verhältnismässig die grössten Umdrehungszahlen und kleinsten Dimensionen, fallen also am billigsten aus. Die Regulierung kann in völlig genügender Weise dabei z. B. durch Ringschützen, oder drehbare Leitschaufeln erfolgen. Für weitgehende Regulierung ist die Anwendung höheren Ueberdruckes, wie wir früher sahen, prinzipiell weniger geeignet; wenn von manchen Seiten behauptet wird, dass der Wirkungsgrad bei der Regulierung erheblich sinkt, so ist das, wie schon erwähnt, für mässige Verhältnisse unbedingt übertrieben, und insbesondere die neueren Ausführungen radialer Ueberdruckturbinen beweisen, dass besonders für grössere Leistungen das Anwendungsgebiet der Ueberdruckturbinen auch bei veränderlichen Wassermengen ein ziemlich weites ist.

Für sehr wechselnde Aufschlagwassermengen kommen, je nachdem, ob der Unterwasserstand erheblichen Schwankungen unterliegt oder nicht, Grenzturbinen oder Druckturbinen mit freiem Strahl in Betracht, für hohe Gefälle insbesondere partial beaufschlagte Turbinen letzterer Art.

Die Bauart mit stehender Welle bildete bisher im grossen und ganzen die Regel, Partialturbinen für sehr hohe Gefälle (über 15 Meter) und kleine Wassermengen werden vielfach als von innen beaufschlagte Radialturbinen mit liegender Welle ausgeführt. Auch Vollturbinen baut man in dieser Weise, wenn sehr hohe Umdrehungszahlen erzielt werden und Dynamomaschinen etc. direkt an die Turbinenwelle gekuppelt werden sollen. (Siehe z. B. Fig. 3, Taf. 2, und Fig. 5, 10, 11, Taf. 4.)

Bei den niederen und mittleren Gefällen (bis 5 Meter) erfolgt die Aufstellung der Turbine gewöhnlich in offenem Wasserkasten, bei höheren Gefällen tritt an dessen Stelle ein geschlossenes Gehäuse aus Gusseisen oder Schmiedeeisenblech nebst Zuleitungsrohr.

Diese kurzen Bemerkungen mögen genügen, im übrigen sei auf das bei den einzelnen Wasserrädern und Turbinen Gesagte wiederholt verwiesen. Uebergrosse Ausführlichkeit hätte auch keinen Zweck, denn es ist doch nicht möglich, ein Rezept zu verfassen, nach welchem die Wahl des Motors mühelos und ohne spezielles Studium des Einzelfalles kurzer Hand erfolgen könnte.

Sechster Teil.

Regulatoren für Turbinen und Wasserräder.

---

§ 31. Allgemeines über Regulatoren für hydraulische Motoren.

In den vorhergehenden Abschnitten ist schon erklärt worden, dass einesteils Schwankungen im Wasserzufluss, andererseits Schwankungen im Arbeitsverbrauch Regulierungseinrichtungen erfordern und es sind auch die Einrichtungen an den Motoren beschrieben und beurteilt worden, vermöge deren der Wasserverbrauch verändert werden kann. Die Bethätigung der Schützen u. s. w., welche dazu dienen, kann nun, und so ist es in sehr vielen Fällen, durch Menschenhand erfolgen, selbstredend unter Benutzung von geeigneten Antriebsvorrichtungen, Vorgelegen u. s. w. Ein Handregulator ist die einfachste aber freilich auch in der Wirkung unvollkommenste Einrichtung, insofern als man ein einigermassen strenges Einhalten der normalen Umdrehungszahl des Motors bei unregelmässigen und plötzlichen Schwankungen des Arbeitsverbrauches nicht erzielen kann, es müsste denn ein Mann ständig am Regulator stehen und einen Geschwindigkeitsanzeiger beobachten. Die Veränderungen des Wasserstandes sind meist leichter zu berücksichtigen.

Um diesen Uebelstand zu umgehen, hat man automatische Regulatoren konstruiert, welche ohne Zuthun der Menschenhand wirken sollen. Solche Regulatoren, welche den Zweck haben, den Wasserverbrauch dem Arbeitsverbrauch anzupassen, welche die Umdrehungszahl konstant erhalten sollen, werden Geschwindigkeitsregulatoren genannt, während solche Regulatoren, welche den Wasserverbrauch dem Zufluss entsprechend regeln sollen, Wasserstandsregulatoren heissen, weil ihre Wirkung durch die Schwankungen des Wasserstandes bedingt ist.

Zunächst mögen die Geschwindigkeitsregulatoren besprochen werden. Die Erfolge, welche man mit der Konstruktion derartiger Apparate erzielt hat, haben freilich lange Zeit den Erwartungen und Versprechungen vielfach nicht entsprochen, einesteils weil die Apparate für die Verwendung an hydraulischen Motoren nicht vollkommen genug waren, anderenteils weil die genaue Regulierung der hydraulischen Motoren überhaupt besonders schwierig, viel schwieriger als z. B. diejenige der Dampfmaschine ist, deren Regulatoren als Muster vorschwebten. Das hat folgende Ursachen: die Regulierorgane der Turbinen und Wasserräder sind bei weitem schwerer zu verstellen, als die der Dampfmaschinen und der bei diesen vorherrschend im Gebrauch befindliche direkt wirkende Regulator, also ein solcher, bei dem die Wirkung der Centrifugalkraft direkt das Regulierorgan beeinflusst, ist bei den normalen Wasserrädern und Turbinen gar nicht verwendbar. Die Einwirkung der Regulierung auf den Gang erfolgt bei Dampfmaschinen, wenigstens solchen mit guten Steuerungen, rasch, schon weil die Dauer der Verstellung eine verschwindende ist. Die Regulierorgane der Turbinen und Wasserräder, besonders der ersteren, lassen sich bei grösseren Anlagen meist keineswegs so plötzlich verstellen, dazu wäre ein oft unverhältnismässiger Arbeitsaufwand erforderlich und weiter spielt das Beharrungsvermögen der in allen Fällen verhältnismässig grossen bewegten Wassermassen eine Rolle, während die Masse des bei Dampfmaschinen in Bewegung befindlichen Dampfes dagegen geringfügig ist.

An die Stelle des nicht brauchbaren, direkt wirkenden Regulators ist nun der indirekt wirkende Regulator getreten. Das ist ein solcher, bei dem der Zentrifugalregulator nur die Aufgabe hat, ein von der Kraftmaschine selbst bewegtes Triebwerk einzurücken, welches die Bethätigung des Regulierorganes ohne Abhängigkeit von der Grösse der Verstellungskraft des Zentrifugalregulators besorgt.

An Stelle des von der zu regulierenden Kraftmaschine selbst bewegten Triebwerkes kann natürlich auch ein unabhängiger kleinerer Motor treten. Diese Anordnung, welche besonders dann vorteilhaft ist, wenn relativ erhebliche Energiemengen für die Regulierung zu Gebote stehen sollen, wird in neuerer Zeit viel angewandt, man bezeichnet den Hülfsmotor dann auch oft als Servomotor, und verwendet als Triebkraft sowohl Presswasser als Elektrizität.

Die einfachste Form eines indirekt wirkenden Regulators ist durch Fig. 3, Taf. 9, schematisch dargestellt. Die Regulatorwelle w_1 wird durch Kegelräder r_0 von der Welle w_2 angetrieben, auf der Regulatorwelle sitzt, axial verschiebbar mit Nut und Feder, die Hülse H, welche die Kegelräder r_1 und r_2 trägt. Der Ausschlag der Schwungkugeln K veranlasst eine Bewegung der Hülse H, je nachdem, ob dieselbe nach oben oder unten erfolgt, kommt entweder das Rad r_1 oder das Rad r mit r_2 in Eingriff und die nach dem Regulierschieber, Schützen oder dergleichen führende Welle w_3 wird rechts oder links gedreht, öffnet oder schliesst.

Dem Gleichgewicht zwischen Arbeitsverbrauch und Leistung entspricht also nur eine einzige Lage der Hülse H, die Mittellage, bei jeder anderen ist die Regulierung in Thätigkeit und hört nicht eher auf zu wirken, als bis die normale Umgangszahl wieder erreicht ist. Dieses Verhalten gibt nun zu Unannehmlichkeiten Anlass. Nehmen wir an, es sei eine Aenderung des Arbeitsverbrauches eingetreten, die Umdrehungszahl des Motors suche zu steigen, die Schwungkugeln des Regulators steigen, die Hülse hebt sich, die Regulierung wirkt. Nach einer gewissen Zeit hat das Regulierorgan, der Schützen oder dergl., die Stellung erlangt, welche dem Wasserverbrauch entspricht, der dem verringerten Arbeitsbedarf angemessen wäre, jetzt müsste also die Regulierung aufhören. Das geschieht nun nicht, denn während des Regulierens ist die Geschwindigkeit des Motors noch etwas gewachsen, infolge des Beharrungsvermögens der bewegten Massen vergeht eine gewisse Zeit, bis der verringerte Zufluss die Umdrehungszahl wieder herabsetzt und ausserdem fängt der Regulator erst dann an in seine Mittellage zurückzugehen, wenn die Umdrehungszahl schon etwas unter die normale gesunken ist. Trotzdem die Stellung des Regulierorganes genügend verändert ist, arbeitet die Regulierung fälschlich weiter, verringert den Zufluss zu sehr, so dass schliesslich die Umdrehungszahl zu sehr sinkt und das umgekehrte Spiel beginnt. Diese Erscheinung — das Ueberregulieren — zeigen die älteren automatischen Regulatoren meistens und deshalb sind sie fast unbrauchbar, neuere Anordnungen suchen das zu vermeiden durch Anwendung von sog. Stellhemmungen u. s. w. an den Regulatoren.

Das Prinzip derartiger neuerer Regulatoren dürfte durch folgende Betrachtungen klar werden. Stellen wir uns vor, dass, sobald in dem durch Fig. 3, Taf. 9, dargestellten Regulator eine Verschiebung der Hülse H eingetreten ist, die Welle w_3 mit dem Rade r_2 dieser Bewegung aufwärts oder abwärts folgt, was durch einen geeigneten Mechanismus — die Stellhemmung — bewirkt wird, so würde der kaum hergestellte Eingriff zwischen Zahnrädern r und r_2 oder r_1 und r_2 alsbald wieder unterbrochen, die Drehung von w_3 würde wieder aufhören und nur wieder eintreten, wenn eine neue Verschiebung der Hülse infolge anhaltenden Steigens der Umdrehungszahl wieder erfolgte u. s. w.

Dieses Regulieren in Absätzen vermeidet das Ueberregulieren, weil die Unterbrechungen der Herbeiführung des Beharrungszustandes günstig sind, ferner kann der Beharrungszustand in jeder Stellung des Regulators eintreten, nicht nur bei der Mittellage, und die Umdrehungszahl des Motors würde also in dem Mafse konstant sein, in welchem die den verschiedenen Kugellagen des Regulators entsprechenden Umdrehungzahlen konstant wären, vollkommene Empfindlichkeit und unverzügliche Einwirkung des Regulators vorausgesetzt.

Die Empfindlichkeit des Regulators ist zwar nie ganz vollkommen, aber immer gross genug zu machen, um unseren Ansprüchen zu genügen, was von der Schnelligkeit der Einwirkung meistens nicht behauptet werden kann. Die Regulierung wird um so schneller erfolgen können, je leichter beweglich das Regulierorgan ist, die Ringschieber sind in dieser Beziehung am schlechtesten, drehbare Leitschaufeln und einzeln bewegte Klappen u. s. w. noch das Beste.

Solche Resultate wie bei den Dampfmaschinen dürfen nach dem oben Gesagten bei Turbinen und Wasserrädern mit Regulierung der Zuflussmenge nicht erwartet und gefordert werden, immerhin hat man mit neueren Regulatoren die Schwankungen der Umdrehungszahl auf 2 bis 3 Prozent nach oben und unten beschränkt.

Die Schwierigkeit, eine sehr gute Regulierung durch automatische Beeinflussung der Aufschlagwassermenge zu erzielen, besonders aber die schlechten Erfolge vieler älterer Regulatoren dieser Art, haben Veranlassung gegeben, noch ein anderes Prinzip der Regulierung in Gebrauch zu nehmen. Es ist das die Regulierung durch künstliche automatische Gleicherhaltung des Arbeitsverbrauches, welche dadurch herbei geführt wird, dass man die infolge Ausschaltung von Arbeitsmaschinen etc. frei werdende Arbeit durch Bremsvorrichtungen aufzehren lässt. Diese Art der Regulierung ist prinzipiell unwirtschaftlich und eigentlich nur da ohne wirtschaftlichen Nachteil, wo das zur Verfügung stehende Arbeitsvermögen stets im Ueberschuss vorhanden ist. Praktisch sind aber derartige Bremsregulatoren doch oft recht wertvoll, man kann mit ihnen recht gute Einhaltung der normalen Umdrehungszahl erreichen, der wirtschaftliche Nachteil, den erst genannten Regulatoren gegenüber, verschwindet insofern vielfach, als auch bei der Verringerung der Aufschlagmenge ein Arbeitsverlust entsteht dadurch, dass das nicht verbrauchte Wasser dann oft über das Wehr fliesst. Ein Nachteil, der stets vorhanden ist, besteht darin, dass der Bremsregulator nicht in der Lage ist, einer momentanen Erhöhung des Arbeitsbedarfes über die Normalleistung Rechnung zu tragen. Die Beaufschlagung einer Turbine kann man bei Bedarf stets so einrichten, dass einige Kanäle im Ueberschuss vorhanden sind, welche vorübergehend beaufschlagt werden bei plötzlich eintretendem erhöhten Arbeitsverbrauch. Wollte man ähnliches mit dem Bremsregulator erzielen, so müsste er schon bei normalem Gange einen Arbeitsbetrag ständig abbremsen, es würde also dauernd ein Teil des Arbeitsvermögens unnütz geopfert. Bei Kraftüberschuss hat das nichts zu sagen, wohl aber dann, wenn die Wasserkraft gerade hinreicht.

Wenden wir uns jetzt zu den automatischen Wasserstandsregulatoren, so können wir uns kürzer fassen. Die Schwankungen im Wasserzufluss sind weder so plötzlicher noch so oft eintretender Art, wie die Schwankungen des Arbeitsbedarfes. Die menschliche Beobachtung und das Eingreifen der Menschenhand genügen deshalb allermeist, freilich ist dabei eine jederzeit ganz vollkommene Ausnutzung des dargebotenen Arbeitsvermögens nicht möglich, doch kommt es dann darauf auch gewöhnlich nicht an. Anders liegt die Sache in dem Falle, wo die Wasserkraft nicht völlig für den Betrieb ausreicht und deshalb noch mit einem anderen Motor — Dampfmaschine, Gasmotor oder dergleichen — zusammen arbeitet. Dann wird man wünschen, die Wasserkraft stets völlig auszunutzen, um bei der anderen Betriebskraft zu sparen. Die Geschwindigkeitsregulierung ist dann Aufgabe der Dampfmaschine u. s. w., während der Wasserverbrauch des Wasserrades oder der Turbine von einem Wasserstandsregulator beeinflusst wird. Die Wasserstandsregulatoren müssen in der Regel auch indirekt wirkende Regulatoren sein, an Stelle des Zentrifugalregulators bei den Geschwindigkeitsregulatoren tritt ein Schwimmer, durch dessen Hebung oder Senkung der Mechanismus zur Bethätigung des Schützen, Schieber oder dergleichen in Wirksamkeit versetzt wird.

§ 32. Beschreibung einiger selbtthätiger Regulatoren.

Da es weder der Umfang noch der Zweck dieses Buches gestattet, einen ausführlichen Bericht über die verschiedenen Regulatorkonstruktionen zu geben, sollen, um wenigstens das Verständnis zu erleichtern, nur einige selbstthätige Regulatoren besprochen und durch Abbildungen erläutert werden, dabei wird man sich auf Geschwindigkeitsregulatoren zu beschränken haben, weil diese am meisten vorkommen.

Ueber Wasserstandsregulatoren findet man näheres in einem Aufsatze von Pfarr in der „Zeitschrift des Vereins deutscher Ingenieure", Jahrgang 1891, Seite 891 bis 898, wo auch die Geschwindigkeitsregulatoren und die ganze Frage der Regulierung überhaupt in vorzüglicher Weise behandelt werden.

Als Vertreter der einfachen, älteren, selbstthätigen Regulatoren, welche die Beaufschlagung beeinflussen, dienen die in Fig. 7, 8, 9, Taf. 10, abgebildeten Regulatoren mit Klinkenmechanismus (dem Prospekt von Queva & Komp. entnommen). Auf der die Regulierschütze oder dergleichen antreibenden Welle w (Fig. 7 und 8, Taf. 10) sitzen zwei Klinkräder, so gezahnt, dass die Vorschubrichtung des einen der des anderen entgegengesetzt ist. Die den Vorschub der Klinkenräder bewirkenden Klinken i i_1 sitzen an einem gemeinsamen Bolzen, welcher in der Nabe n am Ende des um die Welle w frei beweglichen Hebels h befestigt ist. Der Hebel h wird von einer besonderen Welle w_1, welche auch zum Antrieb des Zentrifugalregulators C dient, durch Exzenter und Zugstange e bewegt. Bei der normalen Stellung des Zentrifugalregulators sind die Klinken i i_1 durch ein Gleitblech b am Eingriff in die Klinkräder gehindert, je nachdem, ob sich der Zentrifugalregulator aus seiner Mittellage hebt oder senkt, wird der Eingriff der einen oder der anderen Klinke hergestellt, indem das Blech b so verschoben wird, dass einer von zwei darin angebrachten Ausschnitten unter die Klinke desjenigen Klinkrades kommt, dessen Drehung Schluss oder Oeffnung der Regulierung bewirkt. Die Verschiebung des Bleches b, welches durch zwei Arme R konzentrisch zur Welle w geführt wird, erfolgt durch die vom Zentrifugalregulator direkt bethätigte Hebel- und Stangenverbindung r_1 r.

Um auch bei kleineren Durchmessern der Klinkräder eine genügende Regulierlänge zu erzielen, macht man dieselben breit und gibt der Welle w am einen Ende Gewinde, so dass sie sich während der Drehung axial verschiebt. An den Grenzen der Regulierung hört der Apparat von selbst auf zu funktionieren.

Der Apparat ist auch, wie die Zeichnung erkennen lässt, zur Handregulierung (H) eingerichtet und mit einer Vorrichtung versehen, welche den Stand des Regulierorganes anzeigt.

Der durch Fig. 9, Taf. 10, dargestellte Apparat ist eine vollkommenere Art des vorbeschriebenen, während bei letzterem der Vorschub des Klinkrades absatzweise erfolgt, geschieht dies bei jenem mehr kontinuierlich, weil zwei Klinkensysteme angeordnet sind.

Während die Bewegung des Regulierorganes bei den oben geschilderten Konstruktionen durch vom Motor angetriebene Wellen und Räder erfolgt, stellt der durch Fig. 7 und 8, Taf. 9, dargestellte, ebenfalls von Queva & Komp. in Erfurt gebaute Regulator eine Konstruktion dar, bei welcher Wasserdruck dies besorgt. Je nachdem, ob das Druckwasser in den Cylinder C (siehe genannte Figur) durch r_1 oder r_2 eintritt (und auf der entgegengesetzten Seite austritt), wird der bei normaler Umgangszahl des Motors in der Mitte des Cylinders stehende Kolben K nach links oder rechts geschoben und das in geeigneter Weise mit dem Kolben beziehentlich der Kolbenstange verbundene Regulierorgan bethätigt. Die Regelung des Wassereinflusses erfolgt durch den Zentrifugalregulator R, welcher den Steuerkolben k im Steuercylinder S durch Hebel h und Gestänge g bewegt. Der Steuercylinder ist durch Fig. 7, Taf. 9, besonders dargestellt. Einer Hebung des Zentrifugalregulators entspricht eine Senkung des Steuerkolbens, das durch w in den Steuercylinder eintretende Druckwasser kann dann durch r_2 in den Cylinder C überfliessen, das auf der anderen Seite durch r_1 abfliessende Wasser fliesst oben zum Steuercylinder bei a_1 hinaus. Bei einer Senkung des Zentrifugalregulators ist die Sache umgekehrt, der Ausfluss des abgehenden Wassers erfolgt dann durch die Oeffnung a_2 unten im Steuercylinder.

Zum Betriebe des Regulators genügt bei höheren Gefällen der durch diese gebotene Wasserdruck, bei kleineren Gefällen dagegen würde künstliche Erzeugung des erforderlichen Druckes durch Pumpwerke und dergleichen nötig sein, so dass der Apparat also wesentlich nur für höhere Gefälle in einfacher Weise anwendbar ist.

Der Wasserverbrauch soll nach Angabe der Firma nicht ins Gewicht fallen. Der Apparat hat die Eigenschaft, dass bei geringen Schwankungen der Geschwindigkeit des Motors, die Verstellung des Regulierorganes nur langsam erfolgt, weil infolge des langsamen Steigens bezw. Sinkens des Zentrifugalregulators die Ausflussöffnungen im Steuercylinder nur allmählich freigelegt werden und also zunächst ein erhebliches Drosseln des Druckwassers stattfindet. Die Stärke des auf den Regulierkolben K wirkenden Druckes ist also vom Stande des Zentrifugalregulators abhängig, die Regulierung erfolgt annähernd in dem Maſse, wie es die Veränderung des Arbeitsbedarfes verlangt, das Ueberregulieren wird thunlichst vermieden.

In dieser Hinsicht ist obige Konstruktion den erstgenannten überlegen, nach Angabe des Prospektes von Queva & Komp. soll sie eine recht gute Einhaltung der normalen Umlaufszahl ermöglichen. Bemerkt sei noch, dass der Apparat Herrn Ingenieur J. B. Lehmann in Erfurt im Jahre 1878 patentiert wurde.

Als Vertreter der mit Stellhemmung versehenen neueren Geschwindigkeitsregulatoren mögen die patentierten Konstruktionen von J. M. Voith und A. Pfarr, O. Schmeisser, Karlshütte, Alfeld a. d. Leine und Escher, Wyss & Komp., Zürich, aufgeführt werden.

Der von J. M. Voith und A. Pfarr konstruierte Regulator ist veranschaulicht durch Fig. 4, 5 und 6, Taf. 6, welche ebenso wie das Wesentliche des folgenden Textes dem schon erwähnten Aufsatz Pfarrs im Jahrgang 1891 der „Zeitschrift des Vereins deutscher Ingenieure" entnommen ist.

Die Verstellung des Regulierorganes erfolgt durch die mit Riemenbetrieb versehene Welle g (siehe Fig. 4, Taf. 6). Auf dieser Welle g sitzt eine lose Riemenscheibe e, auf welcher der von der Antriebsvorgelegewelle kommende Riemen liegt, wenn die normale Umdrehungszahl eingehalten wird. Die Riemenscheibe d sitzt fest auf der Welle g, auf ihr muss der Riemen liegen, wenn der Wasserzufluss vermindert werden soll, die Vermehrung des Wasserzuflusses erfolgt, wenn der Riemen auf der Riemenscheibe f liegt, diese sitzt auf einer lose um g drehbaren kurzen Hohlwelle und bewirkt durch die Kegelräder a b c eine entgegengesetzte Drehung der Welle g, wie die Scheibe d. Die Verschiebung des Riemens erfolgt durch eine Riemengabel, deren Bewegung durch den Zentrifugalregulator eingeleitet wird. Dieser verschiebt nämlich bei seiner Bewegung nach oben oder unten vermittelst eines um m drehbaren Hebels die um die Welle l rotierende Daumenscheibe i, diese schlägt an eine der Rollen p oder q (Fig. 4, 5, 6, Taf. 6) und dreht hierdurch den Teil s s', welcher auf die Riemengabel wirkt, nach der einen oder anderen Seite. Der Zentrifugalregulator hat also keine andere Arbeit zu leisten als die Verschiebung der Daumenscheibe, das Verschieben des Riemens wird dann schon durch das Getriebe selbst besorgt. Bei n greift an den Hebel eine Oelbremse an, welche plötzliche

Schwankungen hindert, bei o sind Justiergewichte angebracht. Die richtige Einstellung der Oelbremse ist von grösster Wichtigkeit, weil durch sie besonders das Ueberregulieren verhindert wird, der Kolben der Oelbremse hat eine durchbohrte Stange, deren Durchflussöffnung durch eine Ventilschraube w reguliert wird.

Was die Stellhemmung anlangt, so besteht diese darin, dass bei Drehung der Kegelräder a b c, also sobald reguliert wird, auch die Stirnräder t und u in Umdrehung gesetzt werden, u sitzt aber auf einer Schraubenspindel v, durch deren Drehung der Stellschlitten r, an welchem vermöge des drehbaren Teiles s die Anschlagrollen p und q sitzen, auf- oder abwärts bewegt wird. Dem Steigen des Zentrifugalregulators folgt also auch ein Steigen des Stellschlittens r und die Daumenscheibe i kommt immer wieder in die Mittellage zwischen p und q, sobald also die Drehung der Welle g zu lange anhält und der Zentrifugalregulator einigermassen sinkt, schlägt i gegen q und führt wieder Oeffnung herbei; wäre die Stellhemmung nicht vorhanden, so würde i an p anliegend geblieben sein und der Zentrifugalregulator müsste erst unter die ursprüngliche Mittellage sinken, ehe die Regulierung wieder einsetzt.

Dieser Regulator soll eine Turbine mit geeignet konstruiertem Leitapparat in 20 bis 40 Sekunden völlig öffnen oder schliessen, so dass Schwankungen im Arbeitsverbrauch von 10 bis 20 Prozent ohne erhebliche Geschwindigkeitsunterschiede ausgeglichen werden. Versuche mit einem solchen Regulator an einer Turbine der Papierfabrik Oberlenningen haben das bestätigt. (Siehe „Zeitschrift des Vereins deutscher Ingenieure", Jahrgang 1895, Seite 936.)

Zur Erläuterung des S c h m e i s s e r schen Regulators, D. R.-P. Nr. 71406, dienen die Angaben der Patentschrift, die zugehörigen Zeichnungen sind durch die Fig. 4 bis 8, Taf. 13, teilweise wiedergegeben. Der Apparat besteht aus einem Zentrifugalregulator B, welcher auf einen Klinkenmechanismus d i h g einwirkt, der seinerseits wieder die Verstellung eines mit Reibscheibenantrieb versehenen Wendegetriebes n q r u u. s. w. besorgt. Das Wendegetriebe aber wird durch eine Stellhemmung beeinflusst, so dass der Einrückung durch den Regulator bezw. das Schaltzeug die Ausrückung immer wieder folgt. Zur kurzen näheren Erläuterung der Figuren diene folgendes. Der Antrieb des Apparates erfolgt durch die Riemenscheibe a und Welle b (siehe Fig. 4). Letztere treibt durch die Kegelräder e e die stehende Welle des Zentrifugalregulators B an, auf welcher auch eine zum Antrieb des Wendegetriebes dienende Riemenscheibe l sitzt. Das Exzenter e auf Welle b bewegt durch Zugstange c ein lose auf der Welle k sitzendes Klinkrad d. Dieses bewirkt, je nachdem, ob das vom Zentrifugalregulator durch Stange f und Hebel g verstellbare Gleitblech der einen oder der anderen von zwei am Hebel i sitzenden Klinken h den Eingriff in das Rad d gestattet, eine Drehung des auf der Welle k fest sitzenden

Hebels i nach rechts oder links so lange, bis bei normaler Umdrehungszahl die Klinken wieder beide auf dem Gleitblech aufliegen. Jeder Stellung des Regulators entspricht infolgedessen eine bestimmte Stellung des Regulierorganes. Das Bremsrad M mit der Bremse L wirkt gleichsam als Gegenklinke, es sichert die Einhaltung der Stellung. Die Drehung der Welle k durch den Hebel i bewirkt durch die Hebelverbindung v w x die Drehung des Armes o um seine mit der Achse des Zentrifugalregulators zusammenfallende Achse p p. Am bewegten Ende des Armes o sitzen auf senkrechter Welle die von l aus getriebene Riemenscheibe m und die Antriebsreibscheibe n des Wendegetriebes. So lange n sich in der der normalen Umdrehungszahl entsprechenden Mittellage befindet, werden die von ihr angetriebenen, lose auf Welle s sitzenden Reibscheiben q q mit gleicher Geschwindigkeit aber in entgegengesetzter Richtung gedreht, so dass die Wirkungen auf das Vierkegelräderwendegetriebe r r u u sich aufheben. Sobald aber die Scheibe n aus der Mittellage verschoben wird, bewegt sich die eine Scheibe q mit vermehrter, die andere mit verminderter Geschwindigkeit, infolgedessen wird das Wellenkreuz f_1 f_1 (Fig. 6) des Wendegetriebes in Umdrehung versetzt und damit auch die mit ihm fest verbundene Welle s s. Von der Welle s s wird die Bewegung durch Zahnräder z z u. s. w. weiter geleitet nach dem Regulierorgan. Durch die Bewegung des Zahnrades z wird, vermittelst einer an R angehangenen Zugvorrichtung mit eingeschalteten Schraubenfedern und Spannzeug R D E H F G, Fig. 5 und 8, der Hebel x um den Drehpunkt α (in welchem Stange w anschliesst) gedreht und zwar so, dass die Antriebsreibscheibe n sich entgegengesetzt bewegt wie unter Einwirkung der Drehung von k, sie kommt wieder in die Mittellage. Die Regulierung setzt, nachdem sie allmählich verlangsamt wurde, aus, bis ein neuer Eingriff zwischen dem Klinkrad α und einer Klinke i sie etwa wieder einleitet. Die wirklichen Ausführungen dieses Regulators weichen von der dargestellten Konstruktion etwas ab, sowohl in Bezug auf die Anordnung des Hebels o als auf die Hemmung. Letztere ist folgendermassen eingerichtet. Auf der Welle s ist an einem Ende Gewinde aufgeschnitten, die darauf sitzende Mutter wird bei der Drehung von s verschoben und im Hebel, in welchem die Mutter sitzt, gedreht, die Hebelbewegung aber wirkt auf die Drehung des Armes o. (Fig. 4 und 8, Taf. 13. Fig. 9, Taf. 13, zeigt eine Gesamtansicht.) Der Regulator wird vom Eisenwerk Karlshütte in Alfeld a. d. Leine in 5 Grössen, von $^1/_{12}$ bis $2^1/_3$ Pferdestärken Arbeitsleistung bei der Verstellung gebaut.

Der Regulator System Escher, Wyss & Komp. ist ein hydraulischer Regulator eigener Art. Seine Konstruktion geht aus Fig. 6 u. 7, Taf. 18, und der nachstehenden Beschreibung der Firma Escher, Wyss & Komp. hervor.

Der Regulator besteht aus einem mit Oel gefüllten Gehäuse A, mit zwei aus je zwei Stirnrädern und einem dieselben dicht umschliessenden Gehäuse bestehenden Kapselwerken B, welche mit je einem ihrer Stirnräder fest auf einer Welle C sitzen, die von D her angetrieben wird.

Beide Kapselwerke greifen mittels Verzahnung in ein gemeinschaftliches Winkelrad E, welches fest auf einer Welle F sitzt.

Zwischen beiden Kapselwerken sitzt ebenfalls eine gemeinschaftliche Steuervorrichtung G, welche mittels Gehänge H, J, K von dem auf der Welle C sitzenden Pendel L aus bethätigt wird.

Mutter M, Spindel N und die Räder O, P bilden die sogenannte Rückführung, eine Vorrichtung, welche zur Verhinderung des Ueberregulierens allgemein bekannt und gebräuchlich ist.

Zur Beschreibung der Wirkungsweise übergehend, sei zuerst erwähnt, dass ein Kapselwerk, welches in der auf dem Grundriss angegebenen Drehrichtung angetrieben wird, als Pumpe wirkt und zwar bei Q saugend, bei R fördernd. Wird nun die Oeffnung R geschlossen, so dass kein Oel mehr aus dem Kapselgehäuse entweichen kann, so können die beiden Kapselräder nicht weiter ineinander rollen und die Welle C nimmt das ganze Gehäuse B in der Rotation mit.

Die Oeffnung Q steht in Verbindung mit der Füllung des Gehäuses A, Oeffnung R durch einen Kanal in Verbindung mit der Steuervorrichtung G, welche derart eingerichtet ist, dass das Pendel L nur eine kleine Bewegung ausführen muss, um entweder den Druckkanal R des unteren oder des oberen Kapselwerkes B zu schliessen und dadurch eine Kuppelung des betreffenden Kapselwerkes mit der Welle C zu bewerkstelligen.

Je nachdem nun das untere oder das obere Kapselwerk gekuppelt ist, wird die Welle F im einen oder im anderen Sinne getrieben und kann vermittelst des Getriebes S auf die Regulierung der Turbine im Sinne des Oeffnens oder des Schliessens einwirken.

Es liegt auf der Hand, dass dieser Regulator in jedem Augenblick zu regulieren beginnen oder wieder aufhören kann, dass das Pendel keinen grossen Weg zurückzulegen und keine Energie auszuüben hat und demgemäss schon bei der kleinsten Tourendifferenz auf die Turbine einwirken kann.

Als Beispiele für Bremsregulatoren mögen der Bandbremsregulator Patent Reis und der hydraulische Bremsregulator von Schrieder in Säckingen dienen. Der Reissche Bandbremsregulator wird durch die Fig. 1, 2 und 3, Taf. 6, dargestellt, welche der „Zeitschrift des Vereins deutscher Ingenieure", Jahrgang 1903 und einem Prospekt von N. T. Stumbeck entnommen sind. Auf der durch Riemenscheibe a angetriebenen, liegenden Welle b sitzt fest die Bremsscheibe c, um sie ist das Bremsband d gelagert. Dieses ist bei o, an dem die Bremsscheibe umgebenden gusseisernen Gehäuse befestigt und wird durch den zweiarmigen Hebel e e gespannt, welcher um f drehbar ist. Die Verstellung des Hebels e erfolgt durch die von einem Kegelräderwendegetriebe g in Drehung versetzte Schraubenspindel s.

Zum Antrieb des Wendegetriebes dienen in bekannter Weise die festen Riemenscheiben h h, auf der losen Riemenscheibe h_1 läuft der Riemen, wenn die normale Umdrehungszahl eingehalten wird. Die Antriebsscheibe zu h h h sitzt auf der Welle b und ist mit m bezeichnet. Die Verschiebung des Riemens von der losen Scheibe h_1 auf eine der beiden Antriebsscheiben h h des Wendegetriebes erfolgt vom Zentrifugalregulator R durch Hebel k und Riemenführer i. Der Antrieb des Zentrifugalregulators R geschieht durch die Kegelräder n n und die Riemenscheiben q p. Die Räder des Wendegetriebes g laufen in einem Oelgehäuse, die Kühlung der Bremsscheibe erfolgt durch Wasser, welches durch r fliesst. Das Anziehen und Lockern der Bremse soll sehr rasch, bei etwa zwei Umdrehungen der Spindel s, erfolgen. Damit das Bremsband sich beim Lockern der Bremse auch rasch von der Scheibe ablöst, sind die Federn v angebracht, welche es abziehen. Um die Lagerdrucke möglichst zu vermindern, wird in den Fällen, wo der Zug des Bremsbandes beim Bremsen das Gewicht der Welle und Bremsscheibe übersteigt, der überschüssige Vertikaldruck durch einen oben im Gehäuse angebrachten verstellbaren Bremsbacken aufgenommen. Dieser Regulator ist mit gutem Erfolge, hinsichtlich der Regulierung, bei Wasserkraftanlagen von 40 und 50 Pferdestärken in Anwendung gekommen, er wird in Deutschland von der Firma L. A. Riedinger, Maschinen- und Bronzewarenfabrik in Augsburg und N. T. Stumbeck, Maschinenfabrik in Rosenheim, in Oesterreich-Ungarn von Ganz & Komp. in Budapest gebaut.

Zur Erläuterung des Konstruktionsprinzipes des Schriederschen hydraulischen Bremsregulators dienen die Fig. 5 und 6, Taf. 16. Der Regulator besteht aus einer rotierenden Pumpe a mit zwei Kolbenkörpern, diese saugt durch das Rohr b Wasser aus einem Kasten d und drückt dasselbe durch Rohr c und Kolbenventil e in den Kasten zurück. Das Ventil e ist hinsichtlich seiner Stellung vom Stande des Zentrifugalregulators f abhängig, welcher bei seiner Hebung oder Senkung das Ventil durch Hebel g und Zugstange h hebt oder senkt. Der Antrieb der Pumpe erfolgt nur an dem einen Kolbenkörper durch die Riemenscheibe, der Zentrifugalregulator wird durch die Kegelräder k k und Welle mit Riemenscheibe l betrieben. Um plötzliche Schwankungen am Regulator auszugleichen, ist die Oelbremse m angebracht.

Bei normalem Gange steht das Kolbenventil e so, dass es dem Wasser einen so reichlichen Durchflussquerschnitt bietet, dass die zur Hindurchdrückung des Wassers erforderliche Arbeit der Gesamtarbeit des Motors gegenüber verschwindend ist, steigt die Umdrehungszahl des Motors, also auch der von dem Motor direkt oder durch die Transmission angetriebenen Pumpe und des Regulators, so wird durch Hebung des Zentrifugalregulators das Kolbenventil e so verstellt, dass der Durchflussquerschnitt abnimmt. Die Geschwindigkeit des Wassers muss, damit die von der Pumpe unverändert gross gelieferte Wassermenge das Ventil noch passieren kann, erheblich wachsen, folglich auch der Druck des Wassers in der Rohrleitung c, wobei auch das Anwachsen des Bewegungswiderstandes hinzukommt, die Pumpe geht schwerer, der Arbeitsverbrauch steigt und zwar so lange, als die Verminderung des Durchflussquerschnittes im Ventil e anhält. Diese hört erst auf, wenn der Regulator zur Ruhe kommt, also die Arbeitsleistung der Pumpe den durch Ausschalten von Arbeitsmaschinen der Fabrikation oder dergleichen entstandenen Arbeitsüberschuss aufzehrt.

Die gegenwärtige Ausführungsform des Schriederschen Regulators weicht von der vorstehend beschriebenen im Prinzip gar nicht, wohl aber in der Gesamtanordnung und Einzelheiten vorteilhaft ab. Fig. 6, Taf. 16, gibt ein Schaubild davon.

Besonders zu bemerken ist, dass zur Ableitung der beim Bremsen entstehenden Wärme eine Kühlvorrichtung und zur Vermeidung von Brüchen ein Sicherheitsventil angebracht ist.

Siebenter Teil.

Ausgeführte Wasserrad- und Turbinenanlagen.

§ 33. Oberschlächtiges Wasserrad der Holzmühle (Besitzer Herr Christ) in Lollar a. d. Lahn, gebaut von der Maschinenfabrik Esslingen.

Das durch Fig. 2 und 3, Taf. 5, in $^1/_{20}$ der natürlichen Grösse dargestellte Wasserrad der Holzmühle in Lollar a. d. Lahn, dient zum Betriebe einer Mahlmühle, es wurde von der Maschinenfabrik Esslingen ganz aus Eisen und Stahl erbaut und ist seit 1877 im Betrieb. Die Welle besteht aus Stahl, die 4 darauf sitzenden Naben aus Gusseisen, die Armsysteme aus Walzeisen, die drei Kränze und die Schaufeln aus Schmiedeeisenblech.

Die wichtigsten Kronstruktionsverhältnisse sind folgende: Gefälle $H_0 = 4{,}65$ Meter, Wassermenge $Q = 0{,}500$ cbm pro Sekunde, äusserer Radius des Schaufelkranzes $r = 2{,}1$ Meter, also Durchmesser 4,2 Meter, lichte Breite des Rades (beide Schaufelkränze) $b = 2{,}5$ Meter, lichte Breite des Einlaufes $b_0 = 2{,}4$ Meter, Anzahl der Umdrehungen pro Minute $U = 4{,}8$, also Umfangsgeschwindigkeit $v = 1{,}056$ Meter, das ist ein ausnehmend niedriger Wert. Die Kranztiefe a beträgt 0,3 Meter, also der Füllungsgrad ungefähr $k = 0{,}64$, ein verhältnismässig recht hoher Wert.

Die Zahl der Radschaufeln in jedem Schaufelkranze ist $z = 42$, also die Schaufelteilung $e = 0{,}314$ Meter. Das Freihängen H_2 beträgt 0,045 Meter und die grösste Nutzleistung soll $N = 24$ Pferdestärken sein.

Die stählerne Welle hat eine Gesamtlänge von 4,63 Meter, sie hat einen Stirnzapfen von 160 Millimeter Durchmesser und einen Halszapfen von 190 Millimeter Durchmesser. Die Kraftübertragung erfolgt durch Zahnräder, das Stirnrad sitzt auf dem einen Ende der Welle im Innern des Mühlengebäudes.

Die Zuleitung des Wassers in das Rad erfolgt durch ein eisernes Gerinnestück, dasselbe ist ausser mit dem üblichen

Spannschützen noch mit einer besonderen Gerinneablassvorrichtung versehen.

Sonstige Einzelheiten sind der Zeichnung zu entnehmen.

§ 34. Oberschlächtiges Wasserrad mit Koulisseneinlauf für die Firma Gutmann & Söhne in Gmünd, gebaut von der Maschinenfabrik Esslingen.

Ein oberschlächtiges Wasserrad besonders eigenartiger Anordnung ist das durch Fig. 7 und 8, Taf. 6, in $^1/_{15}$ der natürlichen Grösse dargestellte, von der Maschinenfabrik Esslingen gebaute Rad. Bei demselben erfolgt die Einführung des Wassers in das Rad durch einen besonderen Leitapparat, den man als Koulisseneinlauf bezeichnen kann. Diese Anordnung ist gewählt, um dem Rade — wie bei rückenschlächtigen Rädern — eine solche Umdrehungsrichtung zu geben, dass die Radbewegung im unteren Teile mit der Abflussrichtung des Wassers übereinstimmt, bei Stauwasser ist das bekanntlich von Vorteil. Man könnte das Rad wohl auch als freihängendes, rückenschlächtiges Rad bezeichnen, wenn man nicht gewöhnt wäre, unter rückenschlächtigen Rädern solche zu verstehen, bei denen der Einlauf schon etwas tiefer unter dem Radscheitel erfolgt. Das vorliegende Wasserrad ist ganz aus Eisen gebaut, es hat zwei Stirnkränze und einen Mittelkranz, welche ebenso wie die Schaufeln aus Schmiedeeisenblech bestehen, es hat ferner drei Armsyteme mit je fünf Armen aus [-Eisen an drei gusseisernen Naben, die Welle ist aus Stahl, hat 4,1 Meter Gesamtlänge und zwei Stirnzapfen von 120 Millimeter Durchmesser, das zur Weiterleitung der Kraft dienende eiserne Stirnrad sitzt nahe dem einen Stirnzapfen auf der Welle innerhalb der Radstube.

Der gusseiserne Koulissenapparat, welcher am Gerinneboden befestigt ist, besitzt zwei Leitkanäle, ein oben darauf gleitender Schieber dient zur Regulierung des Wasserverbrauches. Der an das Rad führende Gerinneteil ist aus Eisenblech hergestellt und ruht auf Trägern und Säulen.

Die wichtigsten Konstruktionsverhältnisse sind folgende: Gefälle $H_0 = 2{,}68$ Meter, Wassermenge $Q = 0{,}350$ cbm pro Sekunde, äusserer Radius des Schaufelkranzes $r = 1{,}15$ Meter, lichte Breite eines Schaufelkranzes $\frac{b}{2} = 1{,}244$ Meter, also lichte Breite beider Schaufelkränze zusammen 2,488 Meter, lichte Breite des Einlaufes 2,35 Meter, Kranztiefe $a = 0{,}225$ Meter, Freihängen $H_2 = 0{,}075$ Meter. Das Rad hat eine Schaufelzahl $z = 25$ in jedem Kranze, also eine Schaufelteilung $e = 289$ Millimeter. Die Schaufeln des einen Kranzes sind um eine halbe Teilung gegen die des anderen versetzt. Die Umfangsgeschwindigkeit ergibt sich für die normale Umdrehungszahl von $U = 11^1/_4$ pro Minute zu rund $v = 1{,}36$ Meter und der Füllungskoeffizient zu $k = 0{,}46$, letzterer Wert ist verhältnismässig hoch. Die Leistung des Rades soll 9 Pferdestärken betragen, das würde einem ungefähren Wirkungsgrade $\eta = 0,72$ entsprechen.

§ 35. Mittelschlächtiges Wasserrad mit Ueberfalleinlauf und Kropf, gebaut für eine Wasserkraftanlage in Argentinien von der Maschinenfabrik Esslingen.

Die Fig. 1 bis 4, Taf. 7, stellen ein mittelschlächtiges Wasserrad dar, dasselbe ist mit Ueberfalleinlauf und Kropf versehen und wegen des hohen im Kropf liegenden Gefälle mit 2 geschlossenen Stirnkränzen ausgeführt. Die Welle ist aus Stahl, im ganzen 4,155 Meter lang, darauf sitzen 2 gusseiserne Naben für je 8 daran fest genietete Wasserradarme, der Querverband wird durch die an den Stirnkränzen angenieteten Schaufeln gebildet. Ein eigentlicher Radboden ist nicht vorgesehen, sondern die Schaufeln erstrecken sich dafür entsprechend in der Richtung des inneren Kranzumfanges. Schaufeln wie Kränze sind aus Schmiedeeisenblech, die Arme u. s. w. aus Walzeisen. Der sehr dicht an das Rad anschliessende Kropf ist gemauert, der mit hölzerner Schützentafel, eisernem Leitblech und einem Führungsstück versehene Ueberfallschützen wird durch zwei Schraubenspindeln gehoben und gesenkt, der Antrieb der Schraubenspindeln erfolgt durch Kegelrädervorgelege und ein Handrad. Das Abflussgerinne schliesst sich ohne Abfall an den Kropf an. Die Fortleitung der Kraft erfolgt durch Stirnräder, das auf der Wasserradwelle sitzende Stirnrad befindet sich am Wellenende.

Folgende sind die wichtigsten Abmessungen u. s. w. des betreffenden, seit 1886 in Betrieb befindlichen Wasserrades: Gefälle $H_0 = 4$ Meter, Wassermenge $Q = 0,675$ Kubikmeter, äusserer Radius des Schaufelkranzes $r = 3,5$ Meter, Kranztiefe $a = 1,225$ Meter, lichte Breite des Rades $b = 1,552$ Meter, Eintauchtiefe $h_s = 0,4$ Meter, Schaufelzahl $z = 56$, also Schaufelteilung $e = 0.392$ Meter, die Umdrehungszahl ist $U = 3$ pro Minute, also die Umfangsgeschwindigkeit $v = 1,1$ Meter, der Füllungskoeffizient würde sich zu ungefähr $k = 0,32$ berechnen.

Die Leistung wird von der Maschinenfabrik Esslingen zu $N = 24$ angegeben, das setzt einen Wirkungsgrad von ungefähr $\eta = 0,665$ voraus.

§ 36. Tiefschlächtiges Wasserrad mit Ueberfalleinlauf und Kropf, gebaut für die Pulverfabrik Rottweil in Rottweil a. Neckar von der Maschinenfabrik Esslingen.

Für kleine, schwankende Gefälle und schwankende Aufschlagmengen häufig stark verunreinigten Wassers sind, wie schon früher erwähnt, häufig tiefschlächtige, nach Art der Zuppingerschen Konstruktionen ausgeführte Wasserräder am besten am Platze, es sollen deshalb mehrere Beispiele dieser Gattung vorgeführt werden. Zunächst sei das von der Maschinenfabrik Esslingen gebaute Wasserrad für die Pulverfabrik Rottweil aufgeführt, welches in Fig. 5 und 6, Taf. 8, in $^1/_{25}$ der natürlichen Grösse gezeichnet ist. Die Hauptabmessungen und dergleichen sind folgende: Gefälle $H_0 = 1$ Meter bis 2 Meter, Wassermenge $Q = 0{,}8$ bis 2,5 cbm pro Sekunde, äusserer Radius $r = 3{,}25$ Meter, Radbreite $b = 3$ Meter, Kranztiefe $a = 1{,}65$ Meter, Eintauchtiefe $h_a = 0{,}475$ bis 0,650 Meter, Schaufelzahl $z = 56$, also Schaufelteilung $e = 0{,}365$ Meter, Umdrehungszahl $U = 3{,}5$ pro Minute. Die Umfangsgeschwindigkeit beträgt hiernach $v = 1{,}19$ Meter, der Füllungskoeffizient $k = 0{,}135$ bis 0,420. Die maximale Leistung soll 35 Pferdestärken betragen.

Die Zuführung des Wassers geschieht durch einen Ueberfalleinlauf, der sich unmittelbar an den gemauerten Kropf anschliesst, und aus einem feststehenden gusseisernen Anschluss und Führungsstück, sowie dem eigentlichen Schützen mit Bohlentafel, gusseiserner Leitschaufel, Zahnstangen u. s. w. besteht. Das Rad ist an den Stirnseiten offen, der Kropf deshalb mit sogenannten Wasserbänken versehen, welche den Austritt des Wassers aus den Stirnflächen thunlichst verhindern sollen. Das Abflussgerinne schliesst ohne Abfall an den Kropf an.

Das eigentliche Wasserrad besteht aus 3 Kranz- und Armsystemen. Jedes Armsystem besteht aus einer gusseisernen Nabe, sechs bis zum inneren Umfang des Schaufelkranzes reichenden Armen und 4 schmalen Stirnkränzen aus Walzeisen. An den Kränzen sind die eisernen Schaufelstiele befestigt, auf denen die Schaufelbretter ruhen, letztere sind aus Schwarzwälder Tannenholz gefertigt. Die Schaufelstiele bilden auch den radialen Verband der einzelnen Kränze, ausserdem sind noch besondere Verstrebungen hierzu angebracht, wie das aus der Zeichnung (Fig. 5, Taf. 8) hervorgeht, wo man auch die axiale Versteifung der drei Armsysteme erkennt (Fig. 6, Taf. 8).

Die stählerne Welle hat eine Gesamtlänge von 5,135 Metern und 360 Millimeter grössten Durchmesser, sie ist mit einem Stirnzapfen von 200 und einem Halszapfen von 260 Millimeter Durchmesser versehen. Hinter dem Halszapfen sitzt freigehend das zur Kraftübertragung dienende eiserne Stirnrad von 4,32 m Durchmesser mit 144 Zähnen von 280 Millimeter Breite. Sonstige Einzelheiten sind aus der Zeichnung zu entnehmen. Bemerkt sei noch, dass der Neckar das Aufschlagwasser liefert, welches im Herbst sehr viel Laub und im Winter Eis führt.

Das Wasserrad ist seit 1887 im Gange und dient zum Betriebe eines Sägewerkes und einer Dynamomaschine für elektrische Beleuchtung.

§ 37. Tiefschlächtiges Wasserrad mit Ueberfalleinlauf und Kropf, gebaut für Herrn G. Markurt in Findenwirunshier in Mecklenburg von der Maschinenfabrik Esslingen.

Ein anderes tiefschlächtiges Rad, in Bezug auf manche Einzelanordnung von dem vorgenannten abweichend, und wie dieses von der Maschinenfabrik Esslingen gebaut, ist durch die Fig. 4 und 5, Taf. 9, in $^1/_{20}$ natürl. Grösse veranschaulicht. Auch dieses Rad hat drei Kranz- und Armsysteme, aber die Arme sind mit den Naben und den innersten Kränzen aus Gusseisen so hergestellt, dass jedes Naben- und Armsystem nur aus 2 durch Schrauben verbundenen Teilen besteht. Auch der Ueberfalleinlauf ist etwas anders wie bei der vorigen Konstruktion, er ist aus Blech, Holz und Walzeisen hergestellt. Der Kropf ist gemauert, die Kranzringe, Schaufelstiele, Verstrebungen u. s. w. sind aus Walzeisen, die Schaufeln aus Tannenholz, nach innen sind Stossbretter angebracht, um das Uebertreten des Wassers in das Radinnere zu verhindern. Die hauptsächlichsten Abmessungen und Konstruktionsverhältnisse sind folgende: Gefälle H_0 = 1,82 Meter, Wassermenge $Q = 3$ Kubikmeter pro Sekunde, das Wasser führt im Winter sehr viel Grundeis, Radius des äusseren Radumfanges $r = 2{,}72$ Meter, Radbreite $b = 3{,}18$ Meter, Kranztiefe $a = 1{,}46$ Meter, Zahl der Schaufeln $z = 40$, also Schaufelteilung ungefähr $e = 0{,}427$ Meter, Spielraum im Gerinne $\triangle = 5$ Millimeter. Das Rad hat offene Stirnseiten. Die Eintauchtiefe $h_a = 0{,}665$ Meter. Die Umdrehungszahl U beträgt sechs pro Minute, also ist die Umfangsgeschwindigkeit $v = 1{,}709$ Meter. Dieser im Vergleich zum vorher beschriebenen Rade sehr hohe Wert war bedingt durch den Umstand, dass das vom früheren Wasserrad noch vorhandene Triebwerk bei der Neuanlage wieder verwendet wurde. Der Füllungskoeffizient ergibt sich ungefähr zu $k = 0{,}38$. Der Schützenscheitel liegt in der tiefsten Stellung 0,8 Meter unter dem normalen Oberwasserspiegel, der höchste Stand wird bei 0,6 Meter unter dem Oberwasserspiegel erreicht. Die Nutzleistung N soll 50 Pferdestärken betragen, dem entspräche ein Wirkungsgrad $\eta = 0{,}66$. Zur Weitergabe der Kraft dienen Stirnräder, das auf der Wasserradwelle befindliche Rad sitzt am äussersten Wellenende im Werksgebäude. Die stählerne Welle hat eine Gesamtlänge von 5,11 Meter, 350 Millimeter grössten Durchmesser, einen Halszapfen von 250 Millimeter Durchmesser und einen Stirnzapfen von 215 Millimeter Durchmesser. Das Aufschlagwasser liefert das Flüsschen Elde in Mecklenburg, das Rad ist seit 1886 im Betrieb.

§ 38. Tiefschlächtiges Wasserrad mit Ueberfalleinlauf und Kropf, gebaut von der Maschinenfabrik Germania in Chemnitz für die Papierfabrik der Herren Mahla und Gräser, Remse.

Als letztes Beispiel ausgeführter Wasserräder sei das von der Maschinenfabrik Germania, Chemnitz, für die Herren Mahla und Gräser in Remse gebaute, tiefschlächtige Wasserrad aufgeführt. Dasselbe ist durch Fig. 1, 2 und 3 auf Taf. 10 in $^1/_{50}$ natürl. Grösse dargestellt und wie die vorher beschriebenen mit einem Ueberfallschützen und gemauertem Kropf versehen. Um die Unreinigkeiten, welche sich in der für den Schützen erforderlichen Gerinnevertiefung, dem Wassersack, ansammeln, leicht beseitigen zu können, ist eine nach dem Unterwasser führende Rohrleitung angebracht, deren Mündung im Wassersack durch einen Klappdeckel verschlossen ist.

Die wichtigsten Konstruktionsverhältnisse sind bei diesem Rade folgende: Gefälle $H_0 = 1{,}6$ Meter bis 1,2 Meter, Wassermenge ungefähr $Q = 1{,}6$ bis 2,5 Kubikmeter, Radius des äusseren Radumfanges $r = 3$ Meter, Radbreite $b = 3{,}3$ Meter, Eintauchtiefe $h_a = 0{,}40$ bis 0,65 Meter, Kranztiefe $a = 1{,}60$ Meter, Schaufelzahl $z = 42$, also Teilung $e = 0{,}449$ Meter. Die Umdrehungszahl ist $U = 4$ pro Minute, also die Umfangsgeschwindigkeit $v = 1{,}255$ Meter, die Nutzleistung dürfte $N = 22$ bis 26 Pferdestärken sein.

Das Rad ist, mit Ausnahme der Schaufeln, ganz aus Eisen erbaut und an den Stirnseiten offen. Die Schaufeln sind aus Holz. Es hat drei Armsysteme, jedes zu 8 Armen. Die Arme, Kranzringe, Schaufelstiele und Verstrebungen sind aus Walzeisen, die Naben aus Gusseisen. Die Wasserbänke sind mit Holzbelag versehen, um möglichst dichten Anschluss an die Stirnseiten der Schaufeln zu erreichen. Die schmiedeeiserne Welle ist im ganzen 6 Meter lang, hat 300 Millimeter grössten Durchmesser und ist mit einem Stirn- und einem Halszapfen von 180 Millimeter Durchmesser versehen.

Die Zahnradvorgelege zur Weiterleitung der Kraft sind sowohl hinsichtlich ihrer Anordnung als auch ihrer Abmessungen in der Zeichnung deutlich zu erkennen. Das Rad dient zum Betriebe von Holländern und dergl. in der Papierfabrik von Mahla und Gräser in Remse.

§ 39. Turbinen von Girard.

Bei dem grossen Interesse, welche die in ihrer Art bahnbrechenden Konstruktionen Girards auch heute noch verdienen, darf es als gerechtfertigt erscheinen, die Reihe der Beschreibungen ausgeführter Turbinen-Konstruktionen mit der kurzen Betrachtung einiger Ausführungen Girards zu beginnen.

Fig. 9, Taf. 11, stellt eine radiale Girard-Turbine vor, welche für Donkin & Komp. in London gebaut wurde. Das Gefälle beträgt 5,2 Meter, die Wassermenge 2,4 Kubikmeter pro Sekunde, die Leistung 110 Pferdestärken. Das Wasser wird durch eine weite Rohrleitung zugeführt, an welche sich der, nach oben zu einem geschlossenen Wasserkasten erweiterte Leitapparat anschliesst. Zur Regulierung dient ein cylindrischer Schieber. Die Turbine ist mit hohler, gusseiserner Welle und Oberwasserspurzapfen versehen, die Kraftübertragung erfolgt durch Kegelräder.

Eine Partialturbine von Girard für 50 Meter Gefälle, 0,270 Kubikmeter Aufschlagwasser und 135 Pferdestärken-Leistung ist durch Fig. 10 auf Taf. 11 veranschaulicht. Es ist eine axiale Druckturbine, die Zuleitung des Wassers erfolgt durch eine mit Absperrschieber versehene, unmittelbar an den Leitapparat anschliessende Rohrleitung. Die Regulierung erfolgt durch einen ebenen Bogenschieber. Das Laufrad hat 1,3 Meter mittleren Durchmesser, die Umdrehungszahl beträgt 226 pro Minute, die mittlere Umfangsgeschwindigkeit würde also ungefähr 15,4 Meter betragen.

Das von Girard mitunter angewandte Prinzip der Hydropneumatisation ist schon in Vorangegangenem erwähnt und in Bezug auf Fig. 8, Taf. 11, erklärt worden. Die durch genannte Figur dargestellte axiale Druckturbine ist für 1,930 Meter Gefälle und 4,728 Kubikmeter Wasser pro Sekunde bestimmt, die Leistung soll 195 Pferdestärken betragen. Sie hat einen mittleren Durchmesser von 3,6 Meter und macht 18 Umdrehungen pro Minute.

Fig. 7, Taf. 11, stellt schliesslich noch eine von Girard konstruierte Regulierung für Axialturbinen dar. Die Leitkanäle sind oben durch eine Anzahl ebener, ringsektorförmiger Schieber v v abgedeckt, diese können durch die Hebel T an den Führungen U radial verstellt werden. Die Bewegung der Hebel T erfolgt durch Drehung der Bolzen E, welche bewirkt wird durch den Daumen D und die entsprechend gestalteten Hebel R. Der Daumen D wird mittels Zahnrädertrieb um die Turbinenwelle gedreht.

§ 40. Turbinenanlage der „Isarwerke" in Höllriegelsgereuth bei München, gebaut von der Maschinenfabrik Augsburg.

Die Gesellschaft „Isarwerke" in München-Thalkirchen hat in Höllriegelsgereuth die Wasserkraft der Isar durch eine Turbinenanlage von 2000 Pferdestärken zum Betrieb eines Elektrizitätswerkes nutzbar gemacht. Es sind im ganzen 4 Jonval-Turbinen vorhanden, welche, wie die kleine Planskizze, Fig. 4, Taf. 11, zeigt, in einer Reihe nebeneinander liegen. Die Turbinen mit Zubehör sind sämtlich von der Maschinenfabrik Augsburg in Augsburg gebaut und zwar 2 Stück im Jahre 1894, die beiden anderen im Jahre 1896.

Fig. 5 und 6, Taf. 11, stellen zwei der übrigens untereinander gleichen Turbinen dar. Es sind folgende wichtigste Konstruktionsdaten zu verzeichnen: Gefälle $H_0 = 3{,}5$ Meter, Wassermenge $Q = 13{,}5$ Kubikmeter, Radius des mittleren Lauf- und Leitradumfanges $r_1 = 1{,}5$ Meter, Umdrehungen pro Minute $U = 35$.

Der äussere Durchmesser des Laufrades beträgt 3,75 Meter, dieses Mafs gibt ein gutes Bild von der bedeutenden Grösse der Turbinen.

Bei normalem Unterwasserstande schneidet das Laufrad unten mit dem Unterwasserspiegel ab, bei höheren Unterwasserständen liegt das Laufrad und mitunter auch das Leitrad im Unterwasser. Die Turbinen sind mit Abflussrohren versehen, welche an den Leitapparat dicht anschliessen und unten durch einen cylindrischen Regulierschützen abgeschlossen sind.

Die Hebung oder Senkung des Schützens bewirkt die Regulierung der durch die Turbine gehenden Wassermenge. Ausser der Ringschützenregulierung, welche zur Ausgleichung der gewöhnlichen Betriebsschwankungen dient, sind auch noch Regulierklappen über den Eintrittsmündungen von Leitkanälen angebracht, deren Benutzung bei dauernder Veränderung des Wasserzuflusses eintritt. Die Turbinen sind mit gusseisernen Hohlwellen mit Mittelspurzapfen versehen, an welche die massiven, oberen Wellenstücke angekuppelt sind, jede Welle hat ausser der Führung im Leitradboden noch zwei Halslager. Die Kraftübertragung erfolgt durch Kegelräder.

Die Turbinenkammer ist ganz in Mauerwerk hergestellt. Um die Turbine trocken legen zu können, sind im Abflussgerinne Nuten in die senkrechten Wände eingelassen, in welche Bohlen eingeschoben werden können. Der Obergraben kann durch einen senkrechten Schützen abgesperrt werden, vor welchem sich der eiserne Schutzrechen befindet. Um eine bequeme Reinigung des Laufrades und dergl. vornehmen zu können, ist eine besondere Hebevorrichtung vorgesehen. Am Leitradboden sind nämlich zwei Zugstangen angebracht, dieselben sind an den oberen Enden mit Gewinde versehen und werden durch die Muttern zweier mit Klinkzeugen versehenen Schraubenwinden gehoben oder gesenkt. Die Vorrichtung ist leicht aus Fig. 5 und 6, Taf. 11, zu erkennen, die Schraubenwinden sind in Fig. 6 bei der rechten Turbine angegeben.

Für die Bewegung sonstiger schwerer Teile sind Laufkrahne oben im Maschinenhaus angebracht.

§ 41. Francis-Regulierturbine der Papierfabrik des Herrn Oswald Meyh in Zwickau i. S., gebaut von der Maschinenfabrik „Germania" in Chemnitz.

Auf Taf. 11 ist die Anlage einer von der Maschinenfabrik „Germania" in Chemnitz für Herrn Oswald Meyh in Zwickau gebauten, zum Betriebe einer Papierfabrik dienenden Francis-Turbine durch Fig. 1 bis 3 in $^1/_{50}$ der natürlichen Grösse dargestellt. Fig. 1 bis 3, Taf. 12, geben Einzelheiten von Leit- und Laufrad in $^1/_5$ der natürlichen Grösse. Ueber die allgemeinen guten Eigenschaften der Francis-Turbinen ist schon im § 28 das Nötige gesagt worden, so dass hier nicht weiter darauf zurückgekommen zu werden braucht. Die Turbine ist, wie das bei Francis-Turbinen üblich, so hoch über dem Unterwasser aufgestellt, dass sie auch bei Hochwasser durch Abschluss des Obergrabens trocken gelegt werden kann. Die Turbinenkammer ist aus Holz und Mauerwerk hergestellt, die Turbine sitzt auf einem einfachen Balkenrahmen, die Stützsäule für den Oberwasserzapfen ist, wie Fig. 1, Taf. 12, zeigt, in einem, in den Abflussstutzen eingesetzten Steg befestigt.

Nachstehend sind die wichtigsten Abmessungen kurz angegeben. Gefälle $H_0 = 2{,}3$ Meter, Wassermenge $Q = 2{,}6$ Kubikmeter, äusserer Laufradradius $r_1 = 1$ Meter, innerer Laufradradius $r_2 = 0{,}8$ Meter. Umdrehungszahl $U = 44$ pro Minute, also Umfangsgeschwindigkeit $v_1 = 4{,}6$ Meter. Das Abflussrohr hat oben einen Durchmesser von 1,7 Meter, es reicht bis unter den tiefsten Wasserstand. Bei Mittelwasser ist $H_1 = 0{,}95$ Meter. Die Gestalt der Schaufeln und dergleichen konstruktive Einzelheiten sind aus Fig. 1 bis 3, Taf. 12, zu ersehen, dort findet man auch die nötige Auskunft über die Anordnung der Regulierung, welche durch gleichzeitiges Verstellen sämtlicher Leitschaufeln bewirkt wird. Der Antrieb der Regulierung erfolgt von oben durch Wellen und Rädervorgelege mit Handantrieb, eine Anzeigevorrichtung gibt die Grösse der Eröffnung an.

Die Leitschaufeln drehen sich um annähernd in der Mitte sitzende feste Bolzen, an den äusseren Enden sitzen kurze Zapfen, welche, wie Fig. 2, Taf. 12, zeigt, in die Nuten eines zum Leitraddeckel konzentrischen Ringes eingelassen sind und von diesem in der Umfangsrichtung mitgenommen werden. Am Ringe sind zwei diametral gegenüberliegende Zahnbogen angebracht, in welche, wie Fig. 3, Taf. 12, zeigt, Getriebe eingreifen, durch deren Drehung der Nutenring und mit ihm die Schaufeln bewegt werden.

Die Turbine leistete bei den vom Regierungsbaumeister Töpel, Leipzig, ausgeführten Bremsversuchen bei einem Wasserverbrauch von 2,55 Kubikmetern und 2,165 Meter Gefälle (Abstand der Wasserspiegel) 57,1 Pferdestärken, was einem auf das genannte Gefälle bezogenen Wirkungsgrade $\eta = 0{,}776$ entspricht.

§ 42. Turbinenanlage für das Elektrizitätswerk der Gemeinde Copitz, gebaut von der Maschinenfabrik „Germania", Chemnitz.

Die Gemeinde Copitz in Sachsen, an der Elbe gegenüber der Stadt Pirna gelegen, hat in den Jahren 1894 und 1895 ein Elektrizitätswerk errichtet, dessen Maschinenanlage, im sogenannten Liebethaler Grund, auf Mühlsdorfer Flur gelegen, die Wasserkraft des Flüsschens Wesenitz nutzbar macht. Die Gesamtanlage wird durch Fig. 1, 2 und 3, Taf. 13, dargestellt, Taf. 14 gibt eine der Turbinen im Mafsstabe 1 : 10 wieder. Es sind zwei axial beaufschlagte Druckturbinen aufgestellt, jede vermag bei 11 Metern Gefälle, 0,9 Kubikmetern Wasser pro Sekunde und 150 Umdrehungen pro Minute 100 Pferdestärken zu leisten. Das Wasser wird den Turbinen durch eine schmiedeeiserne Rohrleitung von 1,5 Meter Durchmesser und 321 Meter Länge zugeführt, welche sich vor den Turbinen in zwei kurze Stränge teilt. An jedem der Zweigstränge ist das geschlossene, schmiedeeiserne Gehäuse einer Turbine durch einen 1,075 Meter weiten Stutzen angeschlossen, Fig. 1 und 3, Taf. 13, zeigen das. In die Zweigleitung jeder Turbine ist eine Drosselklappe eingeschaltet, deren Bewegung durch einen Handregulierapparat vom Maschinenraum aus erfolgen kann, ausserdem ist an die eine Zweigleitung noch ein Spülrohr mit zugehörigem Absperrschieber angeschlossen, welcher ebenfalls durch Handrad und Stange von oben zu bedienen ist (siehe Fig. 1 und 3, Taf. 13).

Die Turbinen (siehe Figuren auf Taf. 14), Girardscher Bauart, mit stehenden Wellen haben ventilierte Laufräder von 0,9 Meter mittlerem Durchmesser mit 34 Blechschaufeln, der Leitapparat ruht auf 4 gusseisernen Säulen und 1 dergleichen Grundplatte, auf welcher auch der Tragbock für die Tragstange des Oberwasserspurzapfens angebracht ist. Die Regulierung erfolgt durch Abschluss einzelner Leitkanäle, wozu ein geteilter Ringschieber mit einer ebenen und einer cylindrischen Abschlussfläche auf dem Leitapparate jeder Turbine angebracht ist.

Die Bethätigung der Schieber erfolgt durch Handregulatoren. Zur selbstthätigen Geschwindigkeitsregulierung dienen neuerdings Bremsregulatoren, welche in den Zeichnungen auf Taf. 13 nicht mit angegeben sind, weil sie erst nach Erbauung des Werkes beschafft wurden.

Die Turbinen sind mit geschlossenen, schmiedeeisernen Einlaufgehäusen von 1,300 Meter Durchmesser und 1,385 Meter Höhe versehen, für den Durchgang der hohlen gusseisernen Wellen ist durch ein Rohr Platz geschaffen, so dass Stopfbüchsen vermieden sind. Die Welle ist am unteren Ende sorgsam an der Tragstange durch eine auswechselbare Büchse geführt, oben sind 2 Halslager, das eine davon am Ende der Welle, angeordnet (siehe Taf. 14). Die Zapfenkonstruktion ist nach Taf. 14 leicht zu erkennen, eine grössere und noch deutlichere Abbildung eines derartigen Zapfens ist auf Taf. 16 durch Fig. 3 gegeben. Die Kraftübertragung erfolgt von den Turbinenwellen durch Kegelräder auf eine liegende Transmission (siehe Fig. 2, Taf. 13 und Taf. 14). Die Anordnung der Kegelräder ist auf Taf. 14 zu sehen, sie ist so getroffen, dass die senkrecht zur Turbinenwelle angreifende Komponente des Zahndruckes durch das obere Endlager geht. Die liegende Transmission (siehe Fig. 1 bis 3, Taf. 13) besteht aus 2 Strängen, welche durch eine Ausrückkuppelung verbunden werden können. Jeder Strang treibt durch Riemscheiben eine Wechselstromdynamomaschine für 70000 Watt Leistung bei 3000 Volt Spannung und 500 Umdrehungen pro Minute, sowie die zugehörige Gleichstrom-Erregermaschine. In der Regel ist ein Maschinensatz im Betriebe, man kann durch Einschalten der Kuppelung der Transmission natürlich auch die Dynamos des einen Satzes mit der Turbine des anderen treiben, falls die eine Turbine nicht gangbar ist. Bezüglich der Lagerung und sonstiger Einzelheiten der Transmission, welche übrigens 300 Umdrehungen pro Minnte macht, darf auf die Zeichnungen verwiesen werden.

Zum Schlusse seien noch die Hauptgrössen für die Berechnung der Turbinen, soweit sie die Zeichnungen erkennen lassen, mit den schon frührer stets gebrauchten Buchstabenbezeichnungen zusammengestellt:

$H_0 = 11$ Meter, $H_1 = 0{,}190$ Meter, $H_2 = 0{,}050$ Meter, die Laufräder gehen frei über dem Unterwasser.

$Q = 0{,}9$ Kubikmeter (bei voller Beaufschlagung), $r_1 = r_2 = 0{,}45$ Meter.

$U = 150$ pro Minute, also $v_1 = 7{,}06$ Meter, $b' = 0{,}092$ Meter.

$b_1 = 0{,}110$ Meter und $b_2 = 0{,}260$ Meter.

Die Turbinen und Zubehör wurden von der Maschinenfabrik „Germania" in Chemnitz gebaut und die elektrischen Anlagen von der Aktiengesellschaft vorm. Schuckert & Komp. in Nürnberg geliefert.

§ 43. Turbinenanlage für die Holzschleiferei der Herren Geilsdorf und Heinel in Fischersdorf a. d. Saale, gebaut von der Maschinenfabrik „Germania" in Chemnitz.

Die von der Maschinenfabrik „Germania" vorm. J. Schwalbe & Sohn in Chemnitz gebaute Turbinenanlage der Holzschleiferei Fischersdorf a. d. Saale besteht aus einer Girard-Turbine und zwei Francis-Turbinen, jede für 5 cbm Wasser pro Sekunde bei 3 m Gefälle und einer Leistung von 150 Pferdestärken.

Auf Taf. 15 sind Grundriss und Aufriss der Anlage durch Fig. 2 und 1 in $^1/_{50}$ der natürlichen Grösse dargestellt. Fig. 1 und 2 auf Taf. 16 geben Seitenrisse, in der Richtung der Aufschlaggräben genommen.

Die Girard-Turbine, welche, wie Fig. 1, Taf. 15, zeigt, mit stehender, gusseiserner Hohlwelle und einem auf besonderem Unterbau mit Fundament im Untergraben ruhenden Leitapparat versehen ist, hat hauptsächlich die Aufgabe, bei schwachem Zufluss zu arbeiten und die Regulierung zu übernehmen, zu letzterem Zwecke ist sie mit vertikalen Schiebern versehen, ähnlich wie in Fig. 27, Taf. 3, dargestellt. Das Laufrad hat einen mittleren Radius von $r_1 = 1{,}2$ Meter, da es 31,7 Umdrehungen in der Minute macht, ist die Umfangsgeschwindigkeit $v_1 = 3{,}98$ Meter. Die beiden diametral gegenüber liegenden Leitradkanäle, welche bei der Regulierung zuerst abgesperrt werden, sind mit Luftzuführungsrohren versehen, welche, wie Fig. 1, Taf. 15, zeigt, bis über den Oberwasserspiegel führen. Der Zweck dieser Anordnung ist der, dass auch bei partialer Beaufschlagung und hohem Unterwasserstand der Durchfluss des aus den letzten beaufschlagten Leitkanälen fliessenden Wassers durch das Laufrad unter genügendem Luftzutritt erfolgt. Für höheren Wasserstand sind im übrigen die beiden Francis-Turbinen vorgesehen, dieselben sind als Vollturbinen von gleichen Abmessungen gebaut und werden erst in Betrieb gesetzt, wenn die volle erforderliche Aufschlagwassermenge zur Verfügung steht, was mit einem erhöhten Unterwasserstand zusammen eintritt. Jede der Francis-Turbinen ist mit einem Abflussrohre von 2,5 Meter lichter Weite versehen, das Laufrad hat 2,8 Meter äusseren Durchmesser, also ist $r_1 = 1{,}4$ Meter, die Umdrehungszahl beträgt $U = 35{,}7$ in der Minute, also ist die Umfangsgeschwindigkeit $v_1 = 5{,}23$. Hier zeigt sich auffällig der Einfluss des Ueberdruckes auf die Umfangsgeschwindigkeit. Während dieselbe bei der einen Druckturbine 3,98 Meter beträgt, erreicht sie bei der mit verhältnismässig hohem Ueberdruck, aber sonst doch unter gleichen Gefälleverhältnissen arbeitenden Francis-Turbine 5,23 Meter, also rund 30 Prozent mehr. Deshalb ist auch die Umdrehungszahl der Francis-Turbinen trotz der grösseren Laufraddurchmesser grösser als die der Girard-Turbine in vorliegendem Falle.

Die Leiträder der Francis-Turbinen ruhen auf Rahmen von ⊥Trägern, die Tragstange für die Welle ist aber in einem besonderen auf der Gerinnesohle fundamentierten Bock befestigt und hat in einem in das Abflussrohr eingesetzten Steg noch eine Führung erhalten.

Die Turbinen geben die Kraft durch Kegelräder an eine oben liegende gemeinschaftliche Transmission weiter, diese ist derart mit lösbaren Kuppelungen ausgerüstet, dass man einzelne Turbinen nach Bedarf ausschalten kann.

In den senkrechten Wänden des Abflussgerinnes, sowie der die einzelnen Turbinen trennenden Pfeiler sind, wie die Zeichnungen auf Taf. 15 und 16 zeigen, ebenso wie bei anderen Turbinenanlagen Nuten angebracht, in welche Holzbohlen eingesetzt werden, wenn der Raum unter den Turbinen trocken gelegt werden soll. Ueber sonstige Einzelheiten, Schützen, Rechen u. s. w. geben die Zeichnungen Aufschluss.

§ 44. Kombinationsturbine von H. Queva in Erfurt.

Die Herrn Ingenieur Bernhard Lehmann, in Firma H. Queva & Komp. in Erfurt im Jahre 1879 unter Nr. 7544 patentierte Kombinationsturbine ist eine axial beaufschlagte

Druckturbine, deren eigenartige Anordnung den Zweck hat, die Vorteile des Freistrahles mit denjenigen Eigenschaften zu vereinen, welche der Gang im Unterwasser erfordert. Die Lösung der Aufgabe ist in etwas verschiedener Weise vorgesehen, die wichtigste dürfte folgende sein. Die Laufradkanäle a sind, wie Fig. 6, Taf. 4, zeigt, mit sogenannten Rückschaufeln versehen, damit beim Gang im Stau die Kanäle völlig vom strömenden Wasser erfüllt werden, es sind aber auch Ventilationsöffnungen b im äusseren Laufradkranz angebracht, welche, wie der Querschnitt in Fig. 6, Taf. 4 und Fig. 1, Taf. 4, zeigen, in einen das Laufrad aussen umgebenden ringförmigen Kanal c münden. Dieser Kanal wird nach oben durch einen am Leitapparat sitzenden Ring e abgeschlossen und ist durch Rohre d in Verbindung mit der Luft.

Beim Gang über dem Unterwasser ist also vermöge der Oeffnungen b und Rohre d die für Freistrahlwirkung erforderliche Luftzufuhr gewährleistet, beim Gang im Unterwasser dagegen wird der Kanal c mit Wasser erfüllt und die Luft abgesperrt. Der Kanal c und die Rohre d haben auch die vorteilhafte Wirkung, bei nur partialer Beaufschlagung den unter geschlossenen Leitkanälen befindlichen Laufradkanälen Verbindung mit der Luft zu gewähren.

§ 45. Spiralturbinen von J. M. Voith in Heidenheim a. d. Brenz.

Mit dem Namen Spiralturbinen bezeichnet die Firma J. M. Voith in Heidenheim die von ihr in neuerer Zeit eingeführten Francis-Turbinen mit liegender Welle und geschlossenem eisernen Einlaufgehäuse von spiralförmigem Verlaufe. Auf Taf. 4 sind 3 solche Turbinen durch Fig. 5, 10 und 11 dargestellt.

Die Möglichkeit, Francis-Turbinen leicht hoch über dem Unterwasser aufstellen zu können, macht dieselben in Verbindung mit der radialen Wasserzuführung und bei Anwendung liegender Wellen ganz besonders für solche Fälle geeignet, wo die zu betreibende Welle direkt mit der Turbinenwelle verkuppelt werden möchte und die Turbine also im gleichen Raume wie die zu treibende Maschine stehen soll.

Die Zuleitung des Wassers zu solchen Turbinen erfolgt ebenso wie die Ableitung durch Rohrleitung, die Regulierung entweder durch drehbare Leitschaufeln oder Ringschützen. Letztere Anordnung genügt bei vielen Anlagen, besonders bei kleineren, Fig. 5, Taf. 4, zeigt einen derartigen Fall.

Zwei grössere Turbinen mit drehbaren Leitschaufeln sind durch Fig. 10 und 11 auf Taf. 6 dargestellt.

Fig. 10, Taf. 4, veranschaulicht eine für die Papierfabrik Oberlenningen u. Teck gebaute Spiralturbine. Der eine Stirndeckel ist abgenommen, man erkennt die Leitschaufeln, das Spiralgehäuse u. s. w., die Regulierung erfolgt automatisch durch einen Geschwindigkeitsregulator von der in § 32 beschriebenen Pfarr-Voithschen Bauart, derselbe ist auf dem Bilde zu sehen. Das Gefälle beträgt bei dieser Turbine 17 Meter, die Wassermenge 1 Kubikmeter in der Sekunde, die Umdrehungszahl 250 in der Minute und die Leistung 180 Pferdestärken, der Wirkungsgrad beträgt 0,81, wie Herr Professor Teichmann, Stuttgart, durch Versuche festgestellt hat (Zeitschrift des Vereins deutscher Ingenieure, Jahrgang 1895, Seite 936). Die Turbinenwelle liegt 5 Meter über dem Unterwasserspiegel und ist mit der Welle der zu treibenden Dynamomaschine direkt gekuppelt.

Fig. 11, Taf. 4, zeigt uns eine für die Fürstlich Hohernzollernsche Hüttenverwaltung Laucherthal bei Sigmaringen gebaute Spiralturbine, bei welcher das Gefälle 9,5 Meter und die Leistung 190 Pferdestärken beträgt. Das Spiralgehäuse ist abgenommen, der Deckel gelöst, das Laufrad etwas herausgezogen. Wie das Bild sehen lässt, ist die Abnahme des Deckels und Anpressung desselben sehr bequem gemacht.

Dass derartige Spiralturbinen erst bei einigermassen höheren Gefällen angebracht sind, ist in Hinsicht auf die ganze Anordnung selbstverständlich, die ausführende Maschinenfabrik von J. M. Voith gibt in ihrem Prospekt an, dass sie die betreffenden Turbinen bei Gefällen über 6 Meter mit Vorliebe vorschlage.

§ 46. Turbine für die elektrische Beleuchtungsanlage der mechanischen Bindfadenfabrik Immenstadt, gebaut von J. J. Rieter in Wintherthur.

Zum Betriebe der mechanischen Bindfadenfabrik Immenstadt in Bayern dienen drei von der Maschinenfabrik Aktiengesellschaft vorm. Johann Jakob Rieter & Komp. in Winterthur gebaute Hochdruckturbinen von 450, 350 und 100 Pferdestärken, die beiden grösseren sind für die eigentliche Fabrikation bestimmt, die kleinste zum Antrieb der elektrischen Beleuchtungsanlage.

Die zur Ausnutzung kommende Wasserkraft hat ein Gefälle von rund 180 Metern, die Wassermenge beträgt im Durchschnitt 0,5 Kubikmeter pro Sekunde. Die Zuleitung des Aufschlagwassers erfolgt durch eine 1061 Meter lange Rohrleitung, welche zum Teil aus gusseisernen Rohren von 550 Millimeter Durchmesser, zum Teil aus schmiedeeisernen Rohren von 480 Millimeter Durchmesser besteht. Die drei Turbinen sind sämtlich als von innen partial beaufschlagte radiale Druckturbinen mit freiem Strahl und liegender Welle gebaut, die mit ihnen erzielten guten Resultate lassen sie besonders geeignet erscheinen als Beispiele für Hochdruckturbinen zu dienen. Besonders interessant ist die kleinste Turbine, welche durch die Figuren 60, 61 und 62 durch Aufriss, Grundriss und Seitenansicht veranschaulicht ist. Die wichtigsten Konstruktionsverhältnisse sind folgende: Gefälle $H_0 =$ 174 Meter, Wassermenge $Q = 0{,}061$ Kubikmeter, innerer Laufraddurchmesser 1,16 Meter, äusserer Laufraddurchmesser 1,39

Meter, Leitschaufelwinkel $\alpha = 22^0$, Laufradschaufelwinkel an der Eintrittsseite $\beta = 41^0$, an der Austrittsseite $\delta = 20^0$. Der Leitapparat hat eine lichte Breite b = 0,055 Meter, das Laufrad innen eine solche $b_1 = 0,078$ Meter und aussen b = 0,164 Meter. Die Schaufelzahl des Laufrades beträgt $z_2 = 100$.

Fig. 60.

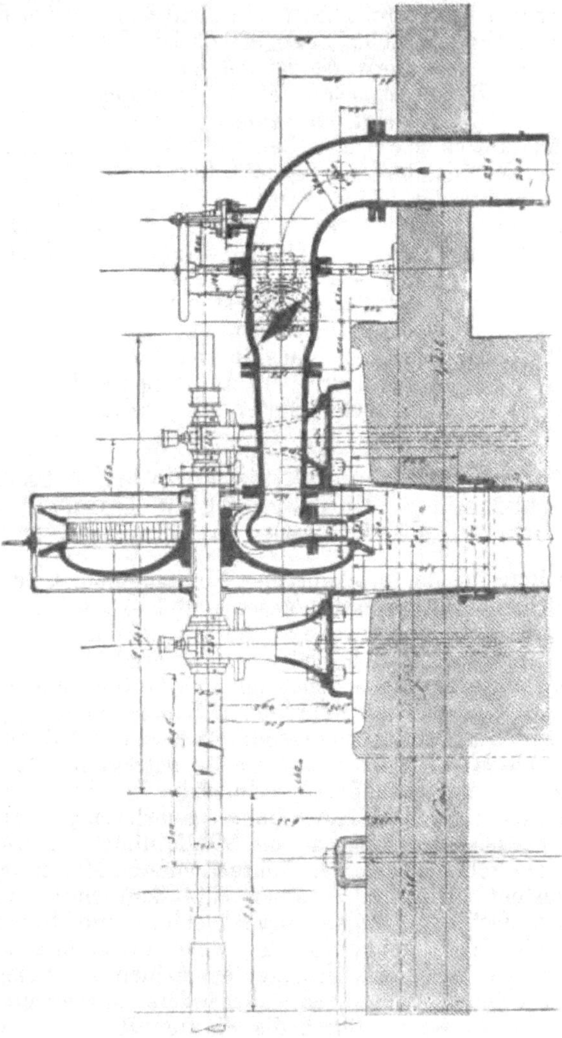

Die dem normalen Gefälle entsprechende Umdrehungszahl U beträgt 430 pro Minute, also ist die normale Umfangsgeschwindigkeit $v_1 = 25,2$ Meter.

Fig. 61.

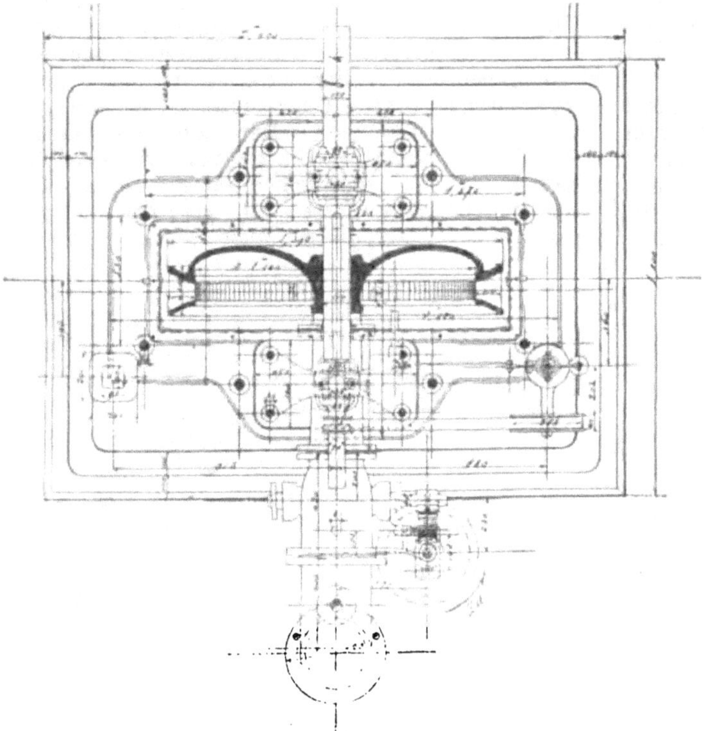

Fig. 62.

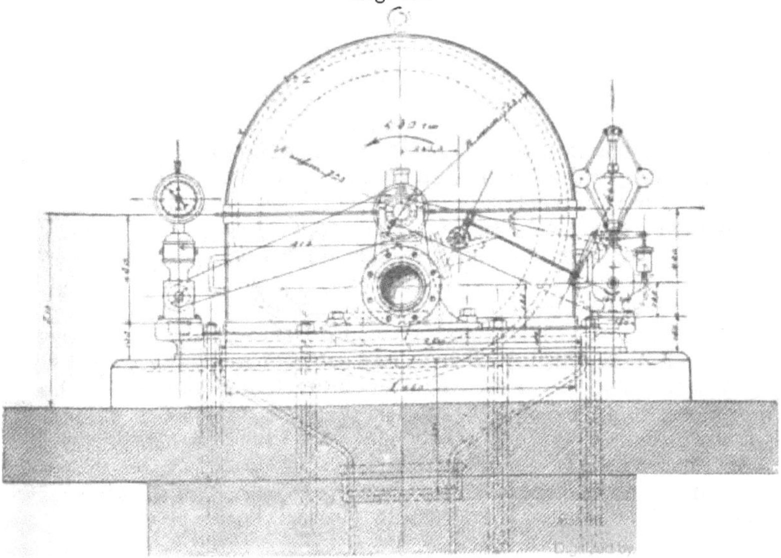

Die Turbine hat, wie schon gesagt, eine liegende Welle, an welche die Welle der zu treibenden Dynamomaschine direkt gekuppelt ist. Die Verbindung des Schaufelkranzes mit der Welle erfolgt durch einen massiven Teller. Der Leitapparat besteht aus einem einzigen Kanal, dessen Querschnitt durch eine drehbare Zunge verändert werden kann. Der Leit- und Regulierapparat ist durch Fig. 63 besonders dargestellt. Die Verstellung der Zunge erfolgt selbstthätig unter dem Einfluss eines Geschwindigkeitsregulators in folgender Weise. Der Hebel zur Drehung der Zunge ist durch eine Zugstange mit einem Kolben verbunden,

Fig. 63.

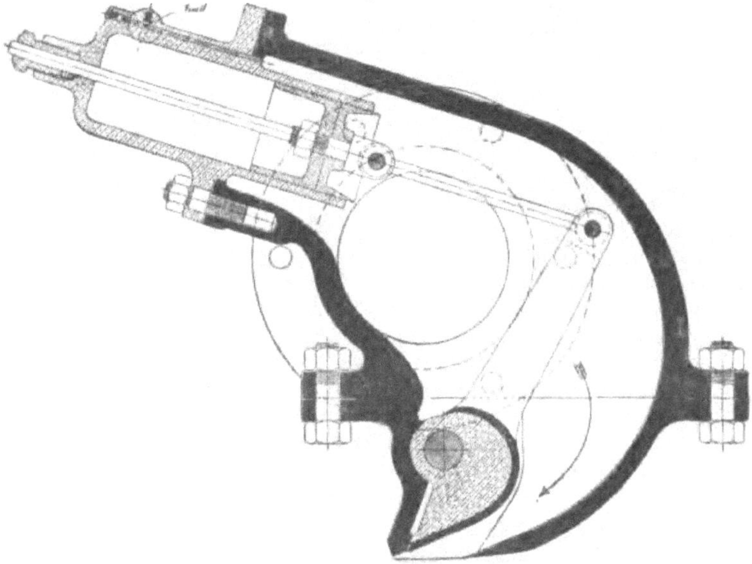

welcher in einem Steuercylinder sitzt, der Raum hinter dem Kolben im Cylinder ist mit dem Raum vor dem Kolben, der Zuleitung, durch einen feinen mit einem Ventil versehenen Kanal verbunden. Bei geschlossenem Ventil pflanzt sich der Druck der Zuleitung vor dem Kolben auf das Wasser hinter dem Kolben fort und das durch den Leitkanal strömende, auf die Regulierzunge drückende Wasser dreht diese bis in die äusserste Lage. Wird das Ventil geöffnet, so nimmt der Druck hinter dem Kolben ab, der Kolben wird in den Cylinder hineingedrückt, der Leitkanal verengt. Der Zentrifugalregulator hat also nur die Stellung des kleinen Ventiles zu besorgen, er öffnet es, wenn die Geschwindigkeit zu hoch steigt und er schliesst es, wenn sie zu sehr sinkt.

Für gröbere Regulierung ist ausserdem in der Zuleitung eine für Handbetrieb eingerichtete Drosselklappe angebracht.

Die Lagerböcke für die Turbinenwellen sitzen auf einem gemeinschaftlichen gusseisernen Grundrahmen, an dem auch das das Laufrad umgebende Schutzverdeck aus Eisenblech angebracht ist.

Die Leistungsfähigkeit der Turbine ist durch Bremsversuche von Professor Schröter in München bestimmt worden. Aus den Versuchsergebnissen folgt als höchster Wirkungsgrad $\eta = 0{,}785$. Das Gefälle — hydraulischer Druck im Einlaufapparat unmittelbar vor der Turbine — betrug dabei 159,6 Meter, die Wassermenge 0,06279 Kubikmeter und die Umdrehungszahl 384 in der Minute. Diese günstigste Umdrehungszahl weicht deshalb von der oben angegebenen normalen Zahl von $U = 430$ ab, weil das Gefälle kleiner wie das als normal betrachtete war.

Die vorstehenden Angaben und Abbildungen sind der Schrift „Die Hochdruck-Turbinenanlage der mechanischen Bindfadenfabrik Immenstadt, von J. J. Reifer, Professor am Technikum in Winterthur" entnommen, welche die Erbauerin der Turbinen dem Verfasser zur Benutzung gegeben hat. Dort findet man auch eingehendere Mitteilungen über die anderen Turbinen und die Bremsversuche.

§ 47. Turbine für das Elektrizitätswerk Wynau, gebaut von der Aktiengesellschaft J. J. Rieter in Winterthur.

Die Aktiengesellschaft Elektrizitätswerke Wynau in Wynau, Kanton Bern, Schweiz, benutzt zum Betriebe ihrer Anlagen die Wasserkraft der Aare. Es sind zu diesem Zwecke 5 Turbinen zu je 750 Pferdestärken und 2 zu 120 Pferdestärken aufgestellt worden, die grossen zum Antriebe der Wechselstromdynamomaschinen, die kleinen zum Antriebe der Erreger-Dynamomaschinen. Sämtliche Turbinen sind im Jahre 1895 von der Aktiengesellschaft vorm. J. J. Rieter & Komp. gebaut worden. Es sind — auch die kleineren — zweikränzige, axial beaufschlagte Rieter-Turbinen, d. h. Turbinen mit schwachem Ueberdruck, welche für veränderliche Beaufschlagung und Gang im Unterwasser konstruiert sind.

Eine der grossen Turbinen ist auf Taf. 17 durch einen Vertikalschnitt, und eine Anzahl Schnitte senkrecht zur Turbinenachse dargestellt. Es sind folgende wichtigste Abmessungen und Konstruktionsverhältnisse zu vermerken: Gefälle $H_0 = 4$ bis 4,3 Meter, Wassermenge $Q = 18{,}8$ bis 17,4 Kubikmeter, normale Nutzleistung $N = 750$ Pferdestärken.

Es sind zwei axial beaufschlagte Schaufelkränze angeordnet, der äussere Leitschaufelkranz ist mit senkrechten Regulierungsschiebern versehen, deren Bethätigung durch Drehung eines oben befindlichen Nutenrades selbstthätig unter dem Einflusse eines Geschwindigkeitsregulators erfolgt, und zwar mit solcher Präzision, dass, wie die ausführende Firma angibt, einer Kraftschwankung von

$^1/_3$ des Gesamtbetrages der vom äusseren Kranz geleisteten Arbeit eine Schwankung der Umdrehungszahl um nur 4 Prozent nach oben oder unten entspricht.

Es beträgt für den äusseren Schaufelkranz der mittlere Laufraddurchmesser auf der Eintrittsseite $r_1 = 1{,}5$ Meter, die Umdrehungszahl der Turbine ist $U = 41{,}5$ in der Minute, also die mittlere Umfangsgeschwindigkeit des äusseren Schaufelkranzes $v_1 = 6{,}5$ Meter.

Die lichte Breite der Leitkanäle beträgt $b = 0{,}430$ Meter, die lichte Breite der Laufradkanäle $b_2 = 0{,}480$ Meter. Die Schaufelzahl beträgt im äusseren Leitradkranz $z_1 = 45$, im äusseren Laufradkranz $z_2 = 44$.

Die inneren Turbinenkränze haben als Radien $r_1 = r_2 = 1{,}030$ Meter, die lichten Kanalbreiten sind $b = b_1 = 0{,}430$ Meter, $b_2 = 0{,}635$, die Schaufelzahlen $z_1 = 30$, $z_2 = 35$. Die mittlere Umfangsgeschwindigkeit ist $v_1 = 4{,}46$ Meter. Das Laufrad ist 0,35 Meter, das Leitrad 0,34 Meter hoch.

Wie die Zeichnung erkennen lässt, greift das Leitrad nach aussen über das Laufrad und ist sowohl am äusseren wie inneren Umfang mit einem Falz versehen. Diese Mafsregel ist zur Verminderung des Spaltverlustes getroffen und setzt zu ihrer erfolgreichen Anwendung genaue Arbeit voraus, was am besten einzusehen ist, wenn man sich vergegenwärtigt, dass der äussere Laufraddurchmesser unten 3,75 Meter beträgt.

Die stehende gusseiserne Hohlwelle ist aus zwei Teilen gekuppelt, sie hat in der Hauptsache 440 Millimeter äusseren und 290 Millimeter inneren Durchmesser und trägt am oberen Ende einen Spurzapfen. Die schmiedeeiserne Tragsäule für das Spurlager sitzt in einem auf der Sohle des Abflussgrabens befestigten Fundamentbock, hat 12,45 Meter Länge und 200 bis 220 Millimeter Durchmesser. Zur Sicherung der gegenseitigen Lage von Welle und Tragstange sind 3 Führungsbüchsen angebracht, eine mittlere, eine untere und eine obere unter dem Spurlager. Die Welle selbst ist über und unter dem zur Kraftübertragung dienenden Kegelrade durch je ein Halslager gelagert, soweit sie im Wasser steht, ist sie mit einem an den Leitradboden reichenden zweiteiligen Schutzrohr umgeben. Das obere Halslager ist, soweit es nicht schon im vertikalen Hauptschnitt zu erkennen ist, durch den Schnitt CC noch besonders dargestellt, das zweite untere Halslager durch den Schnitt DD. In diesem ist auch die Anordnung des Regulierrades zu erkennen. Dasselbe wird sowohl in senkrechter wie wagerechter Richtung durch eine Anzahl in Kreise angeordneter Leitrollen geführt.

Die Wasserkammer ist völlig in Mauerwerk ausgeführt, ein in dieses eingelassener eiserner Tragring nimmt die Turbine auf. Den ebenfalls in Mauerwerk hergestellten gewölbten Fussboden des Maschinenraumes durchsetzt die Turbinenwelle in einem mit dem Mauerwerk verbundenen gusseisernen Kranze, welcher zugleich als Grundplatte für ein Halslager dient.

Die Kraftübertragung von der Turbinenwelle auf die Dynamomaschinenwelle erfolgt unmittelbar durch Kegelräder, von denen das eine mit 144 dreiteiligen Holzkämmen von 119,4 Millimeter Teilung, also 5,472 Meter Durchmesser auf der Turbinenwelle, das andere mit 40 Eisenzähnen und 1,52 Meter Durchmesser auf der liegenden Welle der Dynamomaschine sitzt. Bei der Wichtigkeit der Räder sind dieselben mit grosser Zahnbreite von 650 Millimeter ausgeführt worden.

Die liegende Welle macht 150 Umdrehungen in der Minute, ihre Abmessungen, sowie die Lagerkonstruktion — es sind Oelkammerlager verwendet — sind aus der Zeichnung zu erkennen.

§ 48. Konusturbinen der Maschinenfabrik von Escher, Wyss & Komp. in Zürich.

Turbinen des Kraftwerkes Lyon.

Für solche Fälle, in welchen mit einer Turbine grosse Wassermengen bei möglichst kleinem Durchmesser, also hoher Umdrehungszahl, verarbeitet werden sollen, hat die Firma Escher, Wyss & Komp. in Zürich die sogen. Konusturbinen konstruiert und erfolgreich ausgeführt. Das Charakteristische an dieser Turbinenart ist die konische Form des mehrkränzigen Laufrades, welches mit einem gleichfalls entsprechend mehrkränzigen Leitapparat umgeben ist, der natürlich das Laufrad mit konischer Mantelfläche umschliesst, nach aussen hin aber cylindrische Mantelflächen von verschiedenem Durchmesser hat, so dass jeder Leitradkranz mit einem Ringschützen abgeschlossen werden kann.

Die nähere Konstruktion der Turbinen fraglicher Art geht aus Fig. 5, Taf. 18, hervor, welche den Schnitt durch eine Konusturbine wiedergibt, wie solche für das Kraftwerk der Stadt Lyon zur Anwendung gekommen sind.

Ueber diese grossartige Anlage mögen hier einige Angaben folgen, welche einem von der Firma Escher, Wyss & Komp. in der „Zeitschrift des Vereins deutscher Ingenieure", Band 45, veröffentlichten Aufsatze, welcher freundlichst zur Benutzung überlassen wurde, entnommen sind.

Das Werk ist gebaut für 22000 Pferdestärken Leistung. Das Gefälle beträgt 10 bis 12 Meter, ausnahmsweise bei starkem Hochwasser 8 Meter. Es sind 8 Turbinen zu je 1500 Pferdestärken, 8 zu 1250 Pferdestärken und 3 zu 250 Pferdestärken vorgesehen, alle sind mit Drehstromdynamos direkt gekuppelt. Unsere Fig. 5, Taf. 18, bezieht sich auf die Turbinen von 1250 Pferdestärken. Wie man sieht, bilden diese Konusturbinen den Uebergang von mehrkränzigen Axialturbinen zu Radialturbinen; es ist schon eine Art Francis-Turbine.

Die Turbinen sind mit gusseisernen Mänteln versehen und über dem Unterwasser aufgestellt, ein Saugrohr stellt den Abfluss her. Es sind 3 Schaufelkränze angeordnet, denen 3 senkrecht bewegte Ringschieber entsprechen. Die beiden unteren Schieber balancieren sich gegenseitig aus. Der oberste Schaufelkranz wird nur bei Hochwasser mit benutzt, der Schieber desselben, in der Regel also geschlossen, wird nur bei Bedarf in das Regulier-getriebe eingeschaltet. Die Regulierung selbst erfolgt im übrigen automatisch, durch Krafteinschaltung, mittels eines Regulators mit hydraulischem Hilfsmotor. Die Umdrehungszahl der Turbine beträgt 120 pro Minute.

Als besondere Eigentümlichkeit der Turbinen ist der aus der Zeichnung zu erkennende mit einfacher Labyrinthdichtung, also ohne Liderung im Gehäuse, geführte Entlastungskolben zu nennen. Bei dem grossen Durchmesser der Turbine ist der Zapfendruck natürlich bedeutend (42635 kg), durch den Wasserdruck gegen den Kolben von unten her werden 22000 kg aufgehoben, den Rest muss der Zapfen aufnehmen.

§ 49. Hochdruckturbinen der Maschinenfabrik von Escher, Wyss & Komp. in Zürich.

Für hohe Gefälle und mässige Wassermengen bauen Escher, Wyss & Komp. in Zürich Hochdruckturbinen, welche mit radial stehenden von aussen beaufschlagten löffelartigen Schaufeln versehen sind und in dieser Hinsicht dem Peltonrade ähneln, so dass sie hier als Vertreter der entsprechenden Turbinengattung aufgeführt werden können.

Fig. 8, Taf. 18, stellt einen Schnitt durch eine Hochdruckturbine fraglicher Art dar, welcher den Regulierapparat mit umfasst. Fig. 64 und 65 geben äussere Ansichten wieder. Die Firma gibt dazu folgende Beschreibung.

Die Achse der Turbine ist horizontal gelagert. Die aus Bronze hergestellten Schaufeln sind löffelförmig gestaltet und durch Schrauben am Laufrad befestigt. Der Leitapparat wird durch eine gusseiserne Düse D gebildet, deren rechteckige Ausflussöffnung durch eine in gusseisernem Gehäuse der Turbine drehbar gelagerte, genau eingepasste Zunge L aus Stahlguss verschliessbar ist. Diese Zunge, die den einen Schenkel eines Winkelhebels bildet, ist in ihrer Lagerung gegen das Druckwasser einseitig abgedichtet und wird von diesem nach oben gepresst. Sie schliesst den Einlauf nur dann, wenn am anderen hydraulisch entlasteten Schenkel des Winkelhebels eine Kraft wirkt. Diese wird von einem Druckkolben P ausgeübt, dessen untere Fläche dauernd dem Wasserdruck ausgesetzt ist, während seine obere Fläche teilweise oder vollständig durch ein Druckwasserventil a entlastet wird. Letzteres wird durch ein kleineres Ventil s vom Zentrifugalregulator aus mittels Druckwassers gesteuert und setzt den Cylinderraum oberhalb des Druckkolbens P entweder mit dem Druckwasser oder dem Ausfluss E in Verbindung. Der Zentrifugalregulator ist mit Federbelastung k ver-

Fig. 64.

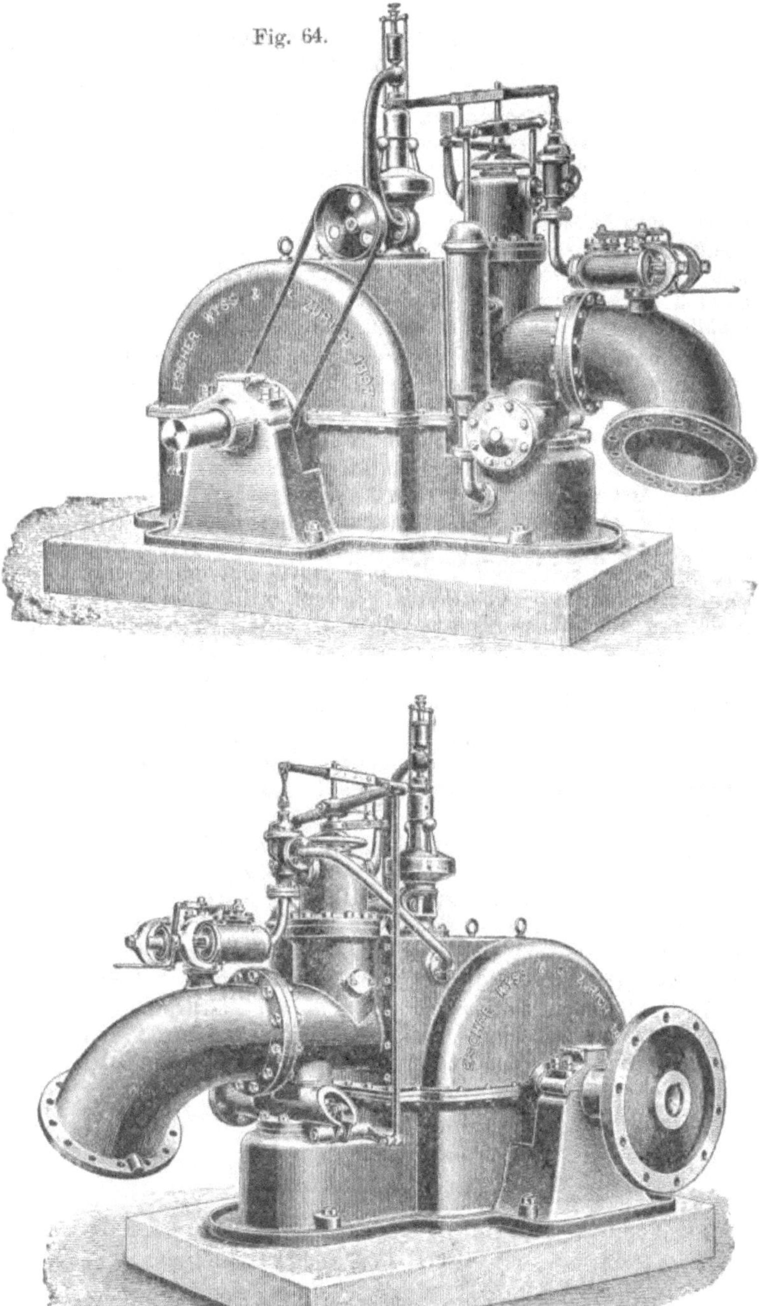

sehen und hat lediglich das kleine Steuerventil s zu öffnen oder zu schliessen. Der von ihm zu überwindende Arbeitswiderstand ist somit äusserst gering und seine Empfindlichkeit um so grösser, als seine Pendel auf Schneiden t gelagert sind. Seine Bewegungen werden durch eine regulierbare Oelbremse f gedämpft und auf das genannte Steuerventil s durch ein Gestänge a, b, c, d übertragen, welches mittels eines Handrades m zum Zweck des Anlassens und Abstellens der Turbine, sowie für Einstellen des Regulators auf verschiedene Geschwindigkeiten verstellt werden kann und ausserdem nach bekanntem Prinzip ein Ueberregulieren dadurch verhindert, dass jede vom Regulator auf das Ventil s bethätigte Bewegung sich selbstthätig unterbricht.

Um vom Ventil s Fremdkörper abzuhalten, wird demselben das nötige Druckwasser durch ein Filter zugeleitet. Dieses kann während des Betriebes gereinigt werden.

Bei plötzlichen Regulierungen in erheblichem Umfange können bei den meist vorhandenen recht langen Rohrleitungen ganz bedeutende Drucksteigerungen bezw. Wasserstösse in der Leitung oder der Turbine eintreten, wenn nicht besondere Vorkehrungen hiergegen getroffen werden. Man hat deshalb bei den vorliegenden Turbinen einen seitlichen Ausfluss angeordnet, welcher durch die Reguliervorrichtung selbstthätig geöffnet wird, sobald eine Verminderung der Wassermenge eintritt, unter Einwirkung eines Kataraktes schliesst sich dann die Oeffnung allmählich wieder selbst. Die Oeffnung des Abflusses erfolgt immer in angemessenem Verhältnis zum Abschluss des Leitapparates.

Ueber die mit solchen Turbinen erzielten Resultate geben die Versuche Aufschluss, welche an den Turbinen der elektrischen Zentrale der Carbidfabrik der Herren P. & H. Spoerry in Flums angestellt wurden.

Die für 800 Pferdestärken Leistung bei 500 Umdrehungen pro Minute und 320 Meter Gefälle berechneten Turbinen ergeben bei einer Ausnutzung bis zu ca. 1100 Pferdestärken einen Wirkungsgrad von 81 Prozent, bei einer Nutzleistung von 860 Pferdestärken einen solchen von 82 Prozent und bei annähernd halber Belastung (420 Pferdestärken) einen solchen von 76,2 Prozent.

Bei plötzlicher Entlassung der mit 500 Pferdestärken arbeitenden Turbine trat eine Druckschwankung von nur 2,4 Prozent, eine Differenz der Umdrehungszahlen von 485 bis 510, also 25 Umdrehungen oder 5 Prozent ein.

FSC
www.fsc.org
MIX
Papier | Fördert
gute Waldnutzung
FSC® C083411

Kolibri 360 GmbH
Ferdinand-Jühlke-Straße 7
99095 Erfurt, Deutschland
produktsicherheit@kolibri360.de